智能系统与技术丛书

设计
深度学习
系统

[美] 王迟（Chi Wang） 司徒杰鹏（Donald Szeto） 著

薛明 刘毅冰 译

DESIGNING
Deep
Learning
Systems

A guide for software engineers

机械工业出版社
CHINA MACHINE PRESS

Chi Wang, Donald Szeto: *Designing Deep Learning Systems: A Guide for Software Engineers* (ISBN 9781633439863) .

Original English language edition published by Manning Publications.

Simplified Chinese-language edition copyright © China Machine Press 2025. Authorized translation of the English edition © 2023 Manning Publications. This translation is published and sold by permission of Manning Publications, the owner of all rights to publish and sell the same.

All rights reserved.

本书中文简体字版由 Manning Publications Co. LLC. 授权机械工业出版社在全球独家出版发行。未经出版者书面许可，不得以任何方式抄袭、复制或节录本书中的任何部分。

北京市版权局著作权合同登记　图字：01-2023-4285 号。

图书在版编目（CIP）数据

设计深度学习系统 /（美）王迟（Chi Wang），（美）司徒杰鹏（Donald Szeto）著；薛明，刘毅冰译 . 北京：机械工业出版社，2024.12. --（智能系统与技术丛书）. -- ISBN 978-7-111-77117-3

I. TP181

中国国家版本馆 CIP 数据核字第 2024FR2010 号

机械工业出版社（北京市百万庄大街 22 号　邮政编码 100037）

策划编辑：刘　锋　　　　　　　　责任编辑：刘　锋
责任校对：张雨霏　李可意　景　飞　责任印制：刘　媛
涿州市京南印刷厂印刷
2025 年 1 月第 1 版第 1 次印刷
186mm×240mm · 18.5 印张 · 424 千字
标准书号：ISBN 978-7-111-77117-3
定价：109.00 元

电话服务　　　　　　　　　　网络服务

客服电话：010-88361066　　　机　工　官　网：www.cmpbook.com
　　　　　010-88379833　　　机　工　官　博：weibo.com/cmp1952
　　　　　010-68326294　　　金　书　网：www.golden-book.com
封底无防伪标均为盗版　　　　机工教育服务网：www.cmpedu.com

译　者　序

随着人工智能和深度学习技术的迅猛发展，构建高效的深度学习系统成为科技行业中一个备受关注的话题。然而，对于许多初级软件工程师来说，涉足深度学习领域并构建可靠的系统仍然是一项具有挑战性的任务。本书的出版很好地补充了这一领域的知识，为读者提供了全面的指导和实用的经验。

深度学习技术的应用领域日益扩大，从图像识别到自然语言处理，再到推荐系统和工业自动化，无所不包。然而，国内很多从业者往往会陷入理论和算法的细节中，对如何将这些算法应用于实际系统中感到困惑。

本书以其清晰的结构、深入的内容和实用的经验脱颖而出。从系统的宏观设计到每个组件的微观实现，作者都提供了全面而深入的指导。书中不仅包含理论知识，还有大量的实际案例和代码示例，可以帮助读者更好地理解和应用所学知识。本书对于指导深度学习系统设计与实现具有重要意义。

作者的写作风格既深入浅出又引人入胜，使枯燥的技术细节变得生动有趣。无论是初学者还是有经验的从业者，都能够从中获益。

在这样一个快速发展的领域，随时了解最新的系统设计原则和最佳实践显得尤为重要。我们深知在构建深度学习系统时所面临的挑战，也理解初学者在学习这一领域时可能遇到的困难。因此，希望通过翻译本书，能够帮助更多的中国读者更好地理解深度学习系统的设计，并在实际应用中取得更好的效果。

在翻译的过程中，我们注重保持原文的精准性和流畅性，力求将作者的思想准确传达给中文读者。在遇到特定的术语和概念时，我们参考行业内的标准进行翻译，并通过适当的注释进行解释，以确保读者能够清晰理解。

对于初学者，我们建议首先通读全书，了解深度学习系统的整体设计思路。随后，可以根据自身的实际需求选择性地深入阅读相关章节，将所学知识逐步应用到实际项目中。对于有经验的从业者，可以通过阅读特定章节，深化对某一领域的理解，并在实践中不断优化和改进现有系统。

最后，我们要感谢作者在深度学习系统设计领域的深刻洞察和辛勤努力，为我们提供了这一宝贵的学习资源。感谢编辑团队的努力，使本书得以尽快呈现在中文读者面前。同时感谢我的学生杨天来、徐世杰、曹传振在翻译过程中提供的帮助。

希望本书能够为读者在深度学习系统领域的学习和实践提供有力支持，使大家在阅读时有所收获，从而更轻松地设计和构建高效的深度学习系统，促进中国在人工智能领域的发展。

薛　明　　刘毅冰

序

　　一个深度学习系统如果能够连接研究工作与生产运营的原型设计这两个不同的世界，则可以被认为是高效的。设计这类系统的团队必须能够与这两个世界的从业者进行沟通，并处理来自两个世界的不同需求与规范。这需要相关从业者对深度学习系统中的组件是如何设计的，以及它们如何协同工作有原则性的理解，然而现有文献中很少涵盖深度学习工程的这一方面。当初级软件工程师初入职场并期望成为高效的深度学习工程师时，这种信息差就会成为一个问题。

　　多年来，工程团队通过利用他们积累的经验，以及从文献中搜寻所需的知识，来弥补这方面的不足。他们的工作帮助传统软件工程师在相对短的时间内构建、设计和扩展了深度学习系统。因此，当我得知领导过深度学习工程团队的 Chi 和 Donald 主动迈出了非常重要的一步，将这些知识整合并以书籍的形式分享出来时，我是非常兴奋的。

　　我们早就需要一本全面的书籍来介绍如何构建支持将深度学习从研究和原型设计阶段引入生产阶段的系统了。这本书最终满足了这一需求。

　　这本书从一个高层次的介绍开始，描述了深度学习系统的定义和功能。随后的章节详细讨论了每个系统组件，并就不同设计选择的利弊提供了介绍和见解。每一章都以分析结尾，以帮助读者评估适用于他们自己的用例的相关选项。作者在最后进行了深入的讨论，汇总了所有先前章节的内容，并探讨了从研究和原型设计到生产的过程中那些具有挑战性的路径。为了帮助工程师将所有这些思想付诸实践，他们创建了一个示例深度学习系统，附带完整的功能代码，以阐明核心概念，并为那些刚刚进入这一领域的人提供一点思路。

　　总体而言，读者会发现这本书不仅十分易于阅读，还能提升他们对如何编排、设计和实现深度学习系统的理解。各级专业水平的从业者以及对设计有效的深度学习系统感兴趣的人都会将这本书视为宝贵的资源与参考。想必他们会先读一遍以获取整体概念，然后在构建系统、设计组件和做出关键选择以满足使用系统的所有团队需求时一遍又一遍地重读这本书吧。

　　　　　　　　　　　　——Silvio Savarese，Salesforce 执行副总裁、首席科学家
　　　　　　　　　　　　　　　　　　——熊蔡明，Salesforce 副总裁

前　言

　　十多年前，我们有幸参与构建了一些面向最终用户的早期产品功能，这些功能由人工智能驱动，是一个巨大的项目。当时，收集和组织适合模型训练的数据并不是常见的做法。很少有机器学习算法可以被打包为可直接使用的库。进行实验需要手动运行管理，并构建自定义的工作流和可视化，为每种类型的模型定制服务器。除了资源密集型的科技公司外，几乎每个新的人工智能驱动的产品功能都是从头开始构建的。智能应用程序有朝一日会成为商品的梦想似乎遥不可及。

　　在使用了几个人工智能应用程序后，我们意识到我们每次都在重复着类似的流程，我们发现设计一种通过原型设计将人工智能产品功能交付到生产环境的系统化方式更有意义。这项工作的成果是 PredictionIO——一个开源的框架软件套件，它将用于数据收集和检索、模型训练和模型服务的最先进的软件组件整合在一起。它可通过其 API 进行定制，并且只需几个命令即可部署为服务，还有助于缩短从运行数据科学实验到训练和部署生产模型的每个阶段所需的时间。我们很高兴地得知世界各地的开发者在使用 PredictionIO 创建自己的人工智能驱动应用程序后，他们的业务得到了惊人的提升。PredictionIO 后来被 Salesforce 收购，以解决更大规模的类似问题。

　　在我们决定撰写这本书的时候，该行业在健康的 AI 软件生态系统下蓬勃发展。许多算法和工具可以用来解决不同的用例。一些云供应商，如亚马逊、谷歌和微软，甚至会提供完整的托管系统，使团队能够在一个集中的平台上合作进行实验、原型设计和生产部署。现在，无论你的目标是什么，你都有很多选择和多种方式将它们组合在一起。

　　然而，当我们与团队合作交付深度学习驱动的产品功能时，我们会不断面对一些问题。为什么我们的深度学习系统会设计成这样？对于其他特定用例，这是不是最佳设计？我们注意到初级软件工程师是最常问这些问题的人，所以我们采访了其中一些人，并试图找出原因。他们透露，传统的软件工程培训并没有使他们能够有效地与深度学习系统一起工作。在寻找学习资源时，他们只能找到关于特定系统组件的零散信息，几乎没有资料讨论软件组件的基本原理、为什么它们以这样的方式组合在一起，以及它们如何共同工作以形成完整的系统。

　　为了解决这个问题，我们开始构建一个知识库，并将其扩展成一套类似手册的学习材料，其中解释了每个系统组件的设计原则、设计决策的优点和缺点，以及技术和产品角度的基本原理。我们得知，我们的学习材料有助于新的团队成员快速提升能力，并使得没有深度学习系统建设经验的传统软件工程师也能迅速掌握相关技能。因此，我们决定将这些学习材料以书籍的形式分享给更广泛的读者。我们联系了 Manning 出版社，促成了本书的出版。

关于本书

本书旨在培养工程师设计、构建或调试有效的机器学习系统的能力，并根据他们可能遇到的需求和情况定制这些系统。他们开发的系统将促进、自动化并加快各种机器学习项目（尤其是深度学习项目）的发展。

在深度学习领域，模型是最受关注的。考虑到从这些模型开发的新应用程序不断涌入市场，这种关注可能是合理的——这些应用程序激发了消费者的兴趣，例如，能够检测人形的安全摄像头、在网络游戏中表现得像真人一样的虚拟角色、能够编写代码解决任意提出的问题的程序，以及可能在未来最终实现全自动驾驶汽车的高级驾驶辅助系统。在非常短的时间内，人们对深度学习领域抱有巨大的热情，并将其视作有待被完全实现的潜力领域。

但模型并非是独自运作的。为了实现产品或服务，我们需要将模型置于一个系统或平台中（这两个术语可以互换），该系统或平台为模型提供各种服务和存储支持。例如，它需要一个 API、一个数据集管理器以及用于存储工件和元数据的存储空间等。因此，每一个深度学习模型开发团队的背后都有一个负责创建支撑模型及所有其他组件的基础设施的非深度学习开发者团队。

笔者在行业中观察到的问题是，负责设计深度学习系统和组件的开发者往往只对深度学习有浅显的了解。他们不理解深度学习在系统工程中需要满足的那些特定要求，因此在构建系统时倾向于采用通用的方法。例如，他们可能选择将所有与深度学习模型开发相关的工作抽象出来，交给数据科学家，而自己只专注于自动化。因此，他们构建的系统依赖于传统的作业调度系统或商业智能数据分析系统，这些系统并未针对深度学习训练工作的运行方式或深度学习特定的数据访问模式进行过优化。其结果就是，系统难以用于模型开发，模型发布的速度也很慢。造成这些问题的本质原因是，业界选择对深度学习缺乏深入理解的工程师构建支持深度学习模型的系统。其后果自然是，他们构建的工程系统效率低下，不适用于深度学习系统。

关于深度学习模型开发，已有大量从数据科学家的角度出发，涵盖数据收集、数据集增强、编写训练算法等方面的文献。但很少有书籍或者博客对支持所有这些深度学习活动的系统和服务进行讨论。

在本书中，我们将从软件开发者的角度探讨如何构建和设计深度学习系统。我们的方法是首先从整体上描述一个典型的深度学习系统，包括其主要组件以及它们之间的连接方式；然后我们会在各个单独的章节中深入探讨系统的每一个主要组件。我们会在每章开始时讨论组件的需求，接着介绍设计原则和示例服务 / 代码，并最终评估开源解决方案。

因为我们无法涵盖每一个现存的深度学习系统（无论是商业的还是开源的），所以我们在书中会专注于讨论需求和设计原则（并附有示例）。通过学习这些原则，尝试书中的示例服务，并阅读我们对开源选项的讨论，我们希望读者能进行自己的研究，找到最适合他们的解决方案。

谁需要阅读这本书

本书的主要受众是希望快速转向深度学习系统工程的软件工程师（包括刚刚毕业的计算机专业学生），比如那些想要从事深度学习平台工作或将一些人工智能功能（例如模型服务）集成到他们的产品中的人。

数据科学家、研究人员、管理人员以及任何其他使用机器学习来解决现实问题的人也会发现本书很有用。在了解机器学习的底层基础设施（或系统）后，他们将能够为工程团队提供精确的反馈，以改进模型开发过程的效率。

本书是一本工程书籍，你不需要具备机器学习背景，但应该熟悉基本的计算机科学概念和编程工具，比如微服务、gRPC 和 Docker，以运行实验并理解技术内容。不论你的背景如何，你都可以从本书的非技术性材料中获益，从而更好地理解机器学习和深度学习系统是如何将产品和服务从想法转化为生产的。

通过阅读本书，你将能够了解深度学习系统的工作原理，以及如何开发每个组件。你还将了解何时从用户那里收集需求，将需求转化为系统组件设计选项，并将组件集成到一个有机的系统中，从而帮助用户快速开发和交付深度学习功能。

本书组织结构：路线图

本书分为 10 章和 3 个附录（其中包括一个实验附录）。首先解释深度学习项目的开发周期是什么，以及基本深度学习系统的样貌。接下来深入探讨参考深度学习系统的各个功能组件。最后讨论如何将模型交付至生产环境。附录包含一个实验环节，以便读者尝试使用示例深度学习系统。

第 1 章描述什么是深度学习系统、系统的不同利益相关者，以及这些利益相关者如何与之交互以提供深度学习功能。我们称这种交互为深度学习开发周期。此外，你还将概念化一个深度学习系统，称为参考架构，其中包含所有基本要素，并可以根据你的要求进行调整。

第 2～9 章涵盖参考深度学习系统架构的各个核心组件，如数据集管理服务、模型训练服务、自动超参数优化服务和工作流编排服务等。

第 10 章描述如何将研究或原型阶段的最终产品转变为准备好向公众发布的产品。

附录 A 介绍示例深度学习系统，并演示实验练习，附录 B 对现有解决方案进行综述，附录 C 讨论 Kubeflow Katib。

关于代码

我们相信最好的学习方式是通过实践和实验来学习。为了演示本书中所解释的设计原则并提供实际操作的经验，我们创建了一个示例深度学习系统和代码实验室。示例深度学习系统的所有源代码、设置说明和实验脚本都可以在 GitHub 上找到（https://github.com/orca3/MiniAutoML）。你还可以从本书的 liveBook（在线）版本（https://livebook.manning.com/book/software-engineers-guide-to-deep-learning-system-design）和 Manning 网站（www.manning.com）获取可执行的代码片段。

附录 A 中的"Hello World"实验包含一个完整但经过简化的迷你深度学习系统，它具有最基本的组件（数据集管理、模型训练和服务）。我们建议你在读完本书的第 1 章后尝试"Hello World"实验，或者在尝试本书中的示例服务之前先进行此实验。该实验还提供了 shell 脚本和指向所有所需资源的链接，以帮助你入门。

除了代码实验室，书中还包含许多源代码示例，这些源代码在代码清单和正文中都有体现。在这两种情况下，源代码采用等宽字体，以与普通文本进行区分。书中有时也会使用等宽粗体显示代码，以突出显示与本章前面步骤不同的代码，例如，当新功能添加到现有代码行时。

在许多情况下，原始源代码都被重新格式化了，我们添加了换行符并重新排列了缩进，以适应书中的页面设置。在极少数情况下，即使这样也不够，代码清单中可能会包含行延续标记（➥）。此外，当代码在文中有描述时，源代码中的注释通常会被从代码清单中删除。许多代码清单中都有代码注释，用以突出显示重要的概念。

致谢

撰写一本书确实需要作者付出大量的努力，但若没有以下人员的帮助，笔者是无法写成本书的。

在 Salesforce Einstein 团队（Einstein 平台、E.ai、Hawking）与不同团队的合作经历，构成了这本书大部分内容的基础。这些才华横溢、有影响力的团队成员包括 Sara Asher、Jimmy Au、John Ball、Anya Bida、Gene Becker、Yateesh Bhagavan、Jackson Chung、Himay Desai、Mehmet Ezbiderli、Vitaly Gordon、Indira Iyer、Arpeet Kale、Sriram Krishnan、Annie Lange、Chan Lee、Eli Levine、Daphne Liu、Leah McGuire、Ivaylo Mihov、Richard Pack、Henry Saputra、Raghu Setty、Shaun Senecal、Karl Skucha、Magnus Thorne、Ted Tuttle、Ian Varley、Yan Yang、Marcin Zieminski 和 Leo Zhu。

我们还要感谢开发编辑 Frances Lefkowitz。她不仅是一位能够提供很好的写作指导和内联的出色编辑，而且还是一位在整个写作过程中都能给予我们指导的优秀导师。如果没有她，这本书的质量不会如此高，也不会按计划完成。

我们感谢 Manning 团队在本书写作过程中对我们的指导。我们非常感谢能有机会通过

Manning 早期访问计划（MEAP）在本书写作的早期阶段获得读者的意见。

我们向所有审稿人致谢：Alex Blanc、Amit Kumar、Ayush Tomar、Bhagvan Kommadi、Dinkar Juyal、Esref Durna、Gaurav Sood、Guillaume Alleon、Hammad Arshad、Jamie Shaffer、Japneet Singh、Jeremy Chen、João Dinis Ferreira、Katia Patkin、Keith Kim、Larry Cai、Maria Ana、Mikael Dautrey、Nick Decroos、Nicole Königstein、Noah Flynn、Oliver Korten、Omar El Malak、Pranjal Ranjan、Ravi Suresh Mashru、Said Ech-Chadi、Sandeep D.、Sanket Sharma、Satej Kumar Sahu、Sayak Paul、Shweta Joshi、Simone Sguazza、Sriram Macharla、Sumit Bhattacharyya、Ursin Stauss、Vidhya Vinay 和 Wei Luo。感谢他们提出的建议，帮助我们使这本书变得更好。

我要感谢我的妻子吴培，她在写作本书的整个过程中给予了我无条件的爱和巨大的支持。她营造了一个宁静而安稳的港湾，让我在一个拥有两个可爱的孩子——天悦和天成的忙碌家庭中完成了本书的写作。

同时，我要感谢天才开发者薛晏，整个代码实验室几乎都是他完成的。在他的帮助下，我们设计的代码实验室不仅质量很高，而且易于学习。薛晏的妻子 Dong 全心全意地支持他，让他能够专注于本书的代码实验室工作。

我还要感谢 Salesforce 的一位才华横溢、经验丰富的技术作家 Dianne Siebold。Dianne 以她自己的写作经历启发了我，并鼓励我开始写作。

—— 王迟

创办 PredictionIO（后来被 Salesforce 收购）让我学到了有关构建开源机器学习开发者产品的宝贵经验。如果彼此没有极大的信任这个充满冒险而有益的旅程不可能成为现实。他们是 Kenneth Chan、Tom Chan、Pat Ferrel、Isabelle Lee、Paul Li、Alex Merritt、Thomas Stone、Marco Vivero 和叶宇堃。

特别值得一提的是 Simon Chan。Chan 与我共同创办了 PredictionIO，我也有幸在他之前的创业过程中与他一起工作和学习。他是第一个正式向我介绍编程的人，当时我们都在香港同一所中学（九龙华仁书院）就读。就读期间还有很多人鼓舞了我，包括 Donald Chan、陈兆安、褚瀚文、傅家权、侯晋熙、江之钧、刘昀泰、刘锦贤、李润明、李育民、成志强、苏中平、董展鹏和黄伟良。

我非常感激我的父母和我的哥哥司徒杰生。他们让我早早接触了计算机。他们的持续支持在我最终立志成为一名计算机工程师的成长经历中扮演着至关重要的角色。

"生物深度神经网络"是世界上最令人惊奇的事物，而我的儿子 Spencer 就是一个活生生的证据。他是一份美好的礼物，每天都向我表明，我可以不断成长并变得更好。

我无法用言语表达妻子 Vicky 对我的重要性。她总是能够激发我最好的一面，让我在困难时刻保持前进。她是我梦寐以求的最佳伴侣。

—— 司徒杰鹏

深度学习系统架构参考

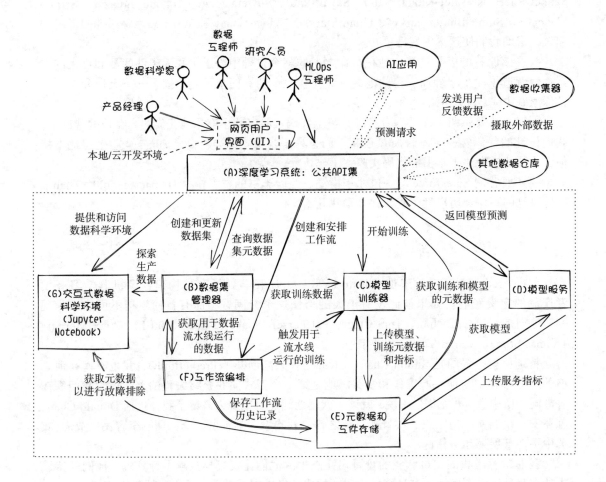

CONTENTS

目　　录

第 1 章

深度学习系统介绍

本章涵盖以下内容：
- 深度学习系统的定义
- 产品开发周期，以及深度学习系统如何支持产品开发
- 基本深度学习系统及其组件的概述
- 构建深度学习系统与开发模型之间的区别

本章将为你提供深度学习系统的整体认知模型。我们将回顾一些定义，并提供参考的系统架构设计及其完整示例实现。我们希望这个认知模型能让你了解到那些将在接下来各章节中详细介绍的系统组件是如何融为一个整体的。

在开始本章之前，我们将超越深度学习系统，讨论更大范围的内容，即我们所称的深度学习开发周期。该周期概述了将基于深度学习的产品推向市场所涉及的各种角色和阶段。模型和平台并不是孤立存在的，它们会影响产品管理、市场调研、生产等阶段，同时也会受到各个阶段的影响。我们认为，当工程师了解整个开发周期并知晓每个团队的职责以及各个团队需要做的工作时，就可以设计出更优秀的系统。

在 1.2 节中，我们将从一个典型系统的示例架构开始讨论深度学习系统设计，该架构可以用于设计你自己的深度学习系统。本节中描述的组件都将用单独的章节进行更深入的探讨。最后，我们将强调开发模型和开发深度学习系统之间的区别。这种区别通常是大家困惑的焦点，因此我们希望尽早澄清这一点。

在读完这个介绍性的章节后，你将对深度学习领域有一个充分的理解。你还能够开始创建自己的深度学习系统设计，并了解现有的设计，以及如何使用和扩展它们，这样你就不必从零开始构建一切了。随着阅读的深入，你将看到所有内容是如何连接在一起，并作为一个深度学习系统相互协作的。

术语解释

在继续本章（以及本书的其余部分）之前，让我们先定义和阐明本书中使用的几个术语。

深度学习与机器学习

深度学习是机器学习的一部分，但它被认为是机器学习的一种进化形式。根据定

义，机器学习是应用人工智能的一种方法，其中包括解析数据、从数据中学习，然后将所学应用于做出明智决策的算法。深度学习是一种特殊形式的机器学习，它使用可编程的神经网络作为算法，从数据中学习，并做出准确的决策。

尽管本书的重点在于进述如何构建系统或基础设施以促进深度学习开发（书中所有的示例都是神经网络算法），但我们所讨论的设计和项目开发概念同样适用于机器学习。因此在本书中，我们有时会交替使用深度学习和机器学习这两个术语。例如，本章介绍的深度学习开发周期和第 2 章介绍的数据管理服务在讨论机器学习的上下文中同样适用。

深度学习用例

深度学习用例是指运用深度学习技术的场景，换句话说，就是你想通过深度学习来解决的问题。例如：

- 聊天机器人：用户可以在客服网站上与虚拟代理进行基于文本的对话。虚拟代理使用深度学习模型理解用户输入的句子，并与用户进行类似真人的对话。
- 自动驾驶汽车：在驾驶员将汽车切换到辅助驾驶模式后，汽车会根据道路标记自动转向。汽车上的多个摄像头使用基于深度学习的计算机视觉技术来捕获标记，从而形成对道路的感知。

模型、预测和推理，以及模型服务

以下是这三个术语的解释：

- 模型：深度学习模型可以被看作是一个可执行的程序，其中包含一个算法（模型架构）和用于进行预测所需的数据。
- 预测和推理：模型预测和模型推理都是指在给定数据的情况下执行模型，以获得一组输出。由于预测和推理这两个术语在模型服务的上下文中被广泛使用，因此在本书中，这两个术语也可以互换使用。
- 模型服务（预测服务）：本书将模型服务描述为在 Web 应用程序中（云端或本地）托管机器学习模型，并允许深度学习应用程序通过 API 将模型功能集成到其系统中。服务于 Web 程序的模型通常称为预测服务或模型服务。

深度学习应用程序

深度学习应用程序是一种利用深度学习技术来解决问题的软件。它通常不执行任何计算密集型任务，比如数据处理、深度学习模型训练和模型服务（除了在边缘部署模型，比如自动驾驶汽车等情况下）。例如：

- 聊天机器人应用程序：它提供用户界面或 API 来接收用户输入的自然语句，对它们进行解释，采取行动，并向用户提供有意义的响应。聊天机器人会根据深度学习系统中计算得到的模型输出（来自模型服务）做出回应和采取行动。
- 自动驾驶软件：它接收多个传感器（如视频摄像头、接近传感器和激光雷达）的输入，通过深度学习模型形成对车辆周围环境的感知，并相应地驾驶车辆。

平台、系统与基础设施

在本书中，深度学习平台、深度学习系统和深度学习基础设施这三个术语的含义相同：它们都指代为构建高效且可扩展的深度学习应用程序提供必要支持的底层系统。我们一般更常用"系统"这个词。

在对术语确立了共识后，让我们正式开始吧！

1.1 深度学习开发周期

正如前文所述，深度学习系统是深度学习项目开发能够高效推进的必要基础设施。因此，在我们深入探讨深度学习系统结构之前，审视一下深度学习系统所支持的开发范式才是明智之举。我们将这个范式称为深度学习开发周期。

你可能会想，为什么要在技术书籍中强调产品开发这类非技术性的东西。事实上，大多数深度学习工作的最终目标都是将一个产品或服务推向市场。然而，很多工程师对产品开发的其他阶段并不熟悉，就像许多产品开发人员对工程或建模不了解一样。根据我们构建深度学习系统的经验，我们了解到，能否说服公司内的多个角色采用一个系统很大程度上取决于这个系统能否真正解决他们的问题。我们相信，对深度学习开发周期中的各个阶段和角色进行概述会有助于问题的阐明、解决和沟通，并最终解决每个人的痛点。

了解开发周期还可以解决其他一些问题。在过去的十年里，为了解决不同领域中的各类问题，许多新的深度学习软件包被开发出来，其中一些软件旨在解决模型训练和服务问题，而另一些软件则用于处理模型性能跟踪和实验。数据科学家和工程师在需要解决特定应用程序或用例中的问题时会将这些工具组合在一起。这被称为 MLOps（机器学习运营）。随着这些应用程序的数量不断增长，每次都从头开始组合这些工具以处理新的应用程序就变得重复且耗时了。与此同时，随着这些应用程序的重要性持续增加，对其质量的要求也在提升。这两个问题都要求我们采取一种一致的方法来快速、可靠地开发和交付深度学习功能。而实现这种一致的方法的第一步便是让所有人在一个相同的深度学习开发范式或周期下工作。

深度学习系统如何融入深度学习周期？一个构建良好的深度学习系统将支持产品开发周期，使执行周期变得简单、快捷和可靠。理想情况下，数据科学家可以将深度学习系统作为基础设施来完成整个深度学习周期，而无须学习底层复杂系统的所有工程细节。

由于每个产品和组织都是独一无二的，对系统构建者来说，了解各种角色的独特需求对于构建成功的系统而言至关重要。在阅读本书的整个过程中，当我们深入探讨深度学习系统的设计原则并研究每个组件的工作方式时，你对相关角色需求的理解将帮助你运用这些知识，并形成自己的系统设计。在讨论技术细节时，我们将指出在系统设计的特定过程中需要注意哪些类型的相关角色。深度学习开发周期将为我们考虑深度学习系统的每个组件的设计需求提供指导框架。

让我们从一幅图开始。图 1.1 展示了一个典型的深度学习开发周期的大致样貌。它展示了机器学习（尤其是深度学习）开发的不同阶段。可以看到，跨功能合作几乎在每个步骤都有发生。我们将在接下来的两小节讨论这个图中涉及的各个阶段和角色。

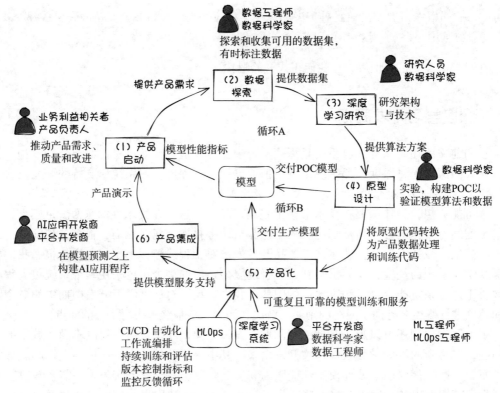

图 1.1   将深度学习从研究成果转化为产品的典型场景。我们称之为深度学习开发周期

1.1.1   深度学习产品开发周期的阶段

深度学习开发周期通常始于业务机会，并由产品计划及其管理来推动。在此之后，周期通常经历四个阶段：数据探索、原型设计、产品化（部署到生产环境）和产品集成。让我们逐一介绍这些阶段，然后我们将看看其所涉及的各个角色（在图 1.1 中用人物图标表示）。

注意   后续每小节旁边括号中的数字与图 1.1 中的相同。

1. 产品启动（1）

首先，业务利益相关者（产品负责人或项目经理）分析业务，并确定可以使用机器学习解决的潜在业务机会或问题。

2. 数据探索（2）

在数据科学家对业务需求有清楚的了解后，就会开始与数据工程师合作，尽可能收集数据、进行标记，并构建数据集。数据收集可以包括搜索公开的可用数据和探索内部来源。还可能进行数据清洗。数据标注可以外包，也可以内部执行。

与后续阶段相比，数据探索的早期阶段是非结构化的，通常也是随意进行的。可能是一个 Python 脚本或 Shell 脚本，甚至是手动复制数据。数据科学家通常使用基于 Web 的数据分析应用程序，比如用 Jupyter Notebook（开源；https://jupyter.org）、Amazon SageMaker Data Wrangler（https://aws.amazon.com/sagemaker/data-wrangler）和 Databricks（www.databricks.com）来分析数据，不需要构建正式的数据收集流水线。

数据探索不仅重要，而且还是深度学习项目成功的关键因素。可用的相关数据越多，建立有效且高效的深度学习模型的可能性就越大。

3. 研究和原型设计（3, 4）

原型设计的目标是通过给定的数据找到最可行的算法或方法来满足业务需求（业务需求来自产品所有者）。在这个阶段，数据科学家可以与 AI 研究人员合作，使用之前数据探索阶段构建的数据集来提出和评估不同的训练算法。在这个阶段，数据科学家通常会试验多个想法，并建立概念验证（POC）模型来评估它们。

虽然新发布的算法通常会被考虑，但大多数算法都不会被采用。算法的准确性不是唯一需要考虑的因素，在评估算法时，还必须考虑计算资源需求、数据量和实现算法的代价。通常情况下，最实用的方法才会被最终采用。

需要注意的是，由于资源限制，研究人员并不总是会参与原型设计。通常情况下，数据科学家既进行研究工作，又建立概念验证。

你可能还注意到，在图 1.1 中，大的开发周期中有一个内循环（循环 A）：产品启动 > 数据探索 > 深度学习研究 > 原型设计 > 模型 > 产品启动。这个循环的目的是通过构建概念验证模型，在早期阶段获得产品反馈。我们可能会多次进行这个循环，直到所有利益相关者（数据科学家、产品所有者）在用于满足业务需求的算法和数据上达成共识。

多次的惨痛教训告诉我们，在启动昂贵的生产过程（构建生产数据和训练流程以及托管模型）之前，必须先与产品团队或客户（与客户沟通更好）验证解决方案。深度学习项目的目标与任何其他软件开发项目没有区别，即解决业务需求。在早期阶段与产品团队审核方法可以避免后期出现的昂贵且令人沮丧的重做过程。

4. 产品化（5）

产品化，也被称为"上线生产"，是使产品达到生产标准并准备被用户使用的过程。生产标准通常被定义为产品能够满足客户请求、承受一定级别的请求负载，并优雅地处理异常情况，如格式输入错误和请求超载。生产标准还包括一些后期工作，例如，持续的模型指标监控和评估、收集反馈和重新训练模型。

产品化是开发周期中工程化程度最高的部分，因为我们将在此时把原型实验转变为严肃的生产流程。产品化的待办事项列表可能包括：

- 构建数据流水线，重复地从不同数据源提取数据并使数据集保持版本化和持续更新。
- 构建数据预处理流水线，比如数据增强或丰富，并与外部标注工具集成。
- 对原型代码进行重构和 Docker 化，使其成为具备生产质量的模型训练代码。
- 通过版本控制和跟踪输入与输出，使训练和服务代码的结果可复现。例如，可以使训练代码报告训练元数据（训练日期和时间、持续时间、超参数）和模型元数据（性能指标、使用的数据和代码），以确保每个模型训练运行的全面可追溯性。

- 建立持续集成（Jenkins、GitLab CI）和持续部署，以自动化代码构建、验证和部署。
- 构建持续模型训练和评估流水线，使模型训练能够以可重复、可审计和可靠的方式自动使用最新的数据集生成模型。
- 构建模型部署流水线，自动发布通过质量门控的模型，使得模型服务组件可以访问它们，根据业务需求可以执行异步或实时的模型预测。模型服务组件托管模型并通过 Web API 提供对其的访问。
- 构建持续监控流水线，定期评估数据集、模型和模型服务性能，以检测潜在的特征漂移（数据分布变化）或模型性能下降（概念漂移），并提醒开发人员重新训练模型。

现在，产品化步骤有一个新的热门别名：MLOps（机器学习运营），这是一个模糊的概念，其定义对研究人员和专业人员来说尚不明确。我们认为 MLOps 的作用是弥合模型开发（实验）与生产环境中的运营（Ops）之间的鸿沟，以促进机器学习项目的产品化。例如，MLOps 可以简化将机器学习模型引入生产环境并对其进行监控和维护的过程。

MLOps 是一种根植于将 DevOps 的类似原则应用于软件开发的范例。它结合了三个学科：机器学习、软件工程（尤其是运维）和数据工程。通过 MLOps 的视角来看深度学习，请参见图 1.2。

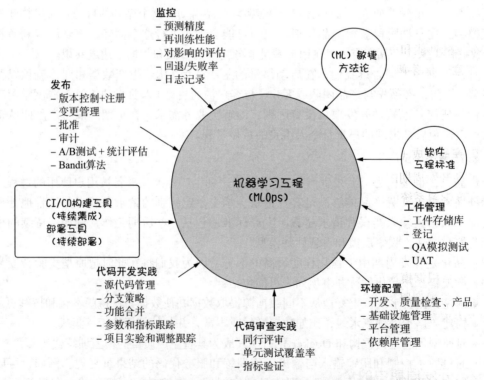

图 1.2　MLOps 将 DevOps 方法应用于深度学习模型的产品化阶段

（来源：*Machine Learning Engineering in Action*，Ben Wilson 著，Manning，2022，图 2.7）

由于本书讨论的是如何构建支持 ML 运营的机器学习系统，我们不会详细介绍图 1.2 中所示的实践。但是，正如你所看到的，支持在生产中开发机器学习模型的工程工作是巨大的。与数据科学家在数据探索和模型原型设计阶段所做的工作相比，工具（软件）、工程标准和流程发生了巨大变化，变得更加复杂了。

> **为何将模型投入生产难度很大？**
>
> 庞大的基础设施（工具、服务、服务器）和繁重的跨团队协作是将模型投入生产的两个最大障碍。这个关于生产化（也可称为 MLOps）的部分指出，数据科学家需要与数据工程师、平台开发者、DevOps 工程师和机器学习工程师紧密合作，并了解庞大的基础设施（深度学习系统），以将算法或模型从原型推向生产环境。难怪模型的产品化需要如此多的时间。
>
> 为了解决这些挑战，我们需要在设计和构建深度学习系统时从数据科学家那里抽象出复杂性。就像制造汽车一样，我们希望让数据科学家坐在驾驶座后面，但不要求他们对汽车本身了解太多。

现在，回到开发周期，你可能会注意到在图 1.1 中有另一个内部循环（循环 B），从产品化（方框 5）和模型到产品启动（方框 1）。这是在将模型推理与 AI 应用程序集成之前，与产品团队进行的第二次审查。

我们的第二次审查（循环 B）比较了原型设计和生产环境之间的模型和数据。我们希望确保模型的性能和可伸缩性（例如，模型服务能力）符合业务需求。

注意 推荐阅读以下两篇论文。如果你想了解更多关于 MLOps 的内容，它们是很好的起点："Operationalizing Machine Learning: An Interview Study"（arXiv:2209.09125）和"Machine Learning Operations (MLOps): Overview, Definition, and Architecture"（arXiv:2205.02302）。

5. 产品集成（6）

产品开发周期的最后一步是将模型预测集成到 AI 应用程序中。通常的模式是将模型托管在深度学习系统的模型服务中（将在 1.2.2 节中讨论），并通过互联网发送模型预测请求来将业务应用逻辑与模型集成。

作为示例用户场景，聊天机器人用户通过键入或语音提出问题与聊天机器人用户界面进行交互。当聊天机器人应用程序接收到客户的输入时，它调用远程模型服务来运行模型预测，然后根据模型预测结果采取行动或回应客户。

除了将模型服务与应用程序逻辑集成在一起，这个阶段还涉及评估对产品重要的指标，例如点击率和流失率。优秀的 ML 特定指标（良好的精确度 - 召回率曲线）并不能总是保证满足业务需求。因此，在这个阶段，业务利益相关者通常会进行客户访谈和产品指标评估。

1.1.2 开发周期中的角色

在对典型开发周期中的每个步骤有了清晰的了解后，让我们来看看在这个周期中合作的关键角色。每个角色的定义、职位和职责可能因组织而异。因此，一定要厘清在组织中什么人负责什么事务，并相应地调整系统的设计。

1. 业务利益相关者（产品负责人）

许多组织将利益相关者角色分配给多个职位，如产品经理、工程经理和高级开发人员。业务利益相关者定义产品的业务目标，并负责沟通和执行产品开发周期。以下是他们的职责：

- 从深度学习研究中获取灵感，讨论在产品中应用深度学习特性的潜力，并推进驱动模型开发的产品需求。
- 把握产品！与客户沟通，确保工程解决方案符合业务要求，并实现预期效果。
- 协调不同角色和团队之间的跨职能合作。
- 进行项目开发执行；在整个开发周期中提供指导或反馈，确保深度学习特性能为产品的客户提供真正的价值。
- 评估产品指标（例如，用户流失率和功能使用情况），而不是模型指标（精确度或准确度），并推动模型开发、生产部署或产品集成的改进。

2. 研究人员

机器学习研究人员负责研究和开发新颖的神经网络架构。他们还负责开发改进模型精度和训练效率的技术。这些架构和技术可以在模型开发过程中发挥作用。

注意　机器学习研究人员这一角色通常与谷歌、微软和 Salesforce 等大型科技公司相关联。在许多其他类型的公司中，由数据科学家担任类似的角色。

3. 数据科学家

数据科学家可能会充当研究者的角色，但在大部分时间里，他们将业务问题转化为机器学习问题，并使用机器学习方法进行实现。数据科学家的动力来自产品的需求，并将研究技术应用于生产数据，而不是标准基准数据集。除了研究模型算法，数据科学家的职责还包括：

- 将不同研究中的多个深度学习神经网络架构和技术结合成解决方案。有时除了纯深度学习外，他们还应用其他机器学习技术。
- 探索可用数据，确定有用的数据，并决定在供训练之前如何预处理数据。
- 使用实验性代码，尝试不同的方法来解决业务问题。
- 将模型原型代码转换为具有工作流自动化的生产代码。
- 遵循工程流程，通过使用深度学习系统将模型推向生产。
- 对可能有助于模型开发的任何额外数据需求进行迭代。
- 持续监测和评估生产中的数据和模型性能。
- 解决与模型相关的问题，如模型降级。

4. 数据工程师

数据工程师协助收集数据，并建立用于连续数据摄取和处理的数据流水线，包括数据转换、丰富和标注。

5. MLOps 工程师 / 机器学习工程师

MLOps 工程师在多个领域担任多种角色，包括数据工程师、DevOps（运维）工程师、数据科学家和平台工程师。他们建立和运行机器学习基础设施（包括系统和硬件），管理自动化流程以创建数据集、训练和部署模型。MLOps 工程师还监控 ML 基础设施和用户活动，如训练和服务。

正如你所看到的，MLOps 很困难，因为它要求使用者掌握跨软件开发、运维、维护和机器学习开发的一系列实践。MLOps 工程师的目标是确保机器学习模型的创建、部署、监控和维护高效可靠。

6. 深度学习系统 / 平台工程师

深度学习系统工程师构建和维护机器学习基础设施的通用部分——这部分也是本书的主要关注点，以支持数据科学家、数据工程师、MLOps 工程师和 AI 应用的所有机器学习开发活动。机器学习系统的组成部分包括数据仓库、计算平台、工作流编排服务、模型元数据和过程数据存储、模型训练服务、模型部署服务等。

7. 应用工程师

应用工程师构建面向客户的应用程序（前端和后端），以满足给定的业务要求。应用逻辑将根据给定客户请求的模型预测做出决策或采取行动。

注意　在将来，随着机器学习系统（基础设施）的不断成熟，涉及深度学习开发周期的角色将逐渐合并，变得越来越少。最终，数据科学家将能够独立完成整个周期的工作。

1.1.3　深度学习开发周期实例演练

通过举例，我们可以更具体地演示角色和过程。假设你的工作是构建一个客户支持系统，该系统可以自动回答关于公司产品线的问题。以下步骤将引导你完成将该产品推向市场的过程：

1）产品需求是构建一个客户支持应用程序，呈现一个菜单，以便客户浏览并找到常见问题的答案。随着问题数量的增加，菜单变得越来越大，导航的层次也越来越多。分析显示，许多客户对导航系统感到困惑，在寻找答案时放弃了导航菜单。

2）拥有该产品的产品经理（PM）着眼于提高用户的保留率和体验（快速找到答案）。在与客户进行一些研究后，PM 发现大多数客户不想要复杂的菜单系统，最好能够通过使用自然语言直接提问来获取答案。

3）产品经理联系机器学习研究人员寻求潜在的解决方案，结果发现深度学习可能有所帮助。专家认为这种技术对于这种用例来说已经足够成熟，并根据深度学习模型提出了一些方案。

4）产品经理编写产品规范，指明应用程序应该一次接收一条来自客户的问题，从问题中识别意图，并为其匹配相关答案。

5）数据科学家收到产品需求并开始原型化符合需求的深度学习模型。首先，他们进行数据探索，收集可用的训练数据，并与研究人员协商算法选择。然后，数据科学家开始构建原型代码来生成实验性模型。最终，他们得到了一些数据集、几种训练算法和多个模型。经过仔细评估，从各种实验中选择了一个自然语言处理模型。

6）然后，产品经理组建了一个由平台工程师、MLOps 工程师和数据工程师组成的团队，与数据科学家合作，将第 5 步中的原型代码引入生产环境。这项工作包括构建连续数据处理流水线与连续的模型训练、部署和评估流水线，以及设置模型服务功能。产品经理还指定了每秒的预测数量和所需的延迟时间。

7）生产设置完成后，应用程序工程师将客户支持服务的后端与模型服务功能（在第 6 步中构建）进行整合，这样当用户输入一个问题时，服务将根据模型的预测返回答案。产品经理还要定义产品指标，比如找到答案的平均时间，以评估最终结果，并用它来推动下一轮的改进。

1.1.4　项目开发的规模化

正如 1.1.2 节中所述，完成一个深度学习项目需要填补七个不同的角色。这些角色之间的跨职能合作几乎在每个步骤中都会发生。例如，数据工程师、平台开发者和数据科学家共同致力于将项目投入生产。任何参与过涉及很多利益相关者的项目的人都知道，推动这样的项目需要大量的沟通和协调。

各种挑战使得深度学习开发很难规模化，因为我们要么没有足够的资源来填补所有所需的角色，要么由于沟通成本过大和进度延后而无法按期交付。为了减少大量的操作工作、沟通和跨团队协调成本，业界正在投资机器学习基础设施，并减少构建机器学习项目所需的人员数量和知识范围。深度学习基础设施栈的目标不仅是自动化模型构建和数据处理，还要使技术角色能够合并，并让数据科学家能够在项目中自主处理所有这些功能。

衡量深度学习系统是否成功的一个关键指标是模型产品化过程的顺畅度。通过一个良好的基础设施，数据科学家不需要突然成为专家级的 DevOps 或数据工程师，就可以独立地以可扩展的方式实现模型，建立数据流水线，并在生产环境中部署和监控模型。

通过使用高效的深度学习系统，数据科学家将能够以最小的额外开销——减少所需的沟通和等待他人的时间——完成开发周期，并专注于最重要的数据科学任务，例如，理解数据和尝试不同的算法。规模化深度学习项目开发的能力是深度学习系统的真正价值主张。

1.2　深度学习系统设计概述

在 1.1 节的背景下，让我们深入研究本书的重点：深度学习系统本身。设计一个系统——任何系统——都是在一组独特的约束条件下实现目标的艺术。深度学习系统也不例外。例如，假设你有几个需要同时提供服务的深度学习模型，但是你的预算不允许你运行一台具有足够内存的计算机，以同时容纳所有模型。你可能需要设计一个缓存机制来在内存和磁盘之间交换模型。然而，交换会增加推理延迟。那么这个方案是否可行就取决于延迟要求。除此之外，另一个可能的方案是对于每个模型运行多台较小的计算机（如果你的模型大小和预算允许的话）。

或者，另举一个例子，想象一下你的产品必须符合某些认证标准。它可能会强制执行数据访问策略，从而给那些想要访问公司产品收集的数据的人带来重大限制。你可能需要设计一个框架，以符合规范的方式允许数据访问，使得研究人员、数据科学家和数据工程师可以在你的深度学习系统中解决问题并开发需要此类数据访问的新模型。

正如你所看到的，有许多可以调整的参数。确切地达到满足尽可能多需求的设计必然是一个迭代过程。但为了缩短迭代过程，最好从一个设计开始，该设计与最终状态尽可能接近。

在本节中，我们将首先提出一个仅包含基本组件的深度学习系统设计，然后解释每个组件的责任和用户工作流。根据我们设计和定制深度学习系统的经验，一些关键组件在不同的设计中是共通的。它们可以作为你设计的合理起点，我们称之为参考系统架构。

你可以将这个参考系统架构用于自己的设计项目，查看你的目标和约束列表，并开始确定每个组件中的参数，以满足你的需求。由于这不是一种权威的架构，你还应该评估是否所有组件都是真正必要的，根据需要添加或删除组件。

1.2.1　参考系统架构

图 1.3 是参考深度学习系统的高级概览。深度学习系统分为两个主要部分。首先是系统的应用程序编程接口（API；方框 A），位于图中间。其次是深度学习系统的组件集合，用矩形框表示，位于图的下半部分，并用虚线框出。每个框表示一个系统组件：

- API（方框 A）
- 数据集管理器（方框 B）
- 模型训练器（方框 C）
- 模型服务（方框 D）
- 元数据和工件存储（方框 E）
- 工作流编排（方框 F）
- 交互式数据科学环境（方框 G）

在本书中，我们假设这些系统组件是微服务。

定义　对于微服务，目前还没有统一的定义。在这里，我们将使用这个术语来表示通过 HTTP 或 gRPC 协议在网络上进行通信的进程。

这一假设意味着我们可以期望这些组件在网络或互联网上能合理地支持多个拥有不同角色的用户，并且能安全地访问。（然而，本书不会涵盖有关如何设计或构建微服务的所有工程方面的内容。我们将重点讨论与深度学习系统相关的具体内容。）

注意　你可能会想知道自己是否需要设计、构建和托管所有的深度学习系统组件。确实，对于这些组件，有开源（Kubeflow）和托管（Amazon SageMaker）的替代方案。我们希望你在学习了每个组件的基础知识、它们如何融入整体架构以及不同角色如何使用它们之后，可以为你的用例做出最佳决策。

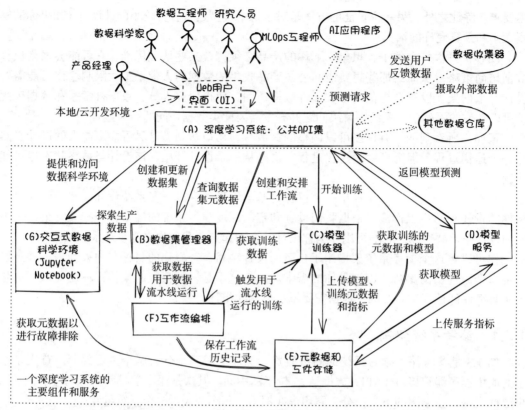

图 1.3 一个典型的深度学习系统概览，其中包含支持深度学习开发周期的基本组件。这个参考架构可以作为一个初始配置，并可进一步进行定制。在后面的章节中，我们会详细讨论每个组件，并解释如何将它们融入这个整体架构

1.2.2 关键组件

现在，让我们逐步介绍那些对于基本的深度学习系统至关重要的关键组件，如图 1.3 所示。你可以根据自己的需求添加其他组件，或进一步简化它们。

1. 应用程序编程接口（API）

我们的深度学习系统的入口点（图 1.3 中的方框 A）是一个可通过网络访问的 API。我们之所以选择使用 API，是因为系统不仅要支持供研究人员、数据科学家、数据工程师等使用的图形用户界面，还需要支持应用程序和其他相关系统——例如，合作机构的数据仓库。

虽然在概念上，API 是系统的唯一入口点，但我们完全可以将 API 定义为每个组件提供的所有 API 的总和，而不需要额外的层来将所有内容聚合在单一服务端点下。在本书中，为简单起见，我们将直接使用每个组件提供的所有 API 的总和，并跳过聚合。

注意 应该使用集中式还是分布式深度学习系统 API？在参考架构（图 1.3）中，深度

学习系统 API 表示为单个方框。我们应该将它解释为包含了你的深度学习系统 API 的完整集合的逻辑容器，无论它是实现在单个服务端点上（例如，代理所有组件的 API 网关）还是多个服务端点上（直接与每个组件交互）。每种实现方法都有其优点和缺点，你应该与你的团队一起找出最适合你的功能。如果你的用例和团队规模较小，那么直接与每个组件交互可能会更容易。

2. 数据集管理器

深度学习基于数据。毫无疑问，数据管理组件是深度学习系统的核心组成部分。每个学习系统都是“垃圾进，垃圾出”的系统，因此确保学习的良好数据质量非常重要。一个好的数据管理组件应该为这个问题提供解决方案。它可以收集、组织、描述和存储数据，从而使得数据可以被探索、标注和用于模型训练。

在图 1.3 中，我们可以看到数据集管理器（方框 B）与其他几个方面至少有 4 种关系：

- 数据收集器将原始数据推送到数据集管理器，以创建或更新数据集。
- 工作流编排服务（方框 F）执行数据处理流水线，从数据集管理器中获取数据来增强训练数据集或转换数据格式，然后将结果推送回来。
- 数据科学家、研究人员和数据工程师使用 Jupyter Notebook（方框 G）从数据管理器中提取数据，并进行数据探索和检查。
- 模型训练服务（方框 C）从数据管理器中拉取训练数据，进行模型训练。

我们将在第 2 章深入讨论数据集管理。在整本书中，我们将使用术语“数据集”来表示一组收集到的可能相互关联的数据。

3. 模型训练器

模型训练器（也称为模型训练服务；方框 C）负责提供基础计算资源（如 CPU、RAM 和 GPU），以及运行模型训练代码和生成模型文件的作业管理逻辑。在图 1.3 中，我们可以看到工作流编排服务（方框 F）告诉模型训练器执行模型训练代码。训练器从数据集管理器（方框 B）获取输入训练数据，并生成一个模型。然后，它将带有训练指标和元数据的模型上传到元数据和工件存储（方框 E）。

对于大型数据集，通常需要消耗大量的计算资源，以生成可以进行准确预测的高质量深度学习模型。采用新的算法和训练库/框架也是一个关键的要求。这些要求在以下几个方面会存在挑战：

- 减少模型训练时间——尽管训练数据的规模不断增长，模型架构的复杂性也在不断增加，但训练系统必须将训练时间维持在合理的范围内。
- 横向可伸缩性——一个有效的生产训练系统应该能够同时支持不同应用和用户的多个训练请求。
- 采用新技术的成本——深度学习社区充满活力，不断更新和改进算法及工具（SDK、框架）。训练系统应该足够灵活，既能够轻松地适应新的创新，又不干扰现有工作负载。

在第 3 章中，我们将探讨解决上述问题的不同方法。本书不会深入研究训练算法的理论，因为它们不会影响我们如何设计系统。在第 4 章中，我们将看看如何通过分布式训练来加速这个过程。在第 5 章中，我们将探讨一些优化训练超参数的不同方法。

4. 模型服务

模型可以在各种环境中使用，例如，用于实时预测的在线推理或用于批量预测的离线推理，它们都需要处理大量输入数据。这就是模型服务的用武之地——当系统托管模型并接收输入的预测请求时，便会运行模型预测，并将预测结果返回给用户。对此我们需要回答一些关键问题：

- 你的推理请求是来自网络还是来自需要本地服务的传感器？
- 什么样的延迟是可以接受的？推理请求是按需的还是流式的？
- 有多少个模型正在提供服务？是每个模型独立地服务于一种类型的推理请求，还是一组模型共同提供服务？
- 模型大小有多大？需要预备多少内存容量？
- 需要支持哪些模型架构？它是否需要 GPU？你需要多少计算资源来生成推理结果？是否还有其他支持性的服务组件，例如，嵌入、归一化或者聚合等？
- 是否有足够的资源来保持模型在线？或者是否需要使用换页策略（例如，在内存和磁盘之间移动模型）？

根据图 1.3，模型服务（方框 D）的主要输入和输出分别为推理请求和返回的预测结果。为了产生推理结果，可以从元数据和工件存储（方框 E）中检索模型。一些请求及其响应可能会被记录并发送到模型监控和评估服务（在图 1.3 中未显示，本书中未涉及），该服务会从这些数据中检测异常并发出警报。在第 6 章和第 7 章中，我们将深入探讨模型服务架构，探索这些关键方面，并讨论它们的解决方案。

5. 元数据和工件存储

想象一下你要独立开发一个简单的深度学习应用。你只需要处理少量的数据集，并且只训练和部署一种类型的模型。你能够跟踪数据集、训练代码、模型、推理代码和推理结果之间的关系。这些关系对于模型的开发和故障排查至关重要，因为你需要追溯某些观察结果的原因。

接下来假设增加了更多的应用程序、更多的人员和更多的模型类型。这些关系的数量将呈指数增长。在一个旨在支持多种类型的用户在多个数据集、代码和模型的各个阶段工作的深度学习系统中，需要一个组件来跟踪这些关系网。深度学习系统中的元数据和工件存储正是用来做这个的。工件包括用于训练模型和生成推理结果的代码，以及任何生成的数据，如已训练的模型、推理结果和度量指标。元数据是描述工件或工件之间关系的数据。一些具体的例子包括：

- 训练代码的作者和版本。
- 已训练模型的输入训练数据集和训练环境。
- 已训练模型的训练度量指标，比如训练日期和时间、持续时间以及训练作业的所有者。

- 特定的模型度量指标，比如模型版本、模型谱系（用于训练的数据和代码）以及性能指标。
- 生成某个推理结果的模型、请求和推理代码。
- 工作流历史记录，跟踪模型训练和数据处理流水线每一步的运行情况。

这些只是基线元数据和工件存储能够帮助跟踪的一些例子。你应该根据你的团队或组织的需求定制该组件。

图 1.3 中每个生成元数据的其他组件都将流向元数据和工件存储（方框 E）。该存储在模型部署服务中也扮演着重要角色，因为它向模型部署服务（方框 D）提供模型文件及其元数据。虽然图中没有显示，但我们通常会在用户界面层构建自定义的追踪系统和故障排查工具，这些工具依赖于元数据和工件存储的支持。

在学习第 8 章时，我们将深入了解基线元数据和工件存储。这个存储通常是深度学习系统用户界面的核心组件。

6. 工作流编排

工作流编排（图 1.3，方框 F）在许多系统中普遍存在，它有助于根据编程条件自动启动计算任务。在机器学习系统的上下文中，工作流编排是深度学习系统中运行的所有自动化背后的驱动力。它允许人们定义工作流或流水线——有向无环图（DAG）——来将各个任务按照执行顺序连接在一起。工作流编排组件协调这些工作流的任务执行。一些典型的例子包括：

- 在构建新的数据集时自动启动模型训练。
- 监视上游数据源，增加新数据，转换其格式，通知外部标注者，并将新数据合并到现有数据集中。
- 如果模型符合某些公认的标准，则将训练后的模型部署到模型服务器。
- 持续监控模型性能指标，并在检测到退化时向开发人员发出警报。

在第 9 章中，你将学习如何构建或设置一个工作流编排系统。

7. 交互式数据科学环境

出于合规性和安全性的原因，客户数据和模型不能从生产环境下载到本地工作站。为了让数据科学家能够交互式地探索数据、排查工作流编排中的问题以及调试模型，我们需要一个位于深度学习系统内部的远程交互式数据科学环境（图 1.3，方框 G）。

许多公司通常通过使用开源 Jupyter Notebook（https://jupyter.org/）或利用云服务提供商的基于 JupyterLab 的解决方案（例如 Amazon SageMaker Studio，https://aws.amazon.com/sagemaker/studio/）来建立可信赖的数据科学环境。

一个典型的交互式数据科学环境应该提供以下功能：

- 数据探索——为数据科学家提供访问客户数据的便捷途径，同时保持数据的安全性和合规性；确保没有数据泄漏，并拒绝任何未经授权的数据访问。
- 模型原型设计——为数据科学家在深度学习系统内快速开发概念验证（POC）模型提供必要的工具。

● 排查问题——使工程师能够调试深度学习系统中发生的任何活动，比如下载模型并分析其行为，或检查所有输入/输出工件（中间数据集或配置）以排查失效的流水线。

1.2.3 关键用户场景

为了更好地理解深度学习系统在开发周期（图1.1）中的使用方式，我们准备了一些示例场景来说明它们的应用方式。让我们从图1.4中的程序化用户开始。将数据推送到系统的数据收集器通常会通过API最终到达数据管理服务，该服务收集和组织用于模型训练的原始数据。

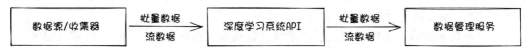

图1.4 从数据源或收集器推送的数据通过API传递到数据管理服务，在该服务中进一步组织数据，并以更适合模型训练的格式存储数据

深度学习应用程序通常会访问模型推理服务，以从已训练的模型获取推理结果，强化最终用户使用的深度学习功能。图1.5显示了这种交互的顺序。脚本，甚至完整的管理服务也可以是程序化的用户。由于它们是可选的，为简单起见，我们在图中省略了它们。

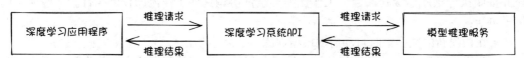

图1.5 深度学习应用程序通过API请求推理。模型推理服务接受并处理这些请求，根据已训练的模型产生推理结果，然后将推理结果返回给应用程序

在人类用户和API之间通常还有额外一层——用户界面。这个界面可以是基于Web的，也可以是基于命令行的。一些高级用户甚至可能跳过这个界面，直接使用API。让我们逐一介绍每个角色。

图1.6展示了研究人员使用系统的典型场景。研究人员可以查找可用的数据来尝试他们的新建模技术。他们访问用户界面并进入数据探索和可视化部分，该部分从数据管理服务中获取数据。将数据调整为可以被新的训练技术使用的形式可能会涉及大量的手动数据处理。一旦研究人员确定了一种技术，就可以将其打包成库供他人使用。

数据科学家和工程师可以通过查看可用数据来开展用例，类似于前文研究人员最初的做法。数据管理服务将对此提供支持。工作人员提出假设，并将数据处理和训练技术组合成代码。这些步骤可以结合在一起，形成使用工作流管理服务的工作流。

当工作流管理服务运行工作流时，它会与数据管理服务和模型训练服务联系，执行实际任务并跟踪其进度。超参数、代码版本、模型训练指标和测试结果将由各个服务和训练代码存储到元数据和工件存储。

通过用户界面，数据科学家和工程师可以比较实验运行并推断出训练模型的最佳方法。上述场景如图1.7所示。

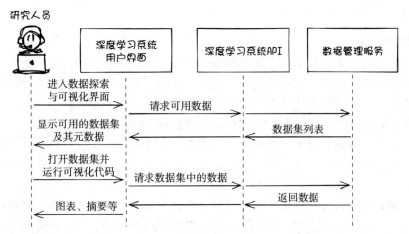

图 1.6　一个研究人员的使用过程，他需要查找可用于研究和开发新的建模技术的数据。该研究人员通过由 API 和后台数据管理支持的用户界面进行交互

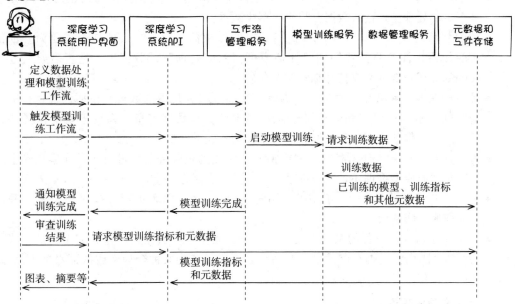

图 1.7　数据科学家定义模型训练工作流、运行工作流并审查结果的使用过程

产品经理也可以通过用户界面查看和查询整个系统中的各种度量指标。这些度量指标数据可以由元数据和工件存储提供。

1.2.4　定制你自己的设计

既然我们已经介绍了参考系统架构的所有方面，现在让我们讨论一些自定义系统设计的指导原则。

1. 收集目标和需求

设计任何成功的系统的第一步是确定清晰的目标和需求。这些目标和需求在理想情况下应该来自你的系统用户，你可以直接从用户处获取，也可以通过产品管理团队或工程管理团队间接获取。一份简短的目标和需求列表将帮助你形成对系统预期形式的愿景。同时这个愿景也应该成为贯穿整个系统的设计和开发阶段的指导原则。

注意 有时工程师会被要求开发一个支持已经存在的一个或多个深度学习应用程序的系统。在这种情况下，你可以先确定这些应用程序之间的共同需求，再设计一个使你的系统可以快速为这些应用程序带来创新的方法。

为了收集系统的目标和需求，你需要确定系统中的不同类型用户和利益相关者，或者说人物角色（这是一个通用的概念，适用于大多数系统设计问题）。用户将帮助你明确系统的目标和需求。

如果你不确定从哪里开始比较好，我们建议从用例或应用程序需求开始。以下是一些示例问题，你可以向用户询问这些问题：

- 对于数据工程师和产品经理——系统是否允许应用程序收集用于训练的数据？系统是否需要处理流式输入数据？收集了多少数据？
- 对于数据科学家和工程师——我们如何处理和标注数据？系统是否需要为外部供应商提供标注工具？我们如何评估模型？如何处理测试数据集？是否需要交互式 notebook 用户界面来支持数据科学工作？
- 对于研究人员和数据科学家——训练模型需要多大规模的数据？模型训练运行的平均时间是多少？研究和数据科学需要多少计算和数据容量？系统需要支持哪些实验？需要收集什么样的元数据和指标来评估不同的实验？
- 对于产品经理和软件工程师——模型服务是在远程服务器上进行还是在客户端上进行？是实时模型推理还是离线批量预测？是否有延迟要求？
- 对于产品经理——我们在组织中试图解决什么问题？我们的商业模式是什么？我们将如何衡量实施效果？
- 对于安全团队——你的系统需要多高级别的安全性？数据访问是否完全开放，或严格受限/隔离？是否有审计要求？系统是否需要达到某种合规性或认证水平（例如，通用数据保护条例、系统和组织控制等）？

2. 自定义参考架构

一旦设计要求和范围明确，就可以开始自定义图 1.3 中的参考架构。首先，我们可以决定是否需要添加或删除任何组件。例如，如果需求仅是在远程服务器群中管理模型训练，那么可以移除工作流管理组件。如果数据科学家希望有效地评估使用生产数据的模型性能，还可以添加实验管理组件。该组件允许数据科学家使用系统中已经存在的全量数据进行训练和验证，并使用之前未见过的数据对生产流量进行在线 A/B 测试。

第二步是根据你的特定需求设计和实现每个关键组件套件。根据需求，你可以从数据集管理服务中排除数据流 API，并在考虑训练速度时，添加分布式训练支持。你可以从头开始构建每个关键组件，也可以使用开源软件。在本书的其余部分，我们将逐个讲述每个关键组件的这两种选项。

提示　保持系统设计简单和用户友好。创建如此庞大的深度学习系统的目的是提高深度学习开发的效率，请在设计时牢记这一点。我们希望数据科学家能够轻松构建高质量的模型，而无须了解底层系统的运行情况。

1.2.5　在 Kubernetes 上构建组件

目前我们已经介绍了一系列作为服务实现的关键组件。对于这么多的服务，你可能希望在基础设施层使用一个复杂的系统来管理它们，比如 Kubernetes。

Kubernetes 是一个用于自动化部署、扩展和管理容器化应用程序的开源系统，这些应用程序在隔离的运行时环境中运行，例如 Docker 容器。我们已经看到一些构建在 Kubernetes 上的深度学习系统。有些人在学习如何使用 Kubernetes 时并不知道它可以用于运行深度学习服务，所以我们想先解释一下其背后的思想。如果你对 Kubernetes 很熟悉，可以选择跳过本小节。

注意　Kubernetes 是一个复杂的平台，需要一本书的篇幅来讲解，因此我们只讨论它在深度学习系统中的优点。如果你想学习 Kubernetes，我们强烈建议你阅读 Marko Luksa 撰写的 *Kubernetes in Action*（Manning，2018）。

1. 管理计算资源的挑战

在远程服务器上执行一个 Docker 容器似乎是一个简单的任务，但在 30 台不同的服务器上运行 200 个容器就是另一回事了。这有很多挑战，例如，监控所有远程服务器以确定在哪台服务器上运行容器，需要将容器迁移到健康的服务器上，当容器卡住时重新启动容器，跟踪每个容器的运行并在其完成时得到通知，等等。为了解决这些挑战，我们必须自己监控硬件、操作系统进程和网络。这不仅在技术上具有挑战性，而且也是一项庞大的工作。

2. Kubernetes 的优势

Kubernetes 是一个开源的容器编排平台，用于调度和自动化部署、管理和扩展容器化应用程序。一旦你设置了 Kubernetes 集群，你就可以管理服务器组的操作（部署、打补丁、更新）和资源了。以下是一个部署示例：你可以使用一条命令告诉 Kubernetes 运行一个具有 16 GB 内存和 1 个 GPU 的 Docker 镜像，Kubernetes 将为你分配资源来运行这个 Docker 镜像。

这对软件开发人员来说大有裨益，因为并非每个人都有丰富的硬件和部署经验。有了 Kubernetes，我们只需要声明集群的最终状态，Kubernetes 就将执行相关作业来实现我们的目标。

除了容器部署的好处之外，以下是一些其他的 Kubernetes 关键功能，这些功能对于管理我们的训练容器而言非常重要：

- 自动伸缩功能：Kubernetes 根据工作负载自动调整集群中节点的数量。这意味着如果有突然增加的用户请求，Kubernetes 将自动添加容量，这被称为弹性计算管理。
- 自愈能力：Kubernetes 在 Pod 失败或节点故障时会重新启动、替换或重新调度 Pod。它还会终止不响应用户定义的健康检查的 Pod。
- 资源利用和隔离：Kubernetes 管理计算资源饱和度，它确保每台服务器都被充分利用。在内部，Kubernetes 在 Pod 中启动应用程序容器。每个 Pod 都是一个具有计算资源保证的隔离环境，并且运行一个功能单元。在 Kubernetes 中，只要 Pod 的组合资源需求（CPU、内存、磁盘）不超过节点的限制，多个 Pod 就可以在一个节点（服务器）上运行，因此可以轻松地通过保证隔离来共享服务器上的不同功能单元。
- 命名空间：Kubernetes 支持将一个物理集群划分为不同的虚拟集群，这些虚拟集群称为命名空间。你可以为每个命名空间定义资源配额，这样你就可以通过将资源分配到不同的命名空间来隔离不同团队的资源。

然而，这些优点也是以资源消耗为代价的。当你运行 Kubernetes Pod 时，Pod 本身会占用一定数量的系统资源（CPU、内存）。这些资源会在运行 Pod 内的容器所需的资源之上被消耗。在许多情况下，Kubernetes 的开销是合理的。例如，在 Lally Singh 和 Ashwin Venkatesan 于 2021 年 2 月发表的文章 "How We Minimized the Overhead of Kubernetes in Our Job System"（http://mng.bz/DZBV）中，每个 Pod 的 CPU 开销约为 10ms/s。

注意　建议查看附录 B，了解现有的深度学习系统与本章中介绍的概念的关系。在该附录中，我们将 1.2.1 节中描述的参考架构与 Amazon SageMaker、Google Vertex AI、Microsoft Azure Machine Learning 和 Kubeflow 进行了比较。

1.3　构建深度学习系统与开发模型之间的区别

在开始之前，还有一个重要的基础工作：我们认为有必要强调构建深度学习系统与开发深度学习模型之间的区别。在本书中，我们将解决特定问题的深度学习模型的开发过程定义为以下流程：

- 探索可用数据以及如何将其转换为训练数据。
- 确定用于解决问题的有效训练算法。
- 训练模型并编写推理代码以对未见过的数据进行测试。

请注意，深度学习系统不仅应支持模型开发所需的所有任务，还应支持其他角色执行的任务，并使这些角色之间的协作无缝进行。当构建深度学习系统时，你并不是在开发深度学习模型，而是在构建一个支持深度学习模型开发的系统，从而使该过程更加高效和可扩展。

目前已经公布了大量关于构建模型的资料。但是，我们几乎没有看到关于设计和构建支持这些模型的平台或系统的文献。这就是笔者撰写本书的原因之一。

总结

- 典型的机器学习项目开发会经历以下周期：产品启动、数据探索、模型原型制作、生产化和产品集成。

- 深度学习项目开发涉及七种不同的角色：产品经理、研究人员、数据科学家、数据工程师、MLOps 工程师、机器学习系统工程师和应用工程师。

- 深度学习系统应该简化深度学习开发周期的复杂性。

- 在深度学习系统的帮助下，数据科学家无须成为专业的 DevOps 或数据工程师，就能够独立地以可伸缩的方式实现模型、构建数据流水线并在生产环境中部署和监控模型。

- 高效的深度学习系统应该使数据科学家能够专注于有趣和重要的数据科学任务。

- 图 1.3 中所示的高级参考架构可以帮助你快速启动新的设计。首先，从示例创建自己的副本，然后开始收集目标和要求。最后，根据需要添加、修改或删除组件及其之间的关系。

- 基本的深度学习系统包括以下关键组件：数据集管理器、模型训练器、模型服务、元数据和工件存储、工作流编排，以及数据科学环境。

- 数据管理组件有助于收集、组织、描述和存储数据，形成可用作训练输入的数据集。它还支持数据探索活动，并跟踪数据集之间的血统关系。第 2 章将详细讨论数据管理。

- 模型训练组件负责处理多个训练请求，并在给定的有限计算资源下高效地运行它们。第 3 章和第 4 章将详细讨论模型训练组件。

- 模型服务组件处理传入的推理请求，使用模型生成推理结果，并将其返回给请求者。我们将在第 6 章和第 7 章对其进行介绍。

- 元数据和工件存储组件记录元数据并存储系统其余部分的工件。系统产生的任何数据都可以视为工件。其中大部分是模型，它们带有存储在同一组件中的元数据。这提供了完整的血统信息，以支持实验和故障排除。我们将在第 8 章讨论此组件。

- 工作流管理组件存储工作流定义，将数据处理和模型训练的不同步骤串联在一起。它负责触发周期性的工作流运行，并跟踪正在其他组件上执行的每个运行步骤的进度，例如，正在模型训练服务上执行的模型训练步骤。在第 9 章，我们将详细介绍此组件的使用。

- 深度学习系统应该支持深度学习开发周期，并使多个角色之间的协作变得简单。

- 构建深度学习系统与开发深度学习模型并不相同。系统是支持深度学习模型开发的基础设施。

第 2 章

数据集管理服务

本章涵盖以下内容:
- 理解数据集管理
- 使用设计原则构建数据集管理服务
- 构建示例数据集管理服务
- 使用开源方法进行数据集管理

在对深度学习系统进行了一般性讨论之后,接下来的章节将重点关注这些系统中的具体组件。我们将首先介绍数据集管理,这不仅是因为深度学习项目是数据驱动的,还因为我们希望在构建其他服务之前强调关注数据管理的重要性。

数据集管理(DM)在深度学习模型开发过程中经常被忽视,而数据处理、模型训练和服务却受到最多的关注。在数据工程中,人们普遍认为有良好的数据处理流水线(如 ETL 流水线)就足够了。但是,如果在项目进行过程中忽视数据集的管理,数据收集和数据集使用逻辑会变得越来越复杂,模型性能的改进也会变得困难,最终使得整个项目进展缓慢。一个良好的 DM 系统可以通过解耦训练数据的收集和使用来加速模型开发;此外,通过对训练数据进行版本管理,还可以实现模型的可复现性。

我们保证,你将来会感激你先前做的明智决定,即在现有的数据处理流程之外建立或者至少设置一个数据集管理组件,并且在着手处理训练和服务组件之前先完成它的构建。长远来看,你的深度学习项目开发将会更加高效,能够产生更好的结果和更简单的模型,因为数据集管理(DM)组件会将上游数据复杂性与你的模型训练代码隔离开来,使你的模型算法开发和数据开发能够并行进行。

本章将介绍如何为你的深度学习项目构建数据集管理功能。由于深度学习算法、数据流程和数据源的多样性,数据集管理是深度学习行业经常讨论的话题。目前尚无统一的数据集管理方法,并且似乎永远也不会有一个统一的方法。因此,为了让你在实践中受益,我们将着重讲解设计原则,而不是提倡一种单一的方法。我们在本章中构建的示例数据集管理服务展示了一种可能的实现方式。

在 2.1 节中,你将了解为什么需要数据集管理、它应该解决哪些挑战,以及在深度学习系统中扮演怎样的关键角色。我们还将介绍其主要的设计原则,以便为下一节中的具体示例做好准备。

在 2.2 节中，我们将根据 2.1 节中介绍的概念和设计原则演示一个数据集管理服务。首先，我们将在你的本地机器上设置该服务并进行实验。其次，我们将讨论内部数据集存储和数据模式、用户场景、数据摄取 API 和数据集获取 API，以及提供设计和用户场景的概述。在这个过程中，我们还将讨论服务设计中做出的一些重要决策的利弊。

在 2.3 节中，我们将研究两种开源方法。如果你不想使用自己设计的数据集管理服务，则可以使用已构建完成、可用且可调整的组件。例如，如果你现有的数据流程是构建在 Apache Spark 之上，则可以使用 Delta Lake 与 Petastorm 进行数据集管理。如果你的数据直接来自云对象存储，例如 AWS Simple Storage Service（S3）或 Azure Blob，则可以采用 Pachyderm。我们将以图像数据集准备为例，展示这两种方法是如何在实践中处理非结构化数据的。通过本章的学习，你将深入了解数据集管理的内在特性和设计原则，从而可以自行构建数据集管理服务，或者改进现有的工作中的系统。

2.1　理解数据集管理服务

数据集管理组件或服务是一个专门的数据存储，用于组织数据，以支持模型训练和模型性能故障排查。它处理从上游数据源输入的原始数据，并以定义良好的结构（数据集）形式返回训练数据，以用于模型训练。图 2.1 展示了数据集管理服务提供的核心价值。在图中我们可以看到，数据集管理组件将原始数据转换为一致的数据格式，这有利于模型训练，因此下游的模型训练应用可以只专注于算法开发。

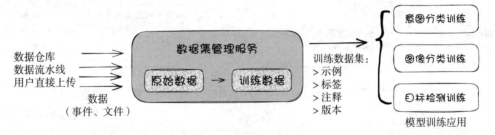

图 2.1　数据集管理服务是一种特殊的数据存储，它使用自己的原始数据格式将数据摄取到其内部存储中。在训练过程中，它将原始数据转换为有利于模型训练的一致的数据格式

2.1.1　为什么深度学习系统需要数据集管理

在我们开始查看示例数据集管理服务之前，先让我们花点时间解释一下为什么数据集管理（DM）是深度学习系统中至关重要的一部分。这一节很重要，因为根据我们的经验，如果你没有充分理解原因，就很难设计出能够解决实际问题的系统。

对于为什么需要数据集管理，有两个答案。首先，通过将训练数据的收集与使用解耦，数据集管理可以加速模型开发。其次，设计良好的数据集管理服务可以通过在训练数据集上进行版本跟踪来支持模型的可复现性。让我们详细看看这两点。

1. 解耦训练数据收集与使用

如果你是完全独自进行深度学习项目开发，项目开发工作流是以下步骤的迭代循环：数据收集，数据集预处理，训练和评估（见图2.2）。尽管在数据收集组件中更改数据格式可能会破坏下游的数据集预处理代码或训练代码，但这不是一个大问题。因为你是唯一的代码所有者，所以你可以自由进行更改不会影响其他人。

但是，当我们构建一个服务于数十个不同的深度学习项目的严肃的深度学习平台，并向多个人和团队开放时，简单的数据流程图会迅速扩张成复杂的三维图（见图2.3）。

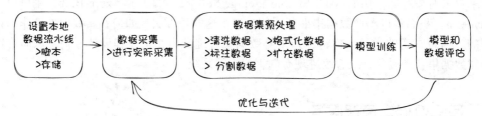

图 2.2   单个人深度学习项目开发的工作流是一个线性步骤的迭代循环

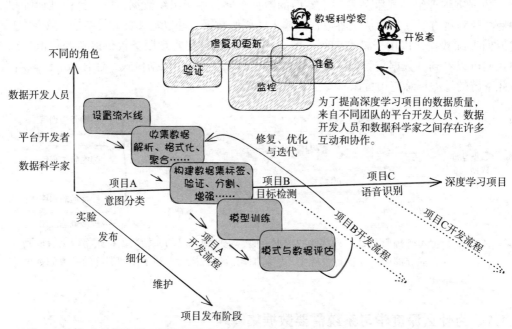

图 2.3   企业中的深度学习模型开发在多维度上进行。多个团队的人员共同合作，按照不同
的阶段推进项目。每个团队专注于工作流的一个步骤，并且同时处理多个项目

图2.3展示了企业中深度学习开发环境的复杂性。在这种情况下，每个人只负责一个步骤，而不是整个工作流。此外他们还在多个项目中从事开发工作。理想情况下，这个过程是高效的，因为人们往往通过专注于一个特定问题来建立自己的专业知识。但是存在一

个问题：我们通常会忽略沟通成本。

当我们将工作流的各个步骤（见图 2.2）分配给多个团队时，需要为握手协议使用数据模式。如果没有数据合同，下游团队就不知道如何读取上游团队发送的数据。让我们回到图 2.3。可以想象一下，如果由 4 个团队并行开发 10 个项目，其中每个团队负责工作流的不同步骤，那么我们将需要多少数据模式来在团队之间进行沟通。

现在，如果我们想要向训练数据集中添加一个新的特征或属性（比如文本语言），我们就需要召集每个团队，就新的数据格式达成共识，并实施这些变化。这是一项艰巨的工作，因为企业中跨团队的合作是复杂的。通常需要花上几个月的时间来实现一个小改变，因为每个团队都有自己的优先事项，在他们处理其他优先事项之前，你必须排队等待。

更糟糕的是，深度学习模型的开发是一个迭代的过程。要提高模型的精度，就需要不断调整训练数据集（包括上游数据流程）。这需要数据科学家、数据开发人员和平台开发人员高频率地进行交互，但由于跨团队的工作流设置，数据的迭代速度往往较慢。这也是生产环境中模型开发如此缓慢的原因之一。

另一个问题是，当我们同时开发多种类型的项目（图像、视频和文本）时，数据模式的数量会爆炸。如果我们让每个团队自由定义新的数据模式，又没有妥善管理它们，那么保持系统向后兼容几乎是不可能的。由于我们必须额外花费时间来确保新的数据更新不会破坏过去构建的项目，新数据的更新会变得越来越困难，项目开发速度也将显著减慢。

为了解决缓慢的迭代和数据模式管理问题，我们可以构建一个数据集管理服务。让我们来看看图 2.4，以便确定如何在引入数据集管理服务后调整项目开发工作流。

在图 2.4 中，我们可以看到数据集管理服务将模型开发工作流分为两个独立的空间：数据开发人员空间和数据科学家空间。

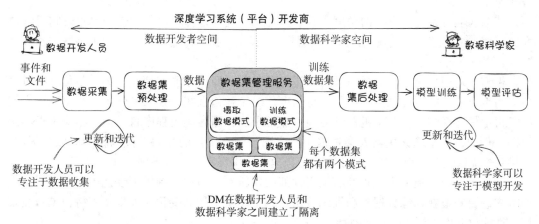

图 2.4　数据集管理组件通过为训练数据收集和使用定义强类型模式，有效地将二者分离，从而使数据开发和模型算法开发能够在各自的循环中迭代，从而加快项目的开发进度

长迭代循环（图 2.2）被分割为两个较小的循环图（图 2.4），每个循环由一个团队负责，因此数据开发人员和数据科学家可以分别对数据收集和模型训练进行迭代，从而使深度学

习项目的迭代速度大大加快。

你可能还注意到，现在我们将所有的数据模式放在了一个地方：数据集管理服务。该服务管理各种类型的数据集的两种强类型数据模式——摄取数据模式和训练数据模式。通过在 DM 内部进行数据转换时为数据摄取和训练分别提供两个独立的数据模式，你可以确保上游数据收集中的数据变化不会破坏下游的模型训练。由于数据模式是强类型的，未来的数据升级可以轻松地保持向后兼容性。

在项目初期或试验阶段，定义一个强类型的数据集可能不是一个好主意，因为我们仍在探索各种数据选项。因此，我们还建议定义一种特殊的无模式（schema-free）数据集类型，例如 GENERIC 类型——它没有强类型模式限制。对于这种数据集类型的数据，DM 会直接接受数据，并且不执行数据验证和转换（详细示例见 2.2.6 节）。从数据处理流程中收集的数据可以直接被训练过程使用。尽管整个工作流可能较为脆弱，但自由数据集类型满足了项目初期对灵活性的要求。一旦项目成熟，我们就可以创建强类型的模式，并为其定义数据集类型。

总结本节，管理数据集类型的两个数据模式是将数据科学家和数据开发人员解耦的关键因素。在 2.2.6 节中，我们将展示这些模式是如何在我们的示例数据集管理服务中实现的。

2. 实现模型可复现性

一个良好设计的数据集管理服务通过在训练数据集上进行版本跟踪来支持模型的可复现性——例如，使用版本字符串来获取之前模型训练运行中使用的确切训练文件。对于数据科学家（模型算法开发）而言，模型可复现性的优势在于，你可以反复在某个数据集上运行深度学习算法（例如，NLP 中的自注意力 transformer），并获得相同或类似的结果质量。这称为算法可复现性。

从深度学习系统开发者的角度来看，模型可复现性是算法可复现性的超集。它要求数据集管理系统能够复现其输出产物（数据集）。例如，我们需要获取确切的训练数据和训练配置，以复现过去训练的模型。

模型可复现性对于机器学习项目来说至关重要，原因主要有两点。第一是信任。可复现性为生成模型的系统创造了信任和可信度。对于任何系统，如果其输出无法复现，人们将不再信任该系统。这对于机器学习项目非常重要，因为应用程序将根据模型输出做出决策——例如，一个聊天机器人会根据用户意图预测将用户的呼叫转接到相应的服务部门。如果我们无法复现一个模型，基于该模型构建的应用程序将变得不确定和不可信。

第二个原因是模型可复现性有助于性能故障排查。当检测到模型性能出现回归时，人们首先想要知道在训练数据集和训练算法代码中发生了什么变化。如果不支持模型可复现性，性能故障排查将变得非常困难。

2.1.2　数据集管理设计原则

在开始构建数据集管理服务之前，我们先概述五个设计原则。

注意　我们认为这五个原则是本章中最重要的要素。对于数据应用程序来说，我们遵循的设计原则比实际设计更重要，因为数据可能以任何形式存在，通常不存在通用的数据存储范式，也没有适用于所有数据处理用例的标准设计。因此，在实践中，我们通过遵循特定的通用原则来构建我们自己的数据应用程序。因此，这些原则至关重要。

这五个原则将为你构建新的数据集管理服务，或为改进现有的数据集管理服务提供明确的设计目标。

1. 原则 1：支持数据集可复现性以复现模型

数据集可复现性意味着数据集管理服务总是返回与过去相同的精确训练示例。例如，当训练团队开始训练一个模型时，数据集管理服务提供带有版本字符串的数据集。任何时候，训练团队或其他团队需要检索相同的训练数据时，都可以使用此版本的字符串查询数据集管理服务以检索相同的训练数据。

我们认为所有的数据集管理系统都应该支持数据集可复现性。更好的做法是还提供数据差异功能，这样我们就可以轻松地查看两个不同数据集版本之间的数据差异。这对于故障而言排查非常方便。

2. 原则 2：为不同类型的数据集提供统一的 API 接口

深度学习的数据集可以是结构化的（文本，如销售记录或用户对话的转录）或非结构化的（图像、语音录音文件）。无论数据集管理系统如何在内部处理和存储这些不同形式的数据，它都应该为上传和提取不同类型的数据集提供统一的 API 接口。API 接口还将数据源从数据消费者中抽象分离出来，不管在幕后发生什么，比如数据解析变化和内部存储格式变化，下游消费者都不应受到影响。

因此，我们的用户（包括数据科学家和数据开发人员）只需要学习一个 API 就可以处理所有不同类型的数据集。这使得系统简单易用。而且，由于我们只公开一个公共 API，代码维护成本将大大降低。

3. 原则 3：采用强类型数据模式

强类型的数据模式是避免由数据变化引起的意外故障的关键。通过数据模式强制执行，数据集管理服务可以确保其摄取的原始数据和生成的训练数据与我们的规格一致。

强类型的数据模式可以充当安全保护，确保下游的模型训练代码不会受到上游数据收集变化的影响，同时还确保数据集管理服务的上游和下游客户端的向后兼容性。如果没有数据模式保护，数据集的消费者——即下游的模型训练代码——就容易受到上游数据变化的影响。

数据模式也可以进行版本管理，但这会给管理带来另一层复杂性。另一个选项是使每个数据集只有一个模式。在引入新的数据变化时，要先确保模式更新是向后兼容的。如果新的数据需求需要一个破坏性的变化，就可以创建一个带有新模式的新数据集类型，而不是更新现有的数据集。

4. 原则 4：确保 API 的一致性并在内部处理扩展

当前深度学习领域的趋势是模型架构随着数据集不断增大而变得越来越庞大。例如，GPT-3（一种用于语言理解的生成预训练 Transformer 语言模型）使用了超过 250 TB 的文本材料，其中包含数千亿个单词；在特斯拉公司，自动驾驶模型消耗着以 PB 级计量的大量数据。另一方面，在某些狭窄领域的简单任务中，例如客户支持工单分类，我们仍然使用较小的数据集（约 50 MB）。数据集管理系统应该内部处理数据规模的挑战，并且无论是对于大型还是对于小型数据集，系统向用户（数据开发人员和数据科学家）公开的 API 应该是一致的。

5. 原则 5：保证数据的持久性

理想情况下，用于深度学习训练的数据集应该以不可变的方式存储，以便复现训练数据和故障排查。数据的删除应该是软删除，只有少数情况下才会进行硬删除，例如，当客户选择退出或取消账户时，永久删除客户数据。

2.1.3 数据集的悖论特性

在结束有关数据集管理的概念性讨论之前，我们想要澄清数据集中一个模棱两可的方面。我们已经看到许多设计不良的数据集管理系统在这一点上失败了。

一个数据集具有悖论的特征：它既是动态的又是静态的。从数据科学家的角度来看，数据集是静态的：它是一组固定的带有注释（也称为标签）的文件。而从数据开发者的角度来看，数据集是动态的：它是一个远程存储中的文件保存目标，我们不断地向其中添加数据。

因此，从数据集管理的角度来看，一个数据集应该是一个逻辑文件组，并满足数据收集和数据训练的需求。为了帮助你具体了解如何适应数据集的动态和静态特性，让我们看一下图 2.5。

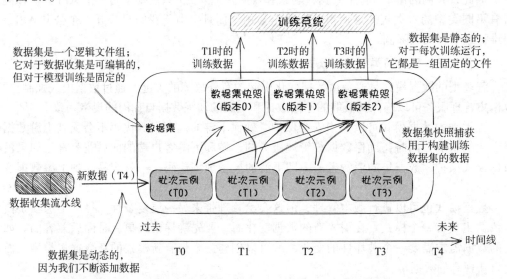

图 2.5 数据集是一个逻辑文件组：它既是动态的又是静态的。它在数据收集方面是可编辑的，但在模型训练方面是固定的

我们可以从数据摄取和数据获取两个角度解读图 2.5。从数据摄取方面来看，我们可以看到数据收集流水线（图表的左侧）不断地引入新的数据，例如文本表述和标签。例如，在

时间 T0 时，数据集中创建了一个示例数据批次（示例批次 T0）——在时间 T1、T2 和 T3 也是如此；随着时间的推移，我们共创建了四个数据批次。因此，从数据开发者的角度来看，这个数据集是可变的，因为流水线在不断向其中添加数据。

其次，在训练数据获取方面（图表的顶部），当获取训练数据时，数据集管理服务同时读取数据集中所有当前的数据。我们可以看到，数据以静态的版本化快照的形式返回，该快照有一个版本字符串，用于唯一标识它从数据集中选取的实际数据。例如，在时间 T2 从数据集中获取训练数据时，数据集中有三个数据批次（批次 T0、批次 T1 和批次 T2）。我们将这三个数据批次打包成一个快照，分配一个版本字符串（"version1"），并将其作为训练数据返回。

从模型训练的角度来看，从数据集管理服务获取的数据集是数据集的静态快照，即一个时间过滤加上客户逻辑过滤的数据集。这个静态快照对于模型的可复现性非常重要，因为它代表了训练运行中使用的确切训练文件。当需要重新构建模型时，我们可以使用快照版本字符串来找到过去模型训练中使用的快照。

我们已经对数据集特性的理论进行了全面的介绍，现在你应该能够理解数据集管理组件的需求、目标和独特特性了。接下来的部分将给出一个具体的示例，展示如何设计一个数据集管理服务。

2.2　浏览一个示例数据集管理服务

在本节中，我们将带你了解一个数据集管理（DM）服务的样例。这个样例将展示 2.1.2 节中介绍的原理是如何被实现的。我们将首先在本地运行该服务，与其进行互动，然后查看其 API 设计和内部实现。

2.2.1　与示例服务互动

为了方便起见，我们编写了七个 shell 脚本，用于自动化整个数据集管理实验室。在本节中，这些 shell 脚本是体验演示场景的推荐方式，因为它们不仅自动设置本地服务，还负责设置环境变量、准备示例数据并初始化本地网络。

你可以在 https://github.com/orca3/MiniAutoML/tree/main/scripts 找到这些脚本，检索关键词以"dm"开头。我们的 GitHub 仓库中的"function demo"文档（https://github.com/orca3/MiniAutoML/tree/main/data-management）提供了完成实验和脚本示例输出的详细说明。

注意　*在运行"function demo"之前，需要先满足系统要求。请参考 https://github.com/orca3/MiniAutoML#systemrequirements。*

该实验室分为三个部分：首先，运行示例数据集管理服务；其次，创建一个数据集并上传数据；最后，从刚刚创建的数据集中获取训练数据。

1. 本地设置服务

这个样例服务是用 Java 11 编写的。它使用 MinIO 作为文件 blob 服务器来模拟云对象存储（例如 Amazon S3），因此我们可以在本地运行而不必考虑任何远程依赖。如果你已经按照附录 A 设置了实验室，就可以在终端中脚本文件夹的根目录下运行以下命令（代码清单 2.1）来启动服务。

注意 强烈建议在运行数据集管理演示脚本之前先进行清理设置。你可以执行 ./scripts/lab-999-tear-down.sh 来清理之前的实验。

代码清单 2.1 在本地启动服务

```
# (1) Start minio server
./scripts/dm-001-start-minio.sh

# (2) start dataset management service, it will build
➡ the dm image and run the container.
./scripts/dm-002-start-server.sh
```

注意 为了将服务设置最小化，我们将所有数据集记录保存在内存中，以避免使用数据库。请注意，如果你重新启动数据集管理服务，所有数据集都将丢失。

2. 创建和更新语言意图数据集

我们的样例数据集管理服务为用户提供了三个 API 方法来创建 / 更新数据集和检查结果。这些 API 方法是 CreateDataset、UpdateDataset 和 GetDatasetSummary。我们将在接下来的几节中详细讨论它们。

在这个示例场景中，首先我们调用数据管理服务的 CreateDataset API 方法来创建一个新的语言意图数据集；然后我们使用 UpdateDataset API 方法向数据集追加更多数据；最后，我们使用 GetDatasetSummary API 方法获取数据集的统计信息并提交（数据变更）历史记录。

注意 脚本 dm-003-create-dataset.sh 和 dm-004-add-commits.sh 可以自动执行前述步骤，请使用它们来运行演示场景。请注意，以下代码清单仅供说明目的。

现在让我们运行实验室。首先，我们将使用代码清单 2.2 来创建一个数据集。

代码清单 2.2 创建语言意图数据集

```
mc -q cp data-management/src/test/resources/datasets/test.csv     ❶
➡ myminio/"${MINIO_DM_BUCKET}"/upload/001.csv

grpcurl -v -plaintext \                                           ❷
-d '{"name": "dataset-1", \
    "dataset_type": "LANGUAGE_INTENT", \                          ❸
    "bucket": "mini-automl", \                                    ❹
    "path": "{DATA_URL_IN_MINIO}"}' \                             ❹
${DM_SERVER}:${DM_PORT} \
data_management.DataManagementService/CreateDataset               ❺
```

❶ 上传原始数据（upload/001.csv）到云存储
❷ gRPC 请求创建数据集
❸ 数据集类型
❹ MinIO 中原始数据的数据 URL，例如 upload/001.csv
❺ API 名称

值得注意的是，CreateDataset API 要求用户在 gRPC 请求中提供可下载的 URL，而不是实际的数据，这就是为什么我们首先将 001.csv 文件上传到本地的 MinIO 服务器。创建数据集后，CreateDataset API 将返回一个包含数据摘要和数据集历史提交的 JSON 对象。以下是一个示例结果：

```
{
  "datasetId": "1",
  "name": "dataset-1",
  "dataset_type": "TEXT_INTENT",
  "last_updated_at": "2021-10-09T23:44:00",
  "commits": [                                          ❶
    {
      "dataset_id": "1",
      "commit_id": "1",                                 ❷
      "created_at": "2021-10-09T23:44",
      "commit_message": "Initial commit",
      "tags": [                                         ❸
        {
          "tag_key": "category",
          "tag_value": "test set"
        }
      ],
      "path": "dataset/1/commit/1",
      "statistics": {                                   ❹
        "numExamples": "5500",
        "numLabels": "151"
      }
    }
  ]
}
```

❶ commits（提交）是数据集更新快照

❷ 是 commit ID，此提交捕获 upload/001.csv 中的数据

❸ 是 commit 标签，用于在构建训练数据集时过滤 commits

❹ commit 的数据摘要

创建数据集后，你可以通过追加更多数据来持续更新它。代码清单 2.3 是数据集更新的 gRPC 请求示例。

代码清单 2.3　更新语言意图数据集

```
mc -q cp data-management/src/test/resources/datasets/train.csv
    myminio/"${MINIO_DM_BUCKET}"/upload/002.csv               ❶

grpcurl -v -plaintext \                                       ❷
 -d '{"dataset_id": "1", \                                    ❸
    "commit_message": "More training data", \
    "bucket": "mini-automl", \                                ❹
    "path": "upload/002.csv", \                               ❹
    "tags": [{ \
      "tag_key": "category", \
      "tag_value": "training set\"}]}' \
```

```
${DM SERVER}:${DM PORT} \
data_management.DataManagementService/UpdateDataset        ❺
```

❶ 上传原始数据（upload/002.csv）到云端存储
❷ 请求追加更多数据（upload/002.csv）
❸ 将数据集 ID 替换为从创建数据集 API 返回的值
❹ 原始数据的数据 URL，由原始数据上传创建
❺ 更新数据集 API 名称

一旦数据集更新完成，UpdateDataset API 将以与 CreateDataset API 相同的方式返回一个数据摘要的 JSON 对象。以下是一个样例负责对象：

```
{
  "datasetId": "1",
  "name": "dataset-1",
  "dataset_type": "TEXT_INTENT",
  "last_updated_at": "2021-10-09T23",
  "commits": [
    {
      "commit_id": "1",              ❶
       .. .. ..
    },
    {
      "dataset_id": "1",
      "commit_id": "2",              ❷
      "created_at": "2021-10-09T23:59:17",
      "commit_message": "More training data",
      "tags": [
        {
          "tag_key": "category",
          "tag_value": "training set"
        }
      ],
      "path": "dataset/1/commit/2",
      "statistics": {
        "numExamples": "7600",
        "numLabels": "151"
      }
    }
  ]
}
```

❶ 由创建数据集请求创建的 commit
❷ 是 commit ID，此 commit 捕获 upload/002.csv 中的数据

你也可以通过使用 GetDatasetSummary API 获取数据集的数据摘要和提交历史记录。以下是一个样例 gRPC 请求：

```
grpcurl -v -plaintext
  -d '{"datasetId": "1"}' \          ❶
${DM_SERVER}:${DM_PORT} \
data_management.DataManagementService/GetDatasetSummary
```

❶ 需要查询的数据集 ID

3. 获取训练数据集

现在我们有一个使用原始数据创建的数据集（ID = 1），让我们尝试从中构建一个训练数据集。在我们的示例服务中，这是一个两步的过程。

首先，我们调用 PrepareTrainingDataset API 来启动数据集构建过程。然后，我们使用 FetchTrainingDataset API 来查询数据集准备进度，直到请求完成。

注意 脚本 dm-005-prepare-dataset.sh、dm-006-prepare-partial-dataset.sh 和 dm-007-fetch-dataset-version.sh 会自动完成后续步骤。请尝试使用它们，在代码清单 2.4 和代码清单 2.5 中运行示例数据集获取演示。

要使用 PrepareTrainingDataset API，我们只需要提供一个数据集 ID。如果你只希望训练数据集中包含部分数据，则可以在请求中使用 tag 作为过滤器。代码清单 2.4 是一个示例请求。

代码清单 2.4　准备一个训练数据集

```
grpcurl -plaintext \                                    ❶
 -d "{"dataset_id": "1"}" \                              ❶
 ${DM_SERVER}:${DM_PORT} \                               ❶
data_management.DataManagementService/PrepareTrainingDataset

grpcurl -plaintext \                                    ❷
 -d "{"dataset_id": "1", \                               ❷
 "Tags":[ \                                              ❷
   {"tag_key":"category", \                              ❸
    "tag_value":"training set"}]}" \                     ❸
 ${DM_SERVER}:${DM_PORT}
     data_management.DataManagementService/PrepareTrainingDataset
```

❶ 请求准备包含所有数据提交的训练数据集
❷ 通过定义过滤器标签来准备含部分数据提交的训练数据集的请求
❸ 数据过滤器

一旦数据准备的 gRPC 请求成功，它就将返回一个如下的 JSON 对象：

```
{
  "dataset_id": "1",
  "name": "dataset-1",
  "dataset_type": "TEXT_INTENT",
  "last_updated_at": "2021-10-09T23:44:00",
  "version_hash": "hashDg==",                 ❶
  "commits": [
    {                                         ❷
      "commit_id": "1",                       ❷
      .. .. ..                                ❷
    },                                        ❷
    {                                         ❷
      "commit_id": "2",                       ❷
      .. .. ..                                ❷
    }                                         ❷
  ]
}
```

❶ 训练数据集快照的 ID

❷ 原始数据集的选定数据提交

在 PrepareTrainingDataset API 返回的数据中包含了 "version_hash" 字符串。它用于标识 API 生成的数据快照。通过使用这个哈希作为 ID，我们可以调用 FetchTrainingDataset API 来跟踪构建训练数据集的进度。请参考代码清单 2.5。

代码清单 2.5 检查数据集准备进度

```
grpcurl -plaintext \
 -d "{"dataset_id": "1", \
     "version_hash":
     "hashDg=="}" \              ❶
                                 ❶
${DM_SERVER}:${DM_PORT}
data_management.DataManagementService/FetchTrainingDataset
```

❶ 训练数据集快照的 ID

FetchTrainingDatasetc API 返回一个 JSON 对象来描述训练数据集。它会告诉我们后台数据集构建过程的状态：RUNNING（运行中）、READY（准备完毕）或 FAILED（失败）。如果训练数据准备就绪，响应对象将显示可下载的训练数据 URL 列表。在本演示中，这些 URL 指向本地 MinIO 服务器。以下是示例响应：

```
{
  "dataset_id": "1",
  "version_hash": "hashDg==",
  "state": "READY",                                              ❶
  "parts": [                                                     ❷
    {                                                            ❷
      "name": "examples.csv",                                    ❷
      "bucket": "mini-automl-dm",                                ❷
      "path": "versionedDatasets/1/hashDg==/examples.csv"        ❷
    },                                                           ❷
    {                                                            ❷
      "name": "labels.csv",                                      ❷
      "bucket": "mini-automl-dm",                                ❷
      "path": "versionedDatasets/1/hashDg==/labels.csv"          ❷
    }                                                            ❷
  ],                                                             ❷
  "statistics": {
    "numExamples": "16200",
    "numLabels": "151"
  }
}
```

❶ 训练数据集现状

❷ 训练数据的数据 URL

干得不错！你刚刚体验了示例数据集管理服务提供的所有主要数据 API。通过尝试自行上传数据并构建训练数据集，希望你对该服务的使用已经有了一定的了解。在接下来的几个部分，我们将会介绍用户场景、服务架构概述以及示例数据集管理服务的代码实现。

注意　如果你在运行上述脚本时遇到任何问题，请参考我们 GitHub 存储库中的
"function demo"文档中的说明。另外，如果你想尝试第 3 章和第 4 章的实验，请保持容器
运行，因为它们是模型训练实验的先决条件。

2.2.2　用户、用户场景和整体架构

在设计后端服务时，我们发现一个非常有用的方法，即从外到内进行思考。首先，弄
清楚用户是谁，服务将提供什么价值，以及客户将如何与服务交互。然后，内部逻辑和存
储布局会自然而然地在你的脑海中出现。在浏览这个示例数据管理服务时，我们将使用同
样的方法。因此，让我们先来看看用户和用户场景。

注意　我们首先查看用例的原因是我们认为任何系统设计都应该在最大程度上考虑用
户体验。如果我们了解客户如何使用系统，实现效率和可扩展性的方法就会自然而然地浮
现出来。如果设计的顺序颠倒了（先考虑技术，再考虑可用性），系统通常会变得笨拙，因
为这样的系统是为技术而不是为客户设计的。

1. 用户和用户场景

我们的示例数据管理服务是为两个虚构的用户设计的：Jianguo，一名数据工程师，和
Julia，一名数据科学家。他们要合作训练一个语言意图分类模型。

Jianguo 负责收集训练数据。他持续从不同的数据源收集数据（例如，解析用户活动日
志和进行客户调查）并对其进行标注。Jianguo 使用数据管理（DM）数据摄取 API 来创建数
据集，将新数据追加到现有数据集，并查询数据集的摘要和状态。

Julia 使用 Jianguo 构建的数据集来训练意图分类模型（通常使用 PyTorch 或
TensorFlow 编写）。在训练时，Julia 的训练代码首先调用 DM 服务的获取训练数据 API，从
DM 获取训练数据，然后开始训练过程。

2. 服务的整体架构

我们的示例数据管理服务有三层：数据摄取层、数据集获取层和数据集内部存储层。
数据摄取 API 集用于支持 Jianguo 上传新的训练数据和查询数据集状态。数据集获取 API
用于支持 Julia 获取训练数据集。请参考图 2.6 和图 2.7 了解整体情况。

图 2.6 中的中间大框显示了示例数据集管理服务的总体设计。它具有一个内部数据集
存储系统和两个面向公众的接口：数据摄取 API 和数据集获取 API，一个用于数据摄取，
另一个用于数据集获取。系统支持强类型模式数据集（文本和图像类型）和非模式数据集
（GENERIC 类型）。

图 2.7 显示了示例数据管理服务用于存储数据集的整体数据结构。提交（commit）由
数据摄取 API 创建，版本化快照（versioned snapshot）由数据获取 API 创建。提交和版本
化快照的概念是为了解决数据集的动态性和静态性而提出的。我们将在 2.2.5 节详细讨论
存储。

在接下来的小节中，我们将以逐个介绍组件的形式讲述前两个图表的各个细节。我们
将首先从 API 开始，然后转向内部存储和数据模式。

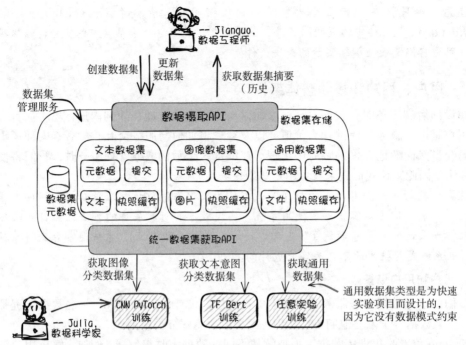

图 2.6　示例数据集管理服务的系统概述。示例服务包含三个主要组件：数据摄取 API、内部存储和数据集获取 API

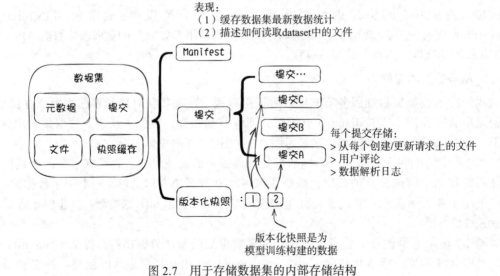

图 2.7　用于存储数据集的内部存储结构

2.2.3　数据摄取 API

数据摄取 API 允许在示例数据集管理服务中创建、更新和查询数据集。图 2.8 中的灰色框显示了数据摄取层中支持将数据摄取到 DM 中的四个服务方法的定义。它们的名称很直观，让我们来看一下它们在代码清单 2.6 中的 gRPC 方法定义。

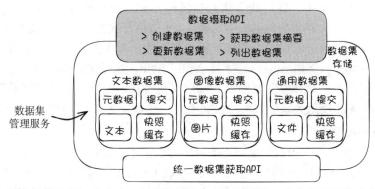

图 2.8　支持数据摄取的四个方法：创建数据集、更新数据集、获取数据集摘要以及列出数
据集

注意　为了减少样板代码，我们选择使用 gRPC 来实现示例数据管理服务的公共接口。
这并不意味着 gRPC 是数据集管理服务的最佳方法，但与 RESTful 接口相比，gRPC 的简洁
编码风格非常适合演示我们的想法，且无须让你了解不必要的 Spring Framework 细节。

1. 数据摄取方法的定义

示例数据摄取 API 的具体样式如代码清单 2.6 所示。

代码清单 2.6　数据摄取 API 服务的定义

```
# create a new dataset and save data into it
rpc CreateDataset (CreateDatasetRequest) returns (DatasetSummary);
# add new data to an existing dataset
rpc UpdateDataset (CreateCommitRequest) returns (DatasetSummary);

# get summary and history of a given dataset
rpc GetDatasetSummary (DatasetPointer) returns (DatasetSummary);

# list all existing datasets' summary
rpc ListDatasets (ListQueryOptions) returns (stream DatasetSummary);

message CreateDatasetRequest {
 string name = 1;
 string description = 2;
 DatasetType dataset_type = 3;          ❶
 string bucket = 4;                     ❷
 string path = 5;                       ❷
 repeated Tag tags = 6;                 ❸
}
```

❶　定义数据集类型 "TEXT_INTENT" 或 "GENERIC"
❷　定义 MinIO 服务器上传数据的文件 URL
❸　使用标签设置数据过滤器

注意　此示例服务未涵盖数据删除和修改的主题，但你可以轻松地通过扩展服务来支
持这些功能。

2. 数据 URL 与数据流的对比

在我们的 API 设计中，你可能会注意到我们要求用户提供数据 URL 作为原始数据输入，而不是直接上传文件到我们的服务。在 2.2.4 节中，我们还选择将数据 URL 作为训练数据集返回，而不是通过流式端点直接返回文件。主要原因是我们希望将文件传输工作转移到云对象存储服务，例如 Amazon S3 或 Azure Blob。这样做有两个好处：首先，它节省了网络带宽，因为客户端和服务之间没有实际文件传递；其次，它降低了代码复杂性，因为在文件很大且 API 使用频繁时，保持数据流式工作并保持高可用性可能会很复杂。

3. 创建新的数据集

让 我 们 来 看 一 下 gRPC CreateDataset 方 法 是 如 何 实 现 的。 在 调 用 DM（createDataset API）创建数据集之前，用户（Jianguo）需要为想要上传的数据准备一个可下载的 URL（步骤 1 和步骤 2）。这个 URL 可以是云对象存储服务（如 Amazon S3 或 Azure Blob）中的可下载链接。在我们的示例服务中，我们使用 MinIO 服务器在本地模拟 Amazon S3。Jianguo 还可以在数据集创建请求中指定数据集名称和标签。代码清单 2.7 突出显示了实现图 2.9 中工作流的关键代码片段（dataManagement/DataManagementService.java）。

代码清单 2.7　新数据集创建实现

```java
public void createDataset(CreateDatasetRequest request) {

    int datasetId = store.datasetIdSeed.incrementAndGet();       ❶
    Dataset dataset = new Dataset(                               ❷
      datasetId, request.getName(),                             ❷
      request.getDescription(),                                 ❷
      request.getDatasetType());                                ❷
    int commitId = dataset.getNextCommitId();                   ❷


    CommitInfo.Builder builder = DatasetIngestion             ❸
      .ingest(minioClient, datasetId, commitId,                ❸
      request.getDatasetType(), request.getBucket(),           ❸
      request.getPath(), config.minioBucketName);              ❸

    store.datasets.put(Integer.toString(datasetId), dataset);  ❹
    dataset.commits.put(commitId, builder                      ❹
      .setCommitMessage("Initial commit")                      ❹
      .addAllTags(request.getTagsList()).build());             ❹


    responseObserver.onNext(dataset.toDatasetSummary());       ❺
    responseObserver.onCompleted();                            ❺
}
```

❶ 接收数据集创建请求（步骤 3）
❷ 使用用户请求的元数据创建数据集对象（步骤 4a）
❸ 从 URL 下载数据并上传到 DM 的云存储（步骤 4b）
❹ 将下载数据的数据集保存为初始提交（步骤 5）
❺ 将数据集摘要返回给客户端（步骤 6 和 7）

`DatasetIngestion.ingest()` 方法的实现细节将在 2.2.5 节中进行讨论。

4. 更新现有数据集

深度学习模型的开发是一个持续的过程。一旦我们为模型训练项目创建了一个数据集，数据工程师（例如 Jianguo）就将持续添加数据。为了满足这个需求，我们提供了 `UpdateDataset` API。

为了使用 `UpdateDataset` API，我们需要为新数据准备一个数据 URL。我们还可以传入提交信息和一些自定义标签来描述数据变更。这些元数据对于数据历史追踪和数据过滤非常有用。

数据集更新工作流几乎与数据集创建工作流相同（图 2.9）。它使用给定的数据创建一个新的提交，并将该提交追加到数据集的提交列表中。唯一的区别在于，数据集更新工作流不会创建一个新的数据集，而是对现有数据集进行操作。相关代码见代码清单 2.8。

注意   由于每次数据集更新都保存为一个提交，如果 Jianguo 错误地将一些标注错误的数据上传到数据集中，我们可以通过一些数据集管理 API 轻松地删除或软删除这些提交。由于篇幅限制，此处将不讨论这些管理 API。

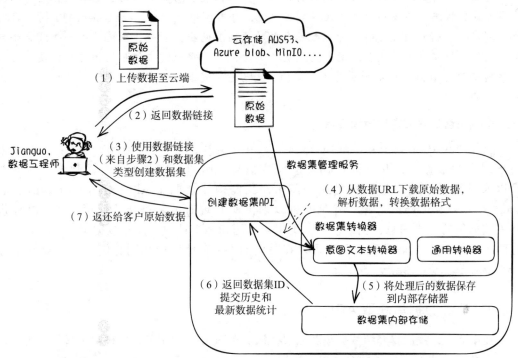

图 2.9   创建新数据集的七个高级步骤概述：（1）将数据上传到云对象存储；（2）获取数据链接；（3）调用 createDataset API，并将数据链接作为有效载荷；（4）数据管理器（DM）首先从数据链接下载数据，然后找到适合进行数据解析和转换的数据集转换器（IntentTextTransformer）；（5）DM 保存转换后的数据；以及（6）和（7）DM 将数据集概要（ID、提交历史、数据统计）返回给用户

代码清单 2.8　数据集更新的实现

```
public void updateDataset(CreateCommitRequest request) {

  String datasetId = request.getDatasetId();         ❶

  Dataset dataset = store.datasets                   ❷
    .get(datasetId);                                 ❷
  String commitId = Integer.toString(dataset         ❷
    .getNextCommitId());                             ❷

  // the rest code are the same as listing 2.7
  .. .. ..
}
```

❶　接收数据集创建请求（步骤 3）
❷　查找现有数据集并创建新的提交对象（步骤 4a）

我们将在 2.2.3 节中更详细地讨论提交（commit）的概念。目前，你只需要知道每个数据集更新请求都会创建一个新的提交对象。

注意　为什么要将数据更新保存在提交中？我们能否将新数据与当前数据合并，以便只存储最新状态？在我们的更新数据集实现中，每次调用 UpdateDataset API 时，我们都会创建一个新的提交。避免原地数据合并的原因有两个：首先，原地数据合并可能导致不可逆的数据修改和悄无声息的数据丢失。其次，为了重现过去使用的训练数据集，我们需要确保 DM 收到的数据批次是不可变的，因为它们是我们在任何时间下创建训练数据集的源数据。

5. 列出数据集和获取数据集概要

除了 CreateDataset 和 UpdateDataset API 外，我们的用户还需要方法来列出现有的数据集，并查询数据集的概要信息，例如，数据集的示例数量、标签数量以及其审计历史。为了满足这些需求，我们构建了两个 API：ListDatasets 和 GetDatasetSummary。第一个 API 可以列出所有现有的数据集，而第二个 API 提供有关数据集的详细信息，例如，提交历史、示例和标签计数，以及数据集的 ID 和类型。这两个 API 的实现非常直观，你可以在我们的 Git 存储库中找到它们（miniAutoML/DataManagementService.java）。

2.2.4　训练数据集获取 API

在本节中，我们将介绍数据集获取层，该层在图 2.10 中用灰色方框突出显示。为了构建训练数据，我们设计了两个 API。数据科学家（Julia）首先调用 PrepareTraining-DatasetAPI 来发出训练数据准备请求；我们的 DM 服务将启动一个后台线程来开始构建训练数据，并返回一个版本字符串作为训练数据的参考句柄。接下来，如果后台线程已经完成的话，Julia 可以调用 FetchTrainingDataset API 来获取训练数据。

1. 数据集获取方法的定义

首先，让我们看一下这两个数据集获取方法 PrepareTrainingDataset 和 Fetch-TrainingDataset 的 gRPC 服 务 方 法 定 义（grpc-contract/src/main/proto/data_management.proto），相关代码见代码清单 2.9。

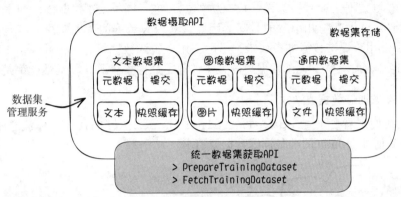

图 2.10　数据集获取层中支持数据集获取的两个方法：PrepareTrainingDataset 和 FetchTrainingDataset

代码清单 2.9　训练数据集以获取服务定义

```
rpc PrepareTrainingDataset (DatasetQuery)          ❶
  returns (DatasetVersionHash);                    ❶

rpc FetchTrainingDataset (VersionHashQuery)        ❷
  returns (VersionHashDataset);                    ❷

message DatasetQuery {                             ❸
 string dataset_id = 1;                            ❹
 string commit_id = 2;                             ❺
 repeated Tag tags = 3;                            ❻
}

message VersionHashQuery {                         ❼
 string dataset_id = 1;
 string version_hash = 2;                          ❽
}
```

❶　准备训练数据集 API
❷　获取训练数据集 API
❸　数据集准备 API 的负载
❹　指定构建训练数据的数据集
❺　指定数据集的哪个提交来构训练数据（可选）
❻　按提交标签过滤数据（可选）
❼　训练数据集获取 API 的负载
❽　版本哈希字符串表示训练数据集的快照

为什么我们需要两个 API（两个步骤）来获取数据集

如果我们只发布一个用于获取训练数据的 API，调用者需要在 API 调用上等待，直到后端数据准备完成才能获得最终的训练数据。如果数据准备时间较长，该请求可能会超时。

深度学习数据集通常很大（以 GB 为单位），进行网络 I/O 数据传输和本地数据聚合可能需要几分钟甚至几小时的时间。因此，获取大数据的常见解决方案是提供两个 API——一个用于提交数据准备请求，另一个用于查询数据状态——并在请求完成时获取结果。通过这种方式，无论数据集的大小如何，数据集获取 API 的性能都是稳定的。

2. 发送准备训练数据集请求

现在让我们来看一下 PrepareTrainingDataset API 的代码工作流。图 2.11 展示了示例服务如何处理 Julia 的准备训练数据集请求。

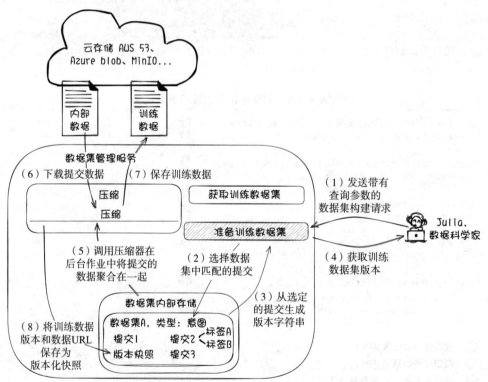

图 2.11   响应数据集构建请求的八个步骤的高级概述：（1）用户提交带有数据过滤器的数据集准备请求；（2）数据管理器（Data Manager）从满足数据过滤器的提交中选择数据；（3）和（4）数据管理器生成表示训练数据的版本字符串；（5）～（8）数据管理器启动后台作业来生成训练数据

当数据管理器（DM）收到一个数据集准备请求（图 2.11，步骤 1），它会执行三个操作：

1）尝试使用给定的数据集 ID 在其存储中找到数据集。

2）使用给定的数据过滤器来选择符合条件的提交（commit）。

3）创建一个 versionedSnapshot 对象来跟踪其内部存储（versionHash-Registry）中的训练数据。versionedSnapshot 对象的 ID 是从所选提交的 ID 列表生成的哈希字符串。

versionedSnapshot 对象就是 Julia 想要的训练数据集，它由选定提交的不可变静态文件组成。在步骤 3 返回的哈希字符串（snapshot ID）可以用于查询数据集准备状态，并在训练数据集准备好时获取数据下载链接。有了这个版本字符串，Julia 可以始终从未来的任何时间获取相同的训练数据（versionedSnapshot），从而实现数据集的可复现性。

versionedSnapshot 的一个附加好处是它可以用作跨不同 PrepareTraining-Dataset API 调用的缓存。如果快照 ID——一个由提交列表生成的哈希字符串——已经存在，我们会返回现有的 versionedSnapshot，而无须重新构建相同的数据，这可以节省计算时间和网络带宽。

注意 在我们的设计中，数据过滤是在提交级别进行的，而不是在单个样本级别。例如，准备请求中有一个名为 "DataType=Training" 的过滤标签，表示用户只想要来自标记为 "DataType=Training" 的提交的数据。

在第 3 步之后，数据管理器（DM）将创建一个后台线程来构建训练数据集。在后台作业中，DM 将从 MinIO 服务器下载每个数据集提交的文件到本地，然后将它们聚合并压缩成一个预定义格式的文件，最后将其上传回不同的 MinIO 服务器存储桶（步骤 6 和 7）。接下来，DM 将在 versionedSnapshot 对象中放入实际训练数据的数据 URL，并将其状态更新为 "READY"（步骤 8）。现在 Julia 可以从返回的 versionedSnapshot 对象中找到数据 URL，并开始下载训练数据。

我们还没有涉及数据模式（data schema）。在数据集管理服务中，我们将所摄入的数据（commit）和生成的训练数据（versionedSnapshot）保存在两种不同的数据格式中。一个数据合并操作（图 2.11，步骤 6 和 7）将原始摄入数据（选定提交）聚合并转换为意图分类训练数据模式。数据模式将在 2.2.6 节中详细讨论。代码实现见代码清单 2.10。

代码清单 2.10　准备训练数据请求 API

```
public void prepareTrainingDataset(DatasetQuery request) {
  # step 1, receive dataset preparation request
  Dataset dataset = store.datasets.get(datasetId);
  String commitId;
  .. .. ..
  # step 2, select data commits by checking tag filter
  BitSet pickedCommits = new BitSet();
  List<DatasetPart> parts = Lists.newArrayList();
  List<CommitInfo> commitInfoList = Lists.newLinkedList();
  for (int i = 1; i <= Integer.parseInt(commitId); i++) {
    CommitInfo commit = dataset.commits.get(Integer.toString(i));
    boolean matched = true;
    for (Tag tag : request.getTagsList()) {
      matched &= commit.getTagsList().stream().anyMatch(k -> k.equals(tag));
    }
```

```
        if (!matched) {
          continue;
        }
        pickedCommits.set(i);
        commitInfoList.add(commit);
        .. .. ..
    }

    # step 3, generate version hash from the selected commits list
    String versionHash = String.format("hash%s",
        Base64.getEncoder().encodeToString(pickedCommits.toByteArray()));

    if (!dataset.versionHashRegistry.containsKey(versionHash)) {
        dataset.versionHashRegistry.put(versionHash,       ❶
          VersionedSnapshot.newBuilder()                   ❶
            .setDatasetId(datasetId)                        ❶
            .setVersionHash(versionHash)                    ❶
            .setState(SnapshotState.RUNNING).build());      ❶

        # step 5,6,7,8, start a background thread to aggregate data
        # from commits to the training dataset
        threadPool.submit(
          new DatasetCompressor(minioClient, store, datasetId,
            dataset.getDatasetType(), parts, versionHash,
         config.minioBucketName));
      }

    # step 4, return hash version string to customer
    responseObserver.onNext(responseBuilder.build());
    responseObserver.onCompleted();
}
```

❶ 创建 VersionedSnapshot 对象来表示训练数据集

3. 获取训练数据集

一旦数据管理器（DM）服务收到了准备训练数据集请求（prepareTraining-Dataset API），它会启动一个后台作业来构建训练数据，并返回一个 version_hash 字符串用于跟踪目的。Julia 可以使用 FetchTraining-Dataset API 和 version_hash 字符串来查询数据集构建进度，并最终获取训练数据。图 2.12 展示了在 DM 中如何处理数据集获取请求。

获取训练数据集实质上是查询训练数据准备请求的状态。对于每个数据集，数据管理器（DM）服务会创建一个 versionedSnapshot 对象来跟踪由 prepareTraining-Dataset 请求产生的每个训练数据集。

当用户发送获取数据集查询时，我们只需使用请求中的哈希字符串在数据集的训练快照（versionHashRegistry）中搜索其相应的 versionedSnapshot 对象，如果存在则返回给用户。versionedSnapshot 对象将持续由后台训练数据处理作业（图 2.11，步骤 5 ~ 8）进行更新。当作业完成时，它将把训练数据的 URL 写入 versionedSnapshot 对象。因此，用户最终获取训练数据。代码实现见代码清单 2.11。

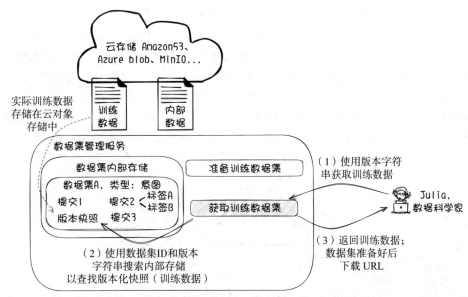

图 2.12　高层次概述三个步骤来处理数据集获取请求：（1）用户调用 FetchTraining-
　　　　　Dataset API 并提供数据集 ID 和版本字符串；（2）数据管理器（DM）将在其内部
　　　　　存储中搜索数据集的 versionHashRegistry，并返回一个 versionedSnapshot
　　　　　对象；（3）当数据准备作业完成时，versionedSnapshot 对象将具有一个下载
　　　　　URL

代码清单 2.11　准备训练数据请求 API

```
public void fetchTrainingDataset(VersionQuery request) {
  String datasetId = request.getDatasetId();
  Dataset dataset = store.datasets.get(datasetId);

  if (dataset.versionHashRegistry.containsKey(        ❶
      request.getVersionHash())) {                    ❶

    responseObserver.onNext(
      dataset.versionHashRegistry.get(                ❷
      request.getVersionHash()));                     ❷
    responseObserver.onCompleted();
  }
  .. .. ..
}
```

❶ 在数据集的训练快照中搜索 versionedSnapshot
❷ 返回 versionedSnapshot；它包含数据集准备的最新进展

2.2.5　内部数据集存储

　　示例服务的内部存储简单地是一个内存中数据集对象的列表。之前我们讨论了数据集
为何同时具有动态和静态的特性。一方面，数据集是一个逻辑文件组，它会动态地从各种

来源持续吸收新数据。另一方面，它在训练时是静态且可复现的。

为了展示这个概念，我们设计了每个数据集包含一个提交（commit）列表和一个版本化快照（versioned snapshot）列表。一个提交表示动态摄入的数据：通过数据摄入调用（CreateDataset 或 UpdateDataset）添加的数据；一个提交还可以包含用于注释目的的标签（tag）和消息（message）。一个版本化快照表示静态的训练数据，它是由准备训练数据集请求（Prepare-TrainingDataset）从一组选定的提交转换而来。每个快照与一个版本关联；一旦构建训练数据集，你可以使用这个版本字符串随时获取相应的训练数据（FetchTrainingDataset）进行复用。图 2.13 可视化了数据集的内部存储结构。

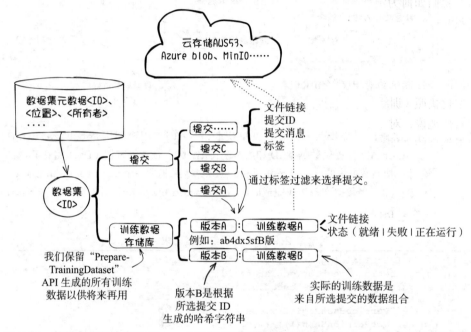

图 2.13　数据集内部存储概述。一个数据集存储两种类型的数据：用于接收原始数据的提交（commit）和用于训练数据集的版本化快照（snapshot）。数据集的元数据和数据 URL 存储在数据集管理服务中，实际数据则存储在云对象存储服务中

注意　尽管不同类型的数据集的单个训练示例可以以不同的形式存在，例如图像、音频和文本句子，但数据集的操作（创建、更新和查询数据集摘要）以及其动态/静态特性是相同的。因为我们在所有数据集类型上设计了统一的 API 集，我们可以使用一个统一的存储结构来存储所有不同类型的数据集。

在我们的存储中，实际的文件（提交数据、快照数据）存储在云对象存储中（例如 Amazon S3），我们只在我们的数据管理系统中保留数据集元数据（稍后会解释）。通过将文件存储的工作转移以及仅跟踪文件链接，我们可以专注于组织数据集并跟踪其元数据，如编辑历史、数据统计、训练快照和所有权。

数据集元数据

　　我们将数据集元数据定义为除实际数据文件之外的所有内容，包括数据集 ID、数据所有者、更改历史（审计记录）、训练快照、提交记录、数据统计等。

　　为了方便演示，我们将数据集的元数据存储在内存字典中，以 ID 作为键，并将所有数据文件放入 MinIO 服务器。但你也可以扩展它，使用数据库或 NoSQL 数据库来存储数据集的元数据。

　　到目前为止，我们已经讨论了数据集存储的概念，但实际的数据集写入和读取是如何工作的？我们如何为不同类型的数据集（例如 GENERIC 和 TEXT_INTENT 类型）序列化提交和快照？

　　在存储后端实现中，我们使用简单的继承概念来处理不同类型数据集的文件操作。我们定义了一个名为 DatasetTransformer 的接口，具体如下：ingest() 函数将输入数据保存为内部存储的提交（commit），compress() 函数将从选定的提交中合并数据以创建一个版本化快照（训练数据）。

　　更具体地说，对于 "TEXT_INTENT" 类型的数据集，我们有 IntentTextTransformer 来应用强类型的文件模式（file schema）进行文件转换。而对于 "GENERIC" 类型的数据集，我们有 GenericTransformer 来以原始格式保存数据，不进行任何检查或格式转换。图 2.14 说明了这些情况。

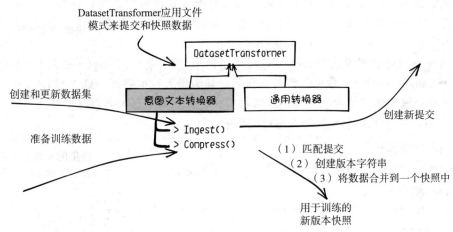

图 2.14　实现 DatasetTransformer 接口以处理不同类型的数据集；实现 INGEST 函数将原始输入数据保存为提交（commit）；实现 COMPRESS 函数将提交（commit）数据合并为训练数据

　　从图 2.14 中可以看出，来自数据摄取 API（2.2.3 节）的原始意图分类数据通过 IntentTextTransformer:Ingest() 被保存为提交（commit）；而来自训练数据集获取 API（2.2.4 节）的意图分类训练数据通过 IntentTextTransformer:Compress() 被保存为版本化快照（snapshot）。由于这些都是普通的 Java 代码，我们将其留给你自己去探索，你可以在我们的 Git 仓库中找到实现代码（ org/orca3/miniAutoML/dataManagement/ transformers/IntentTextTransformer.java）。

2.2.6 数据模式

到目前为止，我们已经了解了所有的 API、工作流和内部存储结构。现在让我们来考虑一下在 DM 服务中数据的外观。对于每种强类型数据集，比如 "TEXT_INTENT" 数据集，我们定义了两种数据模式：一种用于数据摄入，另一种用于训练数据获取（图 2.15）。

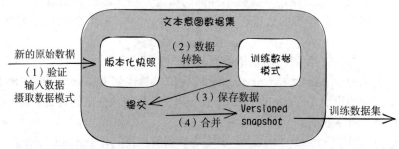

图 2.15　每种类型的数据集都有两种数据模式：摄入数据模式和训练数据模式。这两种模式将确保我们接受的数据和产生的数据都遵循我们的数据规范

图 2.15 展示了 DM 服务如何使用两种数据模式来实现其数据约定。第 1 步使用摄入数据模式来验证原始输入数据；第 2 步使用训练数据模式将原始数据转换为训练数据格式；第 3 步将转换后的数据保存为一个提交；第 4 步在构建训练数据集时将选定的提交合并成一个版本化的快照，但仍遵循训练数据模式。

这两种不同的数据模式是 DM 服务提供给两个不同用户（Jianguo 和 Julia）的数据契约。无论 Jianguo 如何收集数据，都需要将其转换为摄入数据格式并插入到 DM 中。另外，由于 DM 保证输出的训练数据遵循训练数据模式，Julia 可以放心地使用数据集，而不用担心会受到 Jianguo 对数据收集所做的更改的影响。

1. 摄入数据模式

我们已经了解了数据模式的概念，现在让我们来看一下我们为 TEXT_INTENT 数据集定义的摄入数据模式：

为了简化起见，我们的摄入数据模式要求所有 TEXT_INTENT 数据集的输入数据必须采用 CSV 文件格式。第一列是文本表述（text utterance），其余列为标签。以下是一个示例 CSV 文件：

```
>> TEXT_INTENT dataset ingestion data schema
<text utterance>, <label>,<label>,<label>, ...
"I am still waiting on my credit card", activate_my_card        ❶
➡ ;card_arrival                                                  ❶
"I couldn't purchase gas in Costco", card_not_working
```

 标签

2. 训练数据集模式

对于 TEXT_INTENT 的训练数据，我们的模式将输出数据定义为一个包含两个文件的压缩文件：examples.csv 和 labels.csv。labels.csv 文件定义了标签名称到标签 ID 的映射，而 examples.csv 文件定义了训练文本（话语）到标签 ID 的映射。以下是一些示例：

```
examples.csv: <text utterance>, <label_id>,<label_id>, ...
"I am still waiting on my credit card", 0;1
"I couldn't purchase gas in Costco", 2

Labels.csv: <label_id>, <label_name>
0, activate_my_card
1, card_arrival
2, card_not_working
```

> **我们为什么使用自定义的数据结构？**
>
> 我们在构建 TEXT_INTENT 时选择了自定义的数据模式，而不是使用 PyTorch 或 Tensorflow 等数据集格式（如 TFRecordDataset）来创建模型训练框架的抽象。
>
> 选择特定框架的数据集格式意味着你的训练代码也需要使用该框架编写，这并不理想。引入自定义的中间数据集格式可以使 DM 框架与特定框架无关，从而不需要特定框架的训练代码。

3. 在一个数据集中拥有两个强类型数据模式的好处

通过在数据集中拥有两个强类型数据模式，并让数据管理（DM）执行从摄取数据格式到训练数据格式的数据转换，我们可以并行开发数据收集和训练代码。例如，当 Jianguo 想要向 TEXT_INTENT 数据集中添加一个新特征——"文本语言"时，他可以与 DM 服务的开发人员合作，更新数据摄取模式以添加一个新的数据字段。

Julia 不会受到影响，因为训练数据模式没有改变。当 Julia 在她的训练代码中准备好使用新特征时，她可以随后向我们请求更新训练数据模式。关键在于 Jianguo 和 Julia 不必同步工作来引入新的数据集增强；他们可以独立地工作。

注意　出于简单和演示目的，我们选择使用 CSV 文件来存储数据。使用普通的 CSV 文件的问题在于它们缺乏向后兼容性支持和数据类型验证支持。在生产环境中，我们建议使用 Parquet、Google protobuf 或 Avro 来定义数据模式和存储数据。它们附带一套用于数据验证、数据序列化和模式向后兼容支持的库。

4. 一个通用数据集：没有数据模式的数据集

尽管我们在多个地方强调定义强类型数据集模式是数据集管理服务的基本要素，但在这里我们将在此破例引入一个自由格式的数据集类型——通用（GENERIC）数据集。与强类型的 TEXT_INTENT 数据集不同，通用数据集类型没有数据模式验证。我们的服务会将任何原始输入数据保存原样，并在构建训练数据时，将所有原始数据以其原始格式简单地打包到一个训练数据集中。

通用数据集类型听起来可能不是一个好主意，因为我们基本上会将从上游数据源收到的任何数据传递给下游的训练应用程序，这可能会轻易地破坏训练代码中的数据解析逻辑。这绝对不适合生产环境，但它为实验项目提供了所需的灵活性。

虽然强类型的数据模式提供了良好的数据类型安全保护，但维护它也是有代价的。当你不得不频繁地在数据管理服务中进行模式更改以适应新的实验所需的数据格式时，这是相当令人烦恼的。

在深度学习项目开始时，很多事情都是不确定的，比如哪种深度学习算法最有效，我们能够收集什么样的数据，以及应该选择什么样的数据模式，等等。为了在所有这些不确定性中推进项目，我们需要用一种灵活的方式来处理任意数据，以实现模型训练实验。这就是通用数据集类型的设计目的。

一旦业务价值得到了证明且我们选择了深度学习算法，我们就能对训练数据的样子有清晰的了解；然后我们就可以数据集管理服务中定义一个强类型数据集。在接下来的章节中，我们将讨论如何添加一个新的强类型数据集。

2.2.7 添加新的数据集类型（IMAGE_CLASS）

假设有一天，Julia 请求我们（平台开发人员）将她的实验性图像分类项目提升为正式项目。Julia 及其团队正在使用通用数据集开发图像分类模型，并且由于取得了良好的结果，他们现在希望定义一个强类型数据集（IMAGE_CLASS）来稳定原始数据收集和训练数据使用的数据模式。这将保护训练代码免受未来数据集更新的影响。

要添加一个新的数据集类型——IMAGE_CLASS，我们可以按照以下三个步骤进行。首先，我们必须定义训练数据格式。在与 Julia 讨论后，我们决定由 FetchTrainingDataset API 生成的训练数据将是一个压缩文件；它将包含以下三个文件：

```
>> examples.csv: <image filename>,<label id>
"imageA.jpg", 0
"imageB.jpg", 1
"imageC.jpg", 0

>> labels.csv: <label id>,<label name>
0, cat
1, dog

>> examples/ - folder
imageA.jpg
imageB.jpg
imageC.jpg
```

examples.csv 和 labels.csv 文件是定义每个训练图像标签的清单文件。实际的图像文件存储在 examples 文件夹中。

其次，定义数据摄取格式。我们需要与负责收集图像和贴标签的数据工程师 Jianguo 讨论数据摄取模式。我们达成共识，每个 CreateDataset 和 UpdateDataset 请求的有效负载数据也是一个压缩文件；它的目录结构如下：该压缩文件应该是一个只包含子目录的文件夹。根目录下的每个子目录代表一个标签；其下的图像属于该标签。子目录应该只包含图像文件，而不包含任何嵌套的子目录：

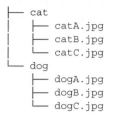

```
├── cat
│   ├── catA.jpg
│   ├── catB.jpg
│   └── catC.jpg
└── dog
    ├── dogA.jpg
    ├── dogB.jpg
    └── dogC.jpg
```

最后一步是代码更改。在了解了两种数据模式之后，我们需要创建一个 ImageClassTransformer 类，实现 DatasetTransformer 接口以构建数据读取和写入逻辑。

首先，我们实现 ImageClassTransformer.ingest() 函数。逻辑需要使用步骤 2 中定义的输入数据格式来解析数据集创建和更新请求中的输入数据，然后将输入数据转换为训练数据格式，并将其保存为数据集的提交。

接下来，我们实现 ImageClassTransformer.compress() 函数，首先通过匹配数据筛选器来选择提交，然后将匹配的提交合并为单个训练快照。最后一步，我们将 ImageClassTransformer.ingest() 函数注册到 DatasetIngestion.ingestion() 函数，并指定数据类型为 IMAGE_CLASS，并将 ImageClassTransformer.compress() 注册到 DatasetCompressor.run() 函数，并指定数据类型为 IMAGE_CLASS。

正如你所看到的，通过合理的数据集结构，我们可以通过添加一些新的代码片段来支持新的数据集类型。现有类型的数据集和公共数据摄取和获取 API 不受影响。

2.2.8　服务设计回顾

让我们回顾一下这个示例数据集管理服务如何满足在 2.1.2 节中介绍的五个设计原则：

- **原则 1**：支持数据集可复现性：我们的示例数据管理服务将所有生成的训练数据保存为版本化的快照，并使用版本哈希字符串作为键。用户可以随时应用此版本字符串来获取训练数据快照。
- **原则 2**：在不同数据集类型之间提供统一的体验。数据摄取 API 和训练数据获取 API 对于所有数据集类型和大小都以相同的方式工作。
- **原则 3**：采用强类型数据模式。我们的示例 TEXT_INTENT 类型和 IMAGE_CLASS 类型数据集将自定义的数据模式应用于原始摄取数据和训练数据。
- **原则 4**：确保 API 一致性并在内部处理扩展。尽管在示例代码中我们将所有数据集的元数据保存在内存中（出于简单考虑），我们可以很容易地在云对象存储中实现数据集存储结构；理论上它具有无限的容量。此外，我们需要使用数据 URL 来发送和返回数据，因此无论数据集有多大，我们的 API 都会保持一致。
- **原则 5**：保证数据持久性。每个数据集创建请求和更新请求都会创建一个新的提交，每个训练数据准备请求都会创建一个带版本的快照。提交和快照都是不可变的，并且没有数据过期限制。

注意 为了保持简单，我们从示例数据集管理服务中含去了许多重要功能。例如，管理 API 允许你删除数据、恢复数据提交和查看数据审计历史记录。欢迎你 fork 这个仓库并尝试实现它们。

2.3 开源方法

如果你愿意采用开源方法来建立数据集管理功能，我们为你选择了两种方法：Delta Lake 和 Pachydcrm。让我们逐个来看它们。

2.3.1 Delta Lake 和 Apache Spark 家族的 Petastorm

在这种方法中，我们建议将数据保存在 Delta Lake 表中，并使用 Petastorm 库将表中的数据转换为 PyTorch 和 Tensorflow 的数据集对象。这样，数据集可以在训练代码中无缝地使用。

1. Delta Lake

Delta Lake 是一个存储层，为 Apache Spark 和其他云对象存储（如 Amazon S3）带来可扩展的 ACID（原子性、一致性、隔离性、持久性）事务。Delta Lake 由 Databricks 开发。Databricks 是一家备受尊敬的数据与人工智能公司。

云存储服务（如 Amazon S3）是 IT 行业中最具可扩展性和成本效益的存储系统之一。它们是构建大型数据仓库的理想选择，但是它们的键值存储设计使 ACID 事务和高性能变得难以实现，让元数据操作（例如列出对象）变得非常昂贵，且一致性保证也十分有限。

Delta Lake 的设计目标是填补先前提到的这些差距。它作为一个文件系统工作，将批处理和流式数据存储在对象存储中（如 Amazon S3）。此外，Delta Lake 管理其表结构和模式执行的元数据、缓存和索引。它提供 ACID 特性、时间旅行功能以及显著更快的针对大型表格数据集的元数据操作。有关 Delta Lake 的概念图，请参见图 2.16。

Delta Lake 表是该系统的核心概念。在使用 Delta Lake 时，你通常会处理 Delta Lake 表。它们类似于 SQL 表，可以查询、插入、更新和合并表内容。Delta Lake 的模式保护是其优势之一。它支持在写入表时进行模式验证，以防止数据污染。它还跟踪表的历史，因此你可以将表回滚到其任何过去阶段（称为时间旅行）。

对于构建数据处理流水线，Delta Lake 建议将表命名为三个类别：铜表（bronze）、银表（silver）和金表（gold）。首先，我们使用铜表来保存来自不同来源的原始输入数据（其中一些可能不太干净）。然后，数据不断从铜表流动到银表，并进行数据清洗和转换（ETL）。最后，我们执行数据过滤和净化，并将结果保存到金表中。每个表都处于机器学习状态，它们都是可复现和类型安全的。

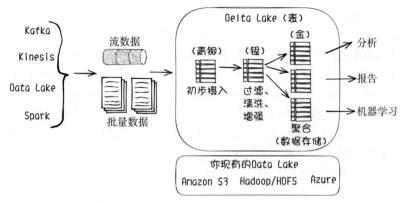

图 2.16　Delta Lake 数据摄取和处理工作流。流数据和批量数据都可以保存为 Delta Lake 表，并且这些 Delta Lake 表被存储在云对象存储中，例如 Amazon S3

2. 为什么 Delta Lake 是深度学习数据集管理的好选择

以下三个功能使得 Delta Lake 成为管理深度学习项目数据集的好选择。

第一，Delta Lake 支持数据集的可复现性。它具有"时间旅行"功能，可以使用数据版本控制查询特定时间点存在的数据。想象一下，你已经建立了一个持续运行的 ETL 流水线，以保持你的训练数据集（金表）始终保持最新状态。因为 Delta Lake 跟踪表的更新状态作为快照，每个操作在流水线写入数据集时都会自动标记版本。这意味着所有训练数据的快照都可以免费保存，并且你可以浏览表的更新历史并轻松地回滚到过去的阶段。代码清单 2.12 列出了一些命令样例。

代码清单 2.12　Delta Lake 时间点命令样例

```
pathToTable = "/my/sample/text/intent/dataset/A"

deltaTable = DeltaTable.forPath(spark, pathToTable)        ❶
fullHistoryDF = deltaTable.history()                       ❷
lastOperationDF = deltaTable.history(1)                    ❸


df = spark.read.format("delta")                            ❹
    .option("timestampAsOf", "2021-07-01")                 ❹
    .load(pathToTable)                                     ❹

df = spark.read.format("delta")                            ❺
    .option("versionAsOf", "12")                           ❺
    .load(pathToTable)                                     ❺
```

❶ 查找 Delta Lake 中的数据集
❷ 列出数据的完整历史记录
❸ 获取对数据集进行的最后一次操作
❹ 按时间戳回滚数据集
❺ 按版本回滚数据集

第二，Delta Lake 支持持续流式数据处理。其表格可以无缝处理来自历史和实时流数据源的持续数据流。例如，你的数据流水线或流数据源可以在将数据添加到 Delta Lake 表的同时从表中查询数据。这在编写合并新数据和现有数据的代码时节省了额外的步骤。

第三，Delta Lake 提供模式强制和演化功能。它在写入时应用模式验证，确保新数据记录与表的预定义模式匹配；如果新数据与表的模式不兼容，Delta Lake 将引发异常。在写入时进行数据类型验证比在读取时进行更好，因为如果数据被污染，就很难清洗数据。

除了强大的模式强制功能，Delta Lake 还允许你在现有数据表中添加新列而不会造成破坏性变化。数据集的模式强制和调整（演化）能力对于深度学习项目至关重要。这些功能保护训练数据免受意外数据写入的污染，并提供安全的数据更新。

3. Petastorm

Petastorm 是由 Uber ATG（高级技术组）开发的开源数据访问库。它可以直接从 Apache Parquet 格式的数据集（一种设计用于高效数据存储和检索的数据文件格式）中进行单机或分布式深度学习模型的训练和评估。

Petastorm 可以轻松地将 Delta Lake 表转换为 Tensorflow 和 PyTorch 格式的数据集，并且还支持分布式训练数据分区。通过 Petastorm，Delta Lake 表中的训练数据可以简单地被下游训练应用程序使用，无须担心为特定训练框架进行数据转换的细节。它还在数据集格式和训练框架（Tensorflow、PyTorch 和 PySpark）之间创建了良好的隔离。图 2.17 展示了数据转换过程。

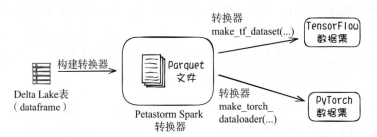

图 2.17　Petastorm 将 Delta Lake 表转换为可以被 PyTorch 或 Tensorflow 框架读取的数据集

图 2.17 描绘了 Petastorm 数据转换的工作流。你可以创建一个 Petastorm Spark 转换器，将 Delta Lake 表作为 Parquet 文件读入其缓存，并生成 Tensorflow 或 PyTorch 数据集。

4. 示例：为花朵图像分类准备训练数据

现在我们已经对 Delta Lake 和 Petastorm 有了一个大致的了解，让我们看一个具体的模型训练示例。以下代码片段——代码清单 2.13 和代码清单 2.14——演示了一个端到端的图像分类模型训练工作流，总共分为两个步骤。

首先，它们定义了一个图像处理 ETL 流程，将一组图像文件解析为 Delta Lake 表的图像数据集。其次，它们使用 Petastorm 将 Delta Lake 表转换为可以直接加载到 PyTorch 框架中进行模型训练的数据集。

让我们首先查看代码清单 2.13 中的四步 ETL 数据处理流程。你也可以在 http://mng.bz/

JVPz 找到完整的代码。

在流程的开始步骤中，我们从文件夹 `flower_photos` 中将图像加载为二进制文件到 Spark 中。其次，我们定义了提取函数，以获取每个图像文件的元数据，例如标签名称、文件大小和图像大小。我们使用提取函数构建数据处理流程，然后将图像文件传递给流程，这将生成一个数据框。数据框的每一行表示一个图像文件及其元数据，包括文件内容、标签名称、图像大小和文件路径。在最后一步中，我们将这个数据框保存为 Delta Lake 表 `gold_table_training_dataset`。你还可以在以下代码清单的末尾看到这个 Delta Lake 表的数据模式。

代码清单 2.13　用于在 Delta Lake 中创建图像数据集的 ETL

```
## Step 1: load all raw images files
path_labeled_rawdata = "datacollablab/flower_photos/"

images = spark.read.format("binary")            ❶
  .option("recursiveFileLookup", "true")        ❶
  .option("pathGlobFilter", "*.jpg")            ❶
  .load(path_labeled_rawdata)                    ❶

  .repartition(4)                                ❶

## Step 2: define ETL extract functions
def extract_label(path_col):                     ❷
  """Extract label from file path using built-in SQL functions."""
  return regexp_extract(path_col, "flower_photos/([^/]+)", 1)

def extract_size(content):                       ❸
  """Extract image size from its raw content."""
  image = Image.open(io.BytesIO(content))
  return image.size

@pandas_udf("width: int, height: int")
def extract_size_udf(content_series):            ❸
  sizes = content_series.apply(extract_size)
  return pd.DataFrame(list(sizes))

## Step 3: construct and execute ETL to generate a data frame
## contains label, image, image size and path for each image.
df = images.select(
  col("path"),
  extract_size_udf(col("content")).alias("size"),
  extract_label(col("path")).alias("label"),
  col("content"))

## Step 4: save the image dataframe produced
# by ETL to a Delta Lake table
gold_table_training_dataset = "datacollablab.flower_train_binary"
spark.conf.set("spark.sql.parquet.compression.codec", "uncompressed")
df.write.format("delta").mode("overwrite")
  .saveAsTable(gold_table_training_dataset)

>>>
```

```
ColumnName: path: string                               ❹
ColumnName: label: string                              ❹
ColumnName: labelIndex: bigint                         ❹
ColumnName: size: struct<width:int, length:int>        ❹
ColumnName: content: binary                            ❹
```

❶ 将图像读取为 binaryFile（二进制文件）
❷ 从图像的子目录名称中提取标签
❸ 提取图像尺寸
❹ Delta Lake 表的数据模式——`gold_table_training_dataset`

注意 演示中使用的原始数据是来自 TensorFlow 团队的花卉数据集。它包含存储在五个子目录下的花卉照片，每个子目录对应一个类别。子目录的名称是其中包含的图像的标签名称。

现在我们已经在 Delta Lake 表中构建了一个图像数据集，我们可以借助 Petastorm 的帮助，使用这个数据集来训练一个 PyTorch 模型。在代码清单 2.14 中，我们首先读取由代码清单 2.13 中定义的 ETL 流程产生的 Delta Lake 表 `gold_table_training_dataset`，然后将数据拆分为两个数据框：一个用于训练，一个用于验证。接下来，我们将这两个数据框加载到两个 Petastorm Spark 转换器中，数据将在转换器内部转换为 Parquet 文件。最后，我们使用 Petastorm API 的 `make_torch_dataloader` 函数在 PyTorch 中读取训练样本，以进行模型训练。请查看以下代码，了解整个三步过程。你还可以在以下链接找到完整的示例代码：http://mng.bz/wy4B。

代码清单 2.14　使用 Petastorm 在 PyTorch 中使用 Delta Lake 图像数据集

```
## Step 1: Read dataframe from Delta Lake table
df = spark.read.format("delta")
  .load(gold_table_training_dataset)
 .select(col("content"), col("label_index"))
 .limit(100)
num_classes = df.select("label_index").distinct().count()

df_train, df_val = df                                      ❶
  .randomSplit([0.9, 0.1], seed=12345)                     ❶

## (2) Load dataframes into Petastorm converter
spark.conf.set(SparkDatasetConverter.PARENT_CACHE_DIR_URL_CONF,
  "file:///dbfs/tmp/petastorm/cache")
converter_train = make_spark_converter(df_train)
converter_val = make_spark_converter(df_val)

## (3) Read training data in PyTorch by using
## Petastorm converter
def train_and_evaluate(lr=0.001):
 device = torch.device("cuda")
  model = get_model(lr=lr)
 .. .. ..

  with converter_train.make_torch_dataloader(               ❷
          transform_spec=get_transform_spec(is_train=True),
```

```
                batch_size=BATCH_SIZE) as train_dataloader,
        converter_val.make_torch_dataloader(                           ❷
            transform_spec=get_transform_spec(is_train=False),
            batch_size=BATCH_SIZE) as val_dataloader:

    train_dataloader_iter = iter(train_dataloader)
    steps_per_epoch = len(converter_train) // BATCH_SIZE

    val_dataloader_iter = iter(val_dataloader)
    validation_steps = max(1, len(converter_val) // BATCH_SIZE)

    for epoch in range(NUM_EPOCHS):
      .. ..
      train_loss, train_acc = train_one_epoch(
          model, criterion, optimizer,
          exp_lr_scheduler,
          train_dataloader_iter,                                       ❸
          steps_per_epoch, epoch,device)

      val_loss, val_acc = evaluate(
          model, criterion,
          val_dataloader_iter,                                         ❸
          validation_steps, device)
  return val_loss
```

❶ 将 Delta Lake 表数据拆分为训练和验证两个数据表
❷ 从 Petastorm 转换器创建 PyTorch 数据加载器以进行训练和评估
❸ 在训练迭代中消耗训练数据

5. 何时使用 Delta Lake

关于 Delta Lake 的一个常见误解是它只能处理结构化的文本数据，比如销售记录和用户配置文件。但是前面的示例展示了它也可以处理非结构化数据，比如图像和音频文件；你可以将文件内容作为字节列写入包含其他文件属性的表中，并根据表中的数据构建数据集。

如果你已经在使用 Apache Spark 构建数据流水线，Delta Lake 是进行数据集管理的绝佳选择；它支持结构化和非结构化数据。而且它成本效益高，因为 Delta Lake 将数据存储在云对象存储中（例如 Amazon S3、Azure Blob），Delta Lake 的数据模式强制和实时数据更新表支持机制简化了 ETL 流水线的开发和维护。最后但同样重要的一点是，时间旅行功能自动跟踪所有表的更新，因此你可以安全地进行数据更改，并回滚到以前版本的训练数据集。

6. Delta Lake 的局限性

使用 Delta Lake 最大的风险是技术锁定和其陡峭的学习曲线。Delta Lake 将表存储在自己的机制中，即一个基于 Parquet 的存储、事务日志和索引的组合。这意味着只有 Delta 集群可以读写 Delta Lake 表。你需要使用 Delta ACID API 进行数据摄取，并使用 Delta JDBC 来运行查询；因此，如果将来你决定放弃 Delta Lake，数据迁移成本将会很高。而且，由于

Delta Lake 是与 Spark 一起使用的，如果你对 Spark 不熟悉，将需要学习很多知识。

关于数据摄取性能，Delta Lake 将数据存储到底层云对象存储中，在使用对象存储操作（如表创建和保存）时很难实现低延迟的流式处理（毫秒级）。此外，Delta Lake 需要为每个 ACID 事务更新索引；与一些执行追加写入数据的 ETL 相比，它也会引入一些延迟。但在我们看来，对于深度学习项目来说，第二级别的数据摄取延迟并不是一个问题。如果你对 Spark 不熟悉，或者不想费力搭建 Spark 和 Delta Lake 集群，我们还有另一种轻量级的方法供你选择——Pachyderm。

2.3.2　基于云对象存储的 Pachyderm

在本节中，我们将介绍一个轻量级的、基于 Kubernetes 的工具——Pachyderm——用于处理数据集管理。我们将展示两个示例，展示如何使用 Pachyderm 来完成图像数据处理和标注。但在此之前，让我们先了解一下 Pachyderm 是什么。

1. Pachyderm

Pachyderm 是一个用于构建版本控制、自动化、端到端数据科学数据流水线的工具。它在 Kubernetes 上运行，并支持你选择的对象存储（例如 Amazon S3）。你可以为数据抓取、摄取、清洗、处理和整理编写自己的 Docker 镜像，并使用 Pachyderm 流水线将它们链接在一起。一旦定义了流水线，Pachyderm 将处理流水线的调度、执行和扩展。

Pachyderm 提供数据集版本控制和溯源（数据来源）管理。它将每个数据更新（创建、写入、删除等）视为一个提交，并跟踪生成数据更新的数据源。因此，你不仅可以看到数据集的变更历史，还可以将数据集回滚到过去的版本，并找到变更的数据溯源。图 2.18 给出了 Pachyderm 工作方式的高层次视图。

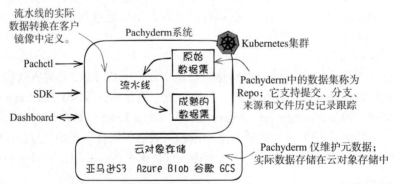

图 2.18　Pachyderm 平台运行有两种类型的对象：流水线（pipeline）和版本控制的数据（versioned data）。流水线是计算组件，数据是版本控制的基元。在"原始数据集"中更改数据可以触发流水线作业从而处理新数据，并将结果保存到"成熟数据集"中

在 Pachyderm 中，数据采用 Git 风格进行版本控制。每个数据集在 Pachyderm 中都是一个仓库（repo），是最高级别的数据对象。一个仓库包含提交（commit）、文件和分支

（branch）。Pachyderm 只在内部保留元数据（如审计历史和分支），而将实际文件存储在云对象存储中。

　　Pachyderm 流水线执行各种数据转换。流水线执行用户定义的代码片段，例如一个 docker 容器，来进行操作和处理数据。每个执行都被称为一个作业（job）。代码清单 2.15 展示了一个简单的流水线定义。这个"edges"流水线监视"images"数据集。当有新的图像添加到"images"数据集时，流水线将启动一个作业来运行 "pachyderm/opencv" docker 镜像来解析图像，并将其边缘图像保存到 "edges" 数据集中。

代码清单 2.15　一个 Pachyderm 流水线定义

```
{
  "pipeline": {
    "name": "edges"         ❶
  },
  "description": "A pipeline that performs image \
    edge detection by using the OpenCV library.",
  "transform": {
    "cmd": [ "python3", "/edges.py" ],
    "image": "pachyderm/opencv"
  },
  "input": {
    "pfs": {
      "repo": "images",     ❷
      "glob": "/*"
    }
  }
}
```

❶　一个 Pachyderm 流水线
❷　一个 Pachyderm 数据集

2. 版本和数据溯源

　　在 Pachyderm 中，对数据集和流水线所做的任何更改都会自动进行版本控制，你可以使用 Pachyderm 命令行工具 pachctl 连接到 Pachyderm 工作区，查看文件历史记录，甚至回滚这些更改。以下示例演示了如何使用 pachctl 命令来查看 edges 数据集的变更历史和变更溯源。首先，我们运行 pachctl list 命令，列出 edges 数据集中的所有提交。在我们的示例中，edges 数据集有三个变更（提交）：

```
$ pachctl list commit edges #A
REPO   BRANCH COMMIT                            FINISHED
edges master 0547b62a0b6643adb370e80dc5edde9f  3 minutes ago
edges master eb58294a976347abaf06e35fe3b0da5b  3 minutes ago
edges master f06bc52089714f7aa5421f8877f93b9c  7 minutes ago
```

　　要获取数据更改的溯源信息，我们可以使用 pachctl inspect 命令查看提交的详细信息。例如，我们可以使用以下命令来查看提交的数据来源：

```
"eb58294a976347abaf06e35fe3b0da5b".
$ pachctl inspect commit edges@eb58294a976347abaf06e35fe3b0da5b \
      --full-timestamps
```

根据以下的回答，我们可以看到 edges 数据集的提交 "eb58294a976347abaf06e35fe3b0da5b" 是由 images 数据集的提交 "66f4ff89a017412090dc4a542d9b1142" 计算得出的：

```
Commit: edges@eb58294a976347abaf06e35fe3b0da5b
Original Branch: master
Parent: f06bc52089714f7aa5421f8877f93b9c
Started: 2021-07-19T05:04:23.652132677Z
Finished: 2021-07-19T05:04:26.867797209Z
Size: 59.38KiB
Provenance:  __spec__@91da2f82607b4c40911d48be99fd3031 (edges) ❶
images@66f4ff89a017412090dc4a542d9b1142 (master) ❶
```

❶ 数据溯源

数据溯源功能对于数据集的可复现性和故障排除非常有用，因为你始终可以找到过去使用的确切数据，以及创建它的数据处理代码。

3. 示例：使用 Pachyderm 进行图像数据集的标注和训练

在了解了 Pachyderm 的工作方式后，让我们看一个使用 Pachyderm 构建自动化目标检测训练流水线的设计方案。对于目标检测模型的训练，我们首先需要通过在每个图像上标注目标对象的边界框来准备训练数据集，然后将数据集（包括边界框标签文件和图像）发送给训练代码，并开始模型训练。图 2.19 展示了使用 Pachyderm 自动化这个工作流的过程。

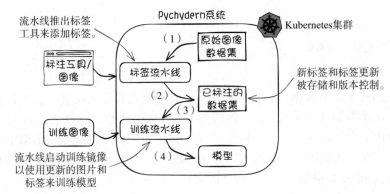

图 2.19　在 Pachyderm 中进行自动化目标检测模型训练。当新的图像被标注时，训练过程会自动启动

在这个设计中，我们使用两个流水线（labeling pipeline 和 training pipeline）和两个数据集来构建训练工作流。在第 1 步，我们将图像文件上传到 "raw image dataset"。在第 2 步，我们启动 labeling pipeline，启动一个标注应用程序，为用户打开一个界面，让用户在图像上绘制边界框来标注对象，这些图像从 raw image dataset 中读取。一旦用户完成标注工作，图像和生成的标签数据就将保存到 "labeled dataset"。在第 3 步，我们将新的训练数据添加到 labeled dataset 中，这将触发 training pipeline 启动训练容器并开始模型训练。

在第 4 步，我们保存模型文件。

除了自动化之外，包括 raw image dataset、labeled dataset 和模型文件在内的所有数据都由 Pachyderm 自动进行版本控制。此外，通过利用数据溯源功能，我们可以确定给定模型文件在训练中使用了哪个版本的 labeled dataset，以及这些训练数据是从哪个版本的 raw image dataset 中生成的。

4. 何时使用 Pachyderm

Pachyderm 是一种轻量级的方法，可以帮助你轻松构建数据工程流水线，并提供 Git 风格的数据版本控制支持。它以数据科学家为中心，用法简单。Pachyderm 基于 Kubernetes，并使用云对象存储作为数据存储，因此对于小团队来说，Pachyderm 的成本效益高，设置简单，易于维护。我们建议那些拥有自己的基础设施的数据科学团队使用 Pachyderm，而不是使用 Spark。Pachyderm 对于非结构化数据（如图像和音频文件）非常有效。

5. Pachyderm 的局限性

Pachyderm 缺少的是模式（schema）保护和数据分析效率。Pachyderm 将所有内容视为文件；它为每个文件版本保留快照，但不关心文件内容。Pachyderm 没有对数据写入或读取进行数据类型验证，它完全依赖流水线来保护数据的一致性。

缺乏模式意识和保护措施会给任何连续运行的深度学习训练流水线带来很多风险，因为上游数据处理的任何代码更改都可能会破坏下游的数据处理或代码训练。此外，如果不知道数据的模式，数据集比对会很难实现。

总结

- 数据集管理的主要目标是持续从各种数据源获取新鲜的数据，并将数据集交付给模型训练，同时支持训练的可复现性（数据版本追踪）。
- 数据集管理组件可以加快深度学习项目的开发，并通过并行化模型算法开发和数据工程开发。
- 设计数据集管理服务的原则包括：支持数据集可复现性；采用强类型数据模式；设计统一的 API，并保持 API 在不同数据集类型和大小上的行为一致；确保数据的持久性。
- 数据集管理系统至少应支持（训练）数据集版本控制，这对于模型的可复现性和性能故障排除至关重要。
- 数据集在深度学习任务中是一个逻辑文件组；从模型训练的角度来看是静态的，从数据收集的角度来看是动态的。
- 示例数据集管理服务由三个层次构成：数据摄取层、内部数据集存储层和训练数据集获取层。
- 示例数据集管理服务为每种数据集类型定义了两个数据模式，一个用于数据摄取，一个用于数据集获取。每个数据更新都被存储为一个提交，每个训练数据集都被存储为一个版本化的快照。用户可以使用版本哈希字符串随时获取相关的训练数据（数据集可复现性）。

- 示例数据集管理服务支持一种特殊的数据集类型——通用数据集（GENERIC dataset）。通用数据集没有模式和数据验证，用户可以自由上传和下载数据，因此非常适合原型设计新算法。一旦训练代码和数据集要求变得成熟，数据集格式可以升级为强类型数据集。
- Delta Lake 和 Petastorm 可以共同为基于 Spark 的深度学习项目设置数据集管理服务。
- Pachyderm 是一个轻量级的、基于 Kubernetes 的数据平台，支持 Git 风格的数据版本控制，并允许轻松设置数据流水线。流水线由 docker 容器构成，可以用于自动化数据处理工作流和深度学习项目的训练工作流。

第 3 章

模型训练服务

本章涵盖以下内容:
- 设计构建训练服务的原则
- 解释深度学习训练代码模式
- 浏览示例训练服务
- 使用开源训练服务,比如 Kubeflow
- 决定何时使用公有云训练服务

在机器学习中,模型训练的任务并不仅仅是研究人员和数据科学家的专属责任。的确,他们在训练算法方面的工作至关重要,因为他们定义了模型架构和训练计划。但就像物理学家需要一个软件系统来控制电子 - 正电子对撞机来测试他们的粒子理论一样,数据科学家需要一个有效的软件系统来管理昂贵的计算资源(比如 GPU、CPU 和内存)以执行训练代码。这个管理计算资源并执行训练代码的系统被称为模型训练服务。

构建高质量的模型不仅依赖于训练算法,还依赖于计算资源和执行训练的系统。一个好的训练服务可以使模型训练速度更快、更可靠,同时还可以降低平均模型构建成本。当数据集或模型架构庞大时,使用训练服务来管理分布式计算是唯一的选择。

在本章中,我们将首先考察训练服务的价值主张和设计原则,然后介绍一个相关的示例训练服务。这个示例服务不仅展示了如何在实践中应用设计原则,还将教会你训练服务如何与任意训练代码交互。接下来,我们将介绍几个开源训练应用程序,你可以使用它们快速搭建自己的训练服务。最后,我们将讨论应该何时使用公有云训练系统。

本章的重点是从软件工程师的角度设计和构建有效的训练服务,而不是从数据科学家的角度。因此,我们不指望你熟悉任何深度学习理论或框架。第 3.2 节中关于深度学习算法代码模式的内容是你理解本章训练代码所需的全部知识准备。训练代码并不是我们的主要关注点,我们只是为了演示训练服务样例才编写了它。

模型训练这个主题通常会让工程师们感到畏惧。一个常见的误解是,模型训练只与训练算法和研究有关。通过阅读本章,笔者希望你不仅能学会如何设计和构建训练服务,还能获得一个重要的认识:模型训练的成功建立在两个支柱上,即算法和系统工程。没有良好的训练系统,一个组织中的模型训练活动是无法进行扩展的。所以作为软件工程师,我们可以为这个领域做出很多贡献。

3.1 模型训练服务：设计概述

在企业环境中，深度学习模型训练涉及两个角色：数据科学家负责开发模型训练算法（使用 TensorFlow、PyTorch 或其他框架），平台工程师负责构建和维护在远程和共享服务器群中运行模型训练代码的系统。我们称这个系统为模型训练服务。

模型训练服务作为训练基础设施，在专用环境中执行模型训练代码（算法），它同时处理训练任务调度和计算资源管理。图 3.1 展示了一个高级工作流，其中模型训练服务执行模型训练代码以生成一个模型。

关于这个组件最常见的问题是为什么我们需要编写一个服务来进行模型训练。对于很多人来说，编写一个简单的 bash 脚本在本地或远程执行训练代码（算法）似乎更容易，比如使用 Amazon Elastic Cloud Computing（Amazon EC2）实例。然而，构建训练服务背后的基本原理并不仅仅是启动一个训练计算那么简单。我们将在下一节详细讨论这一话题。

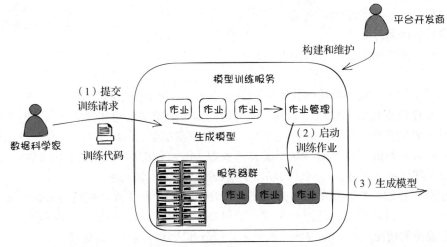

图 3.1　通过训练服务执行模型训练的高级工作流。在第 1 步，数据科学家将带有训练代码的训练请求提交给训练服务，该服务在作业队列中创建一个作业。在第 2 步，模型训练服务分配计算资源来执行训练作业（训练代码）。在第 3 步，当训练执行完成时，该作业会生成一个模型

3.1.1　为什么要使用模型训练服务

想象一下，你领导着一个数据科学团队，需要将团队宝贵的计算资源合理地分配给团队成员 Alex、Bob 和 Kevin。你需要以一种能让所有团队成员在时间和预算限制内完成他们的模型训练任务的方式分配计算资源。图 3.2 描述了两种分配计算资源的方法：专用方法和共享方法。

第一个选项是强调专用的，即为团队的每个成员分配一个强大的工作站。这是最简单的方法，但显然不是一种最经济的选择，因为当 Alex 不在运行训练代码时，他的服务器处

于空闲状态，Bob 和 Kevin 也无法使用它。因此，在这种方法中，我们的资源利用率低下。

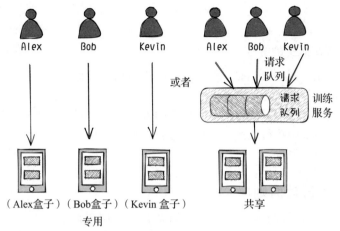

图 3.2 不同的计算资源分配策略：专用与共享的比较

专用方法的另一个问题是它无法扩展。当 Alex 想要训练一个大模型或带有大数据集的模型时，他将需要多台计算机。而训练机通常是昂贵的，由于深度学习模型架构的复杂性，即使是一个相当大的神经网络也需要具备大内存的 GPU。在这种情况下，我们必须为 Alex 分配更多的专用服务器，而这会加剧资源分配效率低下的问题。

第二个选项是共享计算资源，即构建一个弹性的服务器群组（群组的大小可调整），并与所有团队成员共享。这种方法显然更经济，因为我们使用较少的服务器就可以达到相同的结果，从而最大化我们的资源利用率。

选择共享策略并不难，因为它极大地降低了我们训练集群的成本。但是共享方法需要适当的管理，例如：如果训练请求突然激增，则需要对用户请求进行排队；需要在每次训练执行时进行监控，必要时还要进行干预（重新启动或中止），以防训练进度卡住；需要根据实时系统使用情况进行集群的扩展或缩减。

1. 脚本与服务

现在让我们重新审视之前关于脚本与服务的讨论。在模型训练环境中，训练脚本指的是使用 shell 脚本在共享服务器群中编排不同的训练活动。而训练服务是一个通过网络使用 HTTP（超文本传输协议）或 gRPC（gRPC 远程过程调用）进行通信的远程进程。作为数据科学家，Alex 和 Bob 向服务发送训练请求，服务会编排这些请求，并在共享服务器上管理训练执行。

在单人场景下，脚本方法可能是可行的，但在共享资源的环境中，这将会变得困难。除了执行训练代码外，我们还需要处理其他重要的要素，比如设置环境、确保数据的合规性以及排除模型性能问题。例如，环境设置要求在开始模型训练之前，在训练服务器上正确安装训练框架和训练代码的库依赖。数据合规性要求对敏感训练数据（用户信用卡号、付款记录）进行保护，并设置受限访问。性能排查要求对训练中使用的所有内容进行跟踪，包括数据集 ID 和版本、训练代码版本以及超参数，以便用于模型复现的目的。

很难想象仅用 Shell 脚本就能满足这些要求，并以可靠、可重复和可扩展的方式执行模型训练的情况。这就是为什么现在大多数在生产中训练的模型都是通过精心设计的模型训练服务产生的。

2. 拥有模型训练服务的好处

根据前面的讨论，我们可以把训练服务模式的价值总结如下：

- 充分利用计算资源，降低模型训练成本。
- 通过以快速（有更多资源可用）和可靠的方式构建模型，加速模型开发。
- 通过在受限环境中执行训练，确保数据合规性。
- 便于进行模型性能排查。

3.1.2　训练服务设计原则

在我们查看示例训练服务之前，让我们先看一下用于评估模型训练系统的四个设计原则。

1. 原则 1：提供统一的 API 并对实际训练代码不加限制

只用一个公共 API 训练不同类型的训练算法可以使得训练服务易于使用。无论是目标检测训练、语音识别训练还是文本意图分类训练，我们都可以使用统一的 API 来触发模型训练执行。未来的算法性能 A/B 测试也可以通过单一的训练 API 轻松实现。

"对训练代码不加限制"意味着训练服务定义了一个清晰的用于执行训练算法（代码）的机制或协议。它规定了服务如何将变量传递给训练代码 / 进程，训练代码如何获取训练数据集，以及训练后的模型和度量指标如何上传。只要训练代码遵循了这个协议，无论它是如何实现的，它的模型架构是什么，或者它使用了哪些训练库，都不重要。

2. 原则 2：构建具有高性能和低成本的模型

一个好的训练服务应该将成本效益作为首要考虑因素。成本效益可以提供缩短模型训练执行时间和提高计算资源利用率的方法。例如，现代的训练服务可以通过支持各种分布式训练方法，提供良好的作业调度管理来充分利用服务器群组，并在训练过程偏离原计划时向用户发出警报，以便及时终止训练过程，从而减少时间和硬件成本。

3. 原则 3：支持模型的可复现性

一个服务应该在给定相同输入的情况下生成相同的模型。这不仅对于调试和性能排查很重要，还可以建立对系统的信任。请记住，我们将根据模型预测结果构建业务逻辑。例如，我们可能使用分类模型来预测用户的可信度，并根据此进行贷款批准决策。如果我们不能重复产生具有相同质量的模型，那么就不能完全信任这个贷款批准应用。

4. 原则 4：支持强大、隔离和弹性的计算资源管理

现代深度学习模型，如语言理解模型，其训练时间很长（超过一周）。如果训练过程因为某些随机的操作系统故障中断或中止，那么所有的时间和计算开销都将被浪费。一个成熟的训练服务应该处理训练作业的健壮性（故障切换、故障恢复）、资源隔离和弹性资源管理（能够调整资源数量），以确保其训练作业在各种情况下都能成功完成。

在讨论了所有重要的抽象概念后，让我们来看看如何设计和构建一个模型训练服务。在接下来的两节中，我们将学习深度学习代码的一般模式以及一个模型训练服务的示例。

3.2　深度学习训练代码模式

深度学习算法可能对工程师来说非常复杂和令人望而生畏。幸运的是，作为设计深度学习系统平台的软件工程师，我们并不需要在日常工作中掌握这些算法。然而，我们需要熟悉这些算法的一般代码模式。在对模型训练代码模式有了一个深入的理解之后，我们就可以把模型训练代码看作一个黑盒。在本节中，我们将介绍这种一般代码模式。

3.2.1　模型训练工作流

简而言之，大多数深度学习模型通过迭代学习过程进行训练。这个过程在许多迭代中重复相同的计算步骤，它试图在每次迭代中更新神经网络的权重和偏差，使得算法的输出（预测结果）更接近数据集中的训练目标。

为了衡量神经网络对给定数据的拟合情况，并用于更新神经网络的权重以获得更好的结果，我们定义了一个损失函数来计算算法输出与实际结果之间的偏差。损失函数的输出被称为损失（LOSS）。

因此，你可以将整个迭代训练过程视为一种降低损失值的重复努力。最终，当损失值达到我们的训练目标或无法进一步降低时，训练完成。训练输出的是神经网络及其权重，但我们通常将其简称为模型。

图 3.3 说明了模型训练的一般步骤。由于内存限制，神经网络无法一次加载整个数据集，因此我们通常在训练开始之前将数据集重新分组为小批量（mini-batches）。在第 1 步，将小批量样例输入神经网络，网络计算每个样例的预测结果。在第 2 步，我们将预测结果和期望值（训练标签）传递给损失函数来计算损失值，该值表示当前学习和目标数据模式之间的偏差。在第 3 步，称为反向传播的过程会根据损失值计算出神经网络各个参数的梯度。这些梯度用于更新模型参数，使得模型在下一次训练循环中可以获得更好的预测精度。在第 4 步，选择的优化算法（例如随机梯度下降及其变种）将更新神经网络的参数（权重和偏差）。梯度（来自第 3 步）和学习率是优化算法的输入参数。经过这个模型更新步骤后，模型的精度应该得到改善。最后，在第 5 步，训练完成，网络及其参数被保存为最终的模型文件。训练在以下两种情况下完成：完成了预期的训练运行或达到了预期的模型精度。

尽管有不同类型的模型架构，包括循环神经网络（RNN）、卷积神经网络（CNN）和自编码器，它们的模型训练过程都遵循相同的模式，只是模型网络不同。而将模型训练代码抽象为前面重复的一般步骤是进行分布式训练的基础。这是因为，无论模型架构如何不同，我们都可以在共同的训练策略下训练它们。我们将在下一章中详细讨论分布式训练。

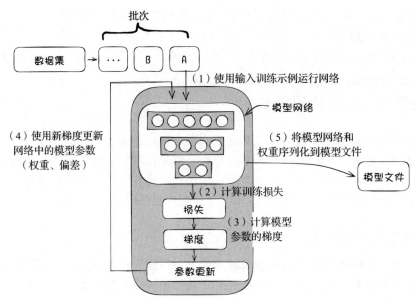

图 3.3   深度学习模型训练的一般步骤

3.2.2   将模型训练代码 Docker 化为黑盒

有了之前讨论的训练模式，我们可以将深度学习训练代码视为一个黑盒。无论训练代码实现了什么样的模型架构和训练算法，我们都可以在训练服务中以相同的方式执行它。为了在训练集群中的任何地方运行训练代码，并为每个训练执行创建隔离，我们可以将训练代码及其依赖的库打包到 Docker 镜像中，并将其作为一个容器运行（见图 3.4）。

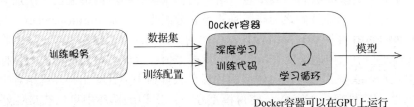

图 3.4   训练服务通过启动 Docker 容器来执行模型训练，而不是直接将训练代码作为进程运行

在图 3.4 中，通过将训练代码 Docker 化，训练服务可以通过简单地启动一个 Docker 容器来执行模型训练。因为服务无视容器内部的内容，所以训练服务可以用标准方法执行所有不同的代码。这比让训练服务生成一个进程来执行模型训练要简单得多，因为训练服务需要为每个训练代码设置不同的环境和依赖包。Docker 化的另一个好处是它将训练服务和训练代码解耦，这使得数据科学家和平台工程师分别可以专注于模型算法开发和训练执行性能。

也许你会想知道训练服务如何与训练代码进行通信，特别是在它们对彼此视而不见的时候。关键在于定义一个通信协议，这个协议规定了训练服务向训练代码传递哪些参数以及它们的数据格式。传递的参数包括数据集、超参数、模型保存位置、度量指标保存位置等。我们将在下一节中讨论一个具体的例子。

3.3 一个示例模型训练服务

现在我们知道，大多数深度学习训练代码都遵循相同的模式（见图 3.3），它们可以被 Docker 化并以统一的方式执行（见图 3.4）。让我们来看一个具体的例子。

为了展示迄今为止介绍的概念和设计原则，我们构建了一个示例服务，实现了模型训练的基本生产场景——接收训练请求、在 Docker 容器中启动训练执行并跟踪其执行进度。

尽管这些场景非常简单——只有几百行代码，但它们展示了我们在前面章节中讨论的关键概念，包括使用统一的 API、Docker 化训练代码以及训练服务和训练容器之间的通信协议。

注意 为了清晰地展示关键部分，该服务以精简的方式构建。模型训练元数据（如正在运行的作业和等待的作业）在内存中跟踪，而不是在数据库中，并且训练作业直接在本地 Docker 引擎中执行。通过删除许多中间层，你将清楚地看到两个关键区域：训练作业管理和训练服务与训练代码（Docker 容器）之间的通信。

3.3.1 与服务进行交互

在我们查看服务的设计和实现之前，让我们看看如何与它进行交互。

注意 请按照 GitHub 的说明来运行这个实验。我们只强调主要的步骤和关键命令，以避免冗长的代码和执行输出，以便清晰地展示概念。要运行这个实验，请按照 orca3/MiniAutoML Git 存储库中的"single trainer demo"文档（`training-service/single_trainer_demo.md`）中的说明进行操作，该文档还包含所需的输出。

首先，我们使用 `scripts/ts-001-start-server.sh` 脚本启动服务：

```
docker build -t orca3/services:latest -f services.dockerfile .
docker run --name training-service -v
    ➥ /var/run/docker.sock:/var/run/docker.sock
    ➥ --network orca3 --rm -d -p "${TS_PORT}":51001
    ➥ orca3/services:latest training-service.jar
```

在启动训练服务的 Docker 容器之后，我们可以发送 gRPC 请求来启动模型训练执行（`scripts/ts-002-start-run.sh <数据集 ID>`）。代码清单 3.1 是一个示例 gRPC 请求：

代码清单 3.1 调用训练服务 API：提交训练作业

```
grpcurl -plaintext
  -d "{
  "metadata":
    { "algorithm":"intent-classification",        ❶
      "dataset_id":"1",
      "name":"test1",
```

```
    "name":"test1",
    "train_data_version_hash":"hashBA==",          ❷
    "parameters":                                    ❸
        {"LR":"4","EPOCHS":"15",
         "BATCH_SIZE":"64",
         "FC_SIZE":"128"}}
}"
"${TS_SERVER}":"${TS_PORT}"
training.TrainingService/Train
```

❶ 训练算法，同时也是训练 Docker 镜像的名称
❷ 训练数据集的哈希版本
❸ 训练超参数

一旦作业成功提交，我们就可以使用从训练 API 返回的作业 ID 来查询训练执行的进度（scripts/ts-003-check-run.sh < 作业 ID>）。请参阅以下示例：

```
grpcurl -plaintext \
 -d "{"job_id\": "$job_id"}" \          ❶
"${TS_SERVER}":"${TS_PORT}"
training.TrainingService/GetTrainingStatus
```

❶ 使用 train API 返回的作业 ID

如上所示，通过调用两个 gRPC API，我们可以启动深度学习训练并跟踪其进度。现在，让我们来看一下这个示例训练服务的设计和实现。

注意 如果遇到任何问题，请查看附录 A。附录 A.2 中的脚本可以自动完成数据集准备和模型训练。如果想查看一个可运行的模型训练示例，请阅读该部分的实验部分。

3.3.2 服务设计概述

让我们使用 Alex（一名数据科学家）和 Tang（一名开发者）来展示服务的功能。要使用训练服务训练模型，Alex 需要编写训练代码（例如，一个神经网络算法）并将代码构建为一个 Docker 镜像。这个 Docker 镜像需要发布到一个制品仓库，这样训练服务就可以拉取镜像并将其作为一个容器运行。在 Docker 容器内部，训练代码将由一个 bash 脚本执行。

为了提供示例，我们编写了一个使用 PyTorch 进行意图分类训练的示例代码，将代码构建为一个 Docker 镜像，并将其推送到 Docker Hub（https://hub.docker.com/u/orca3）。我们将在 3.3.6 节中再次解释这个过程。

注意 在真实的场景中，训练 Docker 镜像的创建、发布和消费都是自动完成的。一个示例场景可能如下：第 1 步，Alex 将他的训练代码提交到一个 Git 仓库；第 2 步，一个预配置的程序（例如 Jenkins 流水线）被触发，从这个仓库构建一个 Docker 镜像；第 3 步，流水线还将 Docker 镜像发布到 Docker 镜像仓库，例如 JFrog Artifactory；第 4 步，Alex 发送一个训练请求，然后训练服务从镜像仓库拉取训练镜像开始模型训练。

当 Alex 完成训练代码的开发后，他可以开始使用服务来运行他的训练代码。整个工作流如下：第 1.a 步，Alex 向我们的示例训练服务提交一个训练请求。请求定义了训练代

码——一个 Docker 镜像和标签。当训练服务收到训练请求时，它在队列中创建一个作业，并将作业 ID 返回给 Alex，以便未来跟踪；第 1.b 步，Alex 可以查询训练服务以实时获取训练进度；第 2 步，服务在本地 Docker 引擎中启动一个 Docker 容器作为训练作业来执行模型训练；第 3 步，Docker 容器中的训练代码在训练过程中将训练指标上传到元数据存储中，并在训练完成时上传最终的模型。

注意　模型评估是我们之前未提及的模型训练工作流中的一步。在模型训练完成后，Alex 将查看训练服务报告的训练指标，以验证模型的质量。为了评估模型的质量，Alex 可以查看预测失败率、梯度和损失值图。由于模型评估通常是数据科学家的职责，我们不会在本书中讨论它，但我们将在第 8 章中讨论模型训练指标如何收集和存储。

整个训练工作流是自助式的，Alex 完全可以自己管理模型训练。Tang 开发训练服务并维护系统，但系统无法识别 Alex 开发的训练代码。Tang 关注的不是模型的精度，而是系统的可用性和效率。请参阅图 3.5，其中显示了我们刚刚描述的用户工作流。

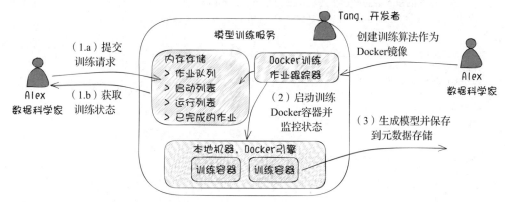

图 3.5　高级服务设计和用户工作流：用户的训练请求被排队，Docker 作业跟踪器从队列中取出作业，并启动 Docker 容器来运行模型训练

在看过用户工作流后，让我们来看两个关键组件：内存存储和 Docker 作业跟踪器。内存存储使用以下四个数据结构（映射）来组织请求（作业）：作业队列、作业启动列表、运行中列表和已完成列表。每个映射表示不同运行状态下的作业。我们在内存中实现作业跟踪存储仅仅是为了简化，在理想情况下，我们应该使用数据库。

Docker 作业跟踪器处理 Docker 引擎中的实际作业执行；它定期监视内存存储中的作业队列。当 Docker 引擎有空闲容量时，跟踪器将从作业队列中启动一个 Docker 容器，并继续监视容器的执行。在示例中，我们使用本地 Docker 引擎，所以服务可以在本地运行。但也可以很容易地配置为远程 Docker 引擎。

在启动训练容器之后，根据执行状态，Docker 作业跟踪器将作业对象从作业队列移动到其他作业列表，比如作业启动列表、运行中列表和已完成作业列表。在 3.4.4 节中，我们将详细讨论这个过程。

注意　考虑到在训练容器中可能会分割数据集（在训练时），在数据集构建或模型训练过程中对数据集进行分割是合理的，两种方式都有利弊，但无论哪种方式，都不会对训练服务的设计产生重大影响。为了简单起见，在这个示例训练服务中，我们假设算法代码将数据集分割为训练、验证和测试子集三个部分。

3.3.3　训练服务 API

在了解了概述之后，让我们深入了解训练服务的公共 gRPC API（grpc-contract/src/main/proto/training_service.proto），以更深入地了解服务。训练服务有两个 API：Train 和 GetTrainingStatus。

Train API 用于提交训练请求，GetTrainingStatus API 用于获取训练执行状态。代码清单 3.2 是 API 的定义。

代码清单 3.2　模型训练服务 gRPC 接口

```
service TrainingService {
 rpc Train(TrainRequest) returns (TrainResponse);
 rpc GetTrainingStatus(GetTrainingStatusRequest)
   returns (GetTrainingStatusResponse);
}

message TrainingJobMetadata {          ❶
 string algorithm = 1;                 ❶
 string dataset_id = 2;                ❶
 string name = 3;                      ❶
 string train_data_version_hash = 4;   ❶
 map<string, string> parameters = 5;   ❶
}                                       ❶

message GetTrainingStatusResponse {
 TrainingStatus status = 1;
 int32 job_id = 2;
 string message = 3;
 TrainingJobMetadata metadata = 4;
 int32 positionInQueue = 5;
}
```

❶ 定义模型构建请求的数据集、训练算法和其他参数

从代码清单 3.2 中的 gRPC 接口可以看出，要使用 Train API，我们需要提供以下信息作为 TrainingJobMetadata：

- dataset_id：数据集管理服务中的数据集 ID。
- train_data_version_hash：用于训练的数据集的哈希版本。
- name：训练作业名称。
- algorithm：指定用于训练数据集的训练算法。该算法字符串必须是预定义的算法之一。训练服务将在内部查找与此算法相关联的 Docker 镜像来执行训练。
- parameters：训练超参数，直接传递给训练容器，例如 epoch 数量、批量大小等。

一旦 Train API 接收到一个训练请求，服务将把请求放入作业队列，并返回一个 ID（job_id）供调用者引用该作业。可以使用 job_id 与 GetTrainingStatus API 一起检查训练状态。在了解了 API 的定义后，接下来看看它们的实现。

3.3.4 启动新的训练作业

在用户调用 Train API 时,训练请求将被添加到内存存储的作业队列中,然后 Docker 作业跟踪器将在另一个线程中处理实际的作业执行。这个逻辑将在接下来的三个代码清单 (3.3 ~ 3.5)中进行解释。

1. 接收训练请求

首先,一个新的训练请求将被添加到作业等待队列,并被分配一个作业 ID 以供将来参考,请参阅代码清单 3.3(training-service/src/main/java/org/orca3/miniAutoML/training/TrainingService.java)。

代码清单 3.3 提交训练请求的实现

```java
public void train(                                            ❶
  TrainRequest request,
  StreamObserver<TrainResponse> responseObserver) {

  int jobId = store.offer(request);                           ❷
  responseObserver.onNext(TrainResponse
    .newBuilder().setJobId(jobId).build());                   ❸
  responseObserver.onCompleted();
}

public class MemoryStore {
    // jobs are waiting to pick up
    public SortedMap<Integer, TrainingJobMetadata>            ❹
      jobQueue = new TreeMap<>();                              ❹
    // jobs' docker container is in launching state
    public Map<Integer, ExecutedTrainingJob>                  ❹
      launchingList = new HashMap<>();                         ❹
    // jobs' docker container is in running state
    public Map<Integer, ExecutedTrainingJob>                  ❹
      runningList = new HashMap<>();                           ❹
    // jobs' docker container is completed
    public Map<Integer, ExecutedTrainingJob>                  ❹
      finalizedJobs = new HashMap<>();                         ❹
    // .. .. ..

    public int offer(TrainRequest request) {
        int jobId = jobIdSeed.incrementAndGet();              ❺
        jobQueue.put(jobId, request.getMetadata());           ❻
        return jobId;
    }
}
```

❶ 实现 Train API
❷ 将训练请求加入队列
❸ 返回作业 ID
❹ 四个跟踪作业状态的不同作业列表
❺ 生成作业 ID
❻ 启动等待队列中的作业

2. 启动训练任务（容器）

一旦作业进入等待队列，当系统资源充足时，Docker 作业跟踪器将对其进行处理。图 3.6 显示了整个过程。Docker 作业跟踪器监视作业等待队列，并在本地 Docker 引擎有足够的容量。

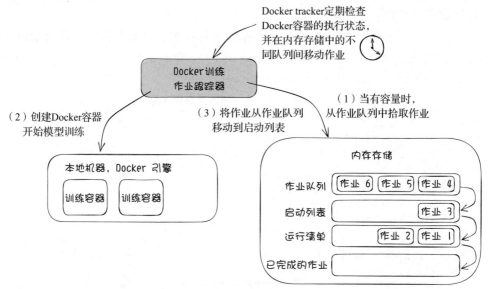

图 3.6　训练任务启动工作流：当具备足够的容量时，Docker 作业跟踪器从作业队列中启动训练容器

图 3.6 的代码实现时选择第一个可用的作业（图 3.6 中的步骤 1）。然后，Docker 作业跟踪器通过启动一个 Docker 容器来执行模型训练作业（图 3.6 中的步骤 2）。容器成功启动后，跟踪器将作业对象从作业队列移动到启动列表队列（图 3.6 中的步骤 3）。图 3.6 的代码实现见代码清单 3.4。

代码清单 3.4　使用 DockerTracker 启动训练容器

```
public boolean hasCapacity() {                        ❶
  return store.launchingList.size()
    + store.runningList.size() == 0;
}

public String launch(                                 ❷
  int jobId, TrainingJobMetadata metadata,
  VersionedSnapshot versionedSnapshot) {

    Map<String, String> envs = new HashMap<>();       ❸
    .. .. ..                                          ❸
    envs.put("TRAINING_DATA_PATH",                    ❸
    versionedSnapshot.getRoot());                     ❸
    envs.putAll(metadata.getParametersMap());         ❸
    List<String> envStrings = envs.entrySet()         ❸
            .stream()                                 ❸
```

```
                .map(kvp -> String.format("%s=%s",
                  kvp.getKey(), kvp.getValue()))
                .collect(Collectors.toList());

        String containerId = dockerClient                              ④
         .createContainerCmd(metadata.getAlgorithm())                  ⑤
              .. .. ..
              .withCmd("server", "/data")
              .withEnv(envStrings)                                     ⑥
              .withHostConfig(HostConfig.newHostConfig()
                .withNetworkMode(config.network))
              .exec().getId();

        dockerClient.startContainerCmd(containerId).exec();            ⑦
        jobIdTracker.put(jobId, containerId);
        return containerId;
    }
```

❶ 检查系统容量
❷ 启动训练 Docker 容器
❸ 将训练参数转换为环境变量
❹ 构建 Docker 启动命令
❺ 设置 Docker 镜像名称；该值来自算法名称参数
❻ 将训练参数作为环境变量传递给 Docker 容器
❼ 运行 Docker 容器

值得注意的是，在代码清单 3.4 的启动函数中，将在 train API 请求中定义的训练参数以环境变量的形式传递给训练容器（训练代码）。

3. 跟踪训练进度

在最后一步中，Docker 作业跟踪器通过监视每个作业容器的执行状态来继续跟踪每个作业。当它检测到容器状态的变化时，作业跟踪器将容器的作业对象移动到内存存储相应的作业列表中。

作业跟踪器将查询 Docker 运行时以获取容器的状态。例如，如果作业的 Docker 容器开始运行，作业跟踪器将检测到这一变化，并将作业放入"正在运行的作业列表"中；如果作业的 Docker 容器完成，作业跟踪器将把作业移动到"已完成作业列表"。一旦作业跟踪器将作业放置在"已完成作业列表"上，就会停止检查作业状态，这意味着训练已经完成。图 3.7 描述了这个作业跟踪工作流。代码清单 3.5 突出了这个作业跟踪过程的实现。

3.3.5 更新和获取作业状态

在了解训练请求如何在训练服务中执行后，让我们继续代码之旅的最后一站——获取训练执行状态。

在启动训练任务后，我们可以查询 GetTrainingStatus API 来获取训练状态。作为提示，我们在此重新呈现图 3.5，如图 3.8 所示。

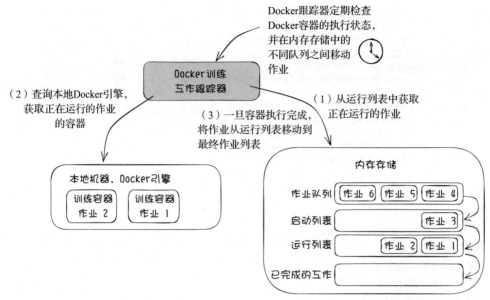

图 3.7   Docker 作业跟踪器监视 Docker 容器的执行状态并更新作业队列

代码清单 3.5   Docker 跟踪器监控 Docker 并更新作业状态

```java
public void updateContainerStatus() {
  Set<Integer> launchingJobs = store.launchingList.keySet();

  Set<Integer> runningJobs = store.runningList.keySet();

  for (Integer jobId : launchingJobs) {                    ❶

    String containerId = jobIdTracker.get(jobId);
    InspectContainerResponse.ContainerState state =        ❷
        dockerClient.inspectContainerCmd(                  ❷
          containerId).exec().getState();                  ❷
    String containerStatus = state.getStatus();

    // move the launching job to the running
    // queue if the container starts to run.
    .. .. ..
  }

  for (Integer jobId : runningJobs) {                      ❸
    // move the running job to the finalized
    // queue if it completes (success or fail).
    .. .. ..
  }
}
```

❶ 检查启动作业列表中所有作业的容器状态
❷ 查询容器的执行状态
❸ 检查正在运行的作业列表中所有作业的容器状态

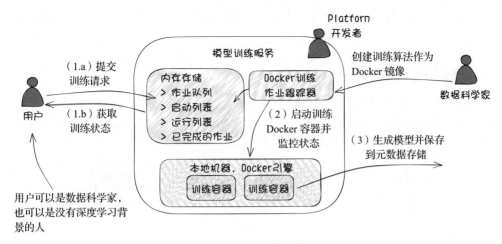

图 3.8 高级服务设计和用户工作流

根据图 3.8，我们可以看到获取训练状态只需要一步，即 1.b。同时，可以通过查找哪个作业列表（在内存存储中）包含该 jobId 来确定训练作业的最新状态。代码清单 3.6 是查询训练作业/请求状态的代码（`training-service/src/main/java/org/orca3/miniAutoML/training/TrainingService.java`）。

代码清单 3.6 训练状态实现

```java
public void getTrainingStatus(GetTrainingStatusRequest request) {
  int jobId = request.getJobId();
  .. .. ..
  if (store.finalizedJobs.containsKey(jobId)) {          ❶
    job = store.finalizedJobs.get(jobId);
    status = job.isSuccess() ? TrainingStatus.succeed
        : TrainingStatus.failure;

  } else if (store.launchingList.containsKey(jobId)) {   ❷
    job = store.launchingList.get(jobId);
    status = TrainingStatus.launch;

  } else if (store.runningList.containsKey(jobId)) {     ❸
    job = store.runningList.get(jobId);
    status = TrainingStatus.running;
  } else {                                               ❹
    TrainingJobMetadata metadata = store.jobQueue.get(jobId);
    status = TrainingStatus.waiting;
    .. .. ..
  }
  .. .. ..
}
```

❶ 在完成的作业列表中搜索作业
❷ 在启动作业列表中搜索作业
❸ 在运行作业列表中搜索作业
❹ 该作业仍在等待作业队列中

由于 Docker 作业跟踪器实时将作业移动到相应的作业列表，因此我们可以使用作业队列类型来确定训练作业的状态。

3.3.6 意图分类模型训练代码

到目前为止，我们一直在使用训练服务代码。现在让我们来看最后一部分，即模型训练代码。这个代码示例的目的是展示一个具体的例子，即训练服务如何与模型训练代码进行交互。图 3.9 展示了示例意图分类训练代码的工作流。

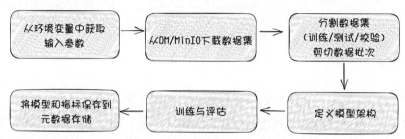

图 3.9 意图分类训练代码的工作流。首先从环境变量中读取所有输入参数，然后下载数据集，进行处理，并开始训练循环。最后，它会上传输出的模型文件

我们的示例训练代码训练一个三层神经网络来执行意图分类。首先，它从通过我们的训练服务传递的环境变量中获取所有输入参数（参见 3.3.4 节）。输入参数包括超参数（epoch 数、学习率等）、数据集下载设置（MinIO 服务器地址、数据集 ID、版本哈希）以及模型上传设置。接下来，训练代码下载并解析数据集，并开始迭代学习过程。在最后一步，代码将生成的模型和训练指标上传到元数据存储。代码清单 3.7 突出了前面提到的主要步骤（train-service/text-classification/train.py 和 trainservice/text-classification/Dockerfile）。

代码清单 3.7 意图分类模型训练代码和 Docker 文件

```
# 1. read all the input parameters from
# environment variables, these environment
# variables are set by training service - docker job tracker.
EPOCHS = int_or_default(os.getenv('EPOCHS'), 20)
.. .. ..
TRAINING_DATA_PATH = os.getenv('TRAINING_DATA_PATH')

# 2. download training data from dataset management
client.fget_object(TRAINING_DATA_BUCKET,
  TRAINING_DATA_PATH + "/examples.csv", "examples.csv")
client.fget_object(TRAINING_DATA_BUCKET,
  TRAINING_DATA_PATH + "/labels.csv", "labels.csv")

# 3. prepare dataset
.. .. ..
train_dataloader = DataLoader(split_train_, batch_size=BATCH_SIZE,
                             shuffle=True, collate_fn=collate_batch)
valid_dataloader = DataLoader(split_valid_, batch_size=BATCH_SIZE,
                             shuffle=True, collate_fn=collate_batch)
```

```
test_dataloader = DataLoader(split_test_, batch_size=BATCH_SIZE,
                             shuffle=True, collate_fn=collate_batch)

# 4. start model training
for epoch in range(1, EPOCHS + 1):
    epoch_start_time = time.time()
    train(train_dataloader)
    .. .. ..

print('Checking the results of test dataset.')
accu_test = evaluate(test_dataloader)
print('test accuracy {:8.3f}'.format(accu_test))

# 5. save model and upload to metadata store.
.. .. ..
client.fput_object(config.MODEL_BUCKET,
    config.MODEL_OBJECT_NAME, model_local_path)
artifact = orca3_utils.create_artifact(config.MODEL_BUCKET,
    config.MODEL_OBJECT_NAME)
.. .. ..
```

注意 我们希望示例训练代码展示了深度学习训练代码是如何遵循通用模式的。通过 Docker 化和明确的参数传递协议，训练服务可以执行各种训练代码，而不受训练框架或模型架构的限制。

3.3.7 训练作业管理

在 3.1.2 节中，我们提到一个良好的训练服务应该解决计算隔离问题并提供按需计算资源（第 4 原则）。这里的隔离有两个含义：训练过程执行隔离和资源消耗隔离。由于我们对训练过程进行了 Docker 化，所以 Docker 引擎保证了进程执行隔离。但是，我们仍然需要自己处理资源消耗隔离。

想象一下来自不同团队的三个用户（A、B 和 C）向我们的训练服务提交训练请求。如果用户 A 提交了 100 个训练请求，用户 B 和 C 分别提交了 1 个请求，那么用户 B 和用户 C 的请求将在等待作业队列中等待一段时间，直到用户 A 的所有训练请求完成，训练服务才会处理用户 B 和用户 C 的请求。这就是当我们将训练集群视为所有用户的游戏场所时会发生的情况——一个高负载情况将主导作业调度和资源消耗。

为了解决这个资源竞争问题，我们需要在训练集群内为不同的团队和用户设定边界。我们可以在训练集群内创建机器池，以实现资源消耗隔离。每个团队或用户可以分配到一个专用的机器池，每个池子都有自己的 GPU 和机器，并且池的大小取决于项目需求和训练使用情况。此外，每个机器池可以有一个专用的作业队列，这样重度用户就不会影响到其他用户了。图 3.10 展示了这种方法的工作方式。

注意 资源隔离方法，例如我们刚才提到的服务器池方法，在资源利用方面可能不是很高效。例如，服务器池 A 可能非常繁忙，而服务器池 B 可能处于空闲状态。我们可以定义每个服务器池的大小为一个范围，而不是一个固定的数字，比如最少 5 台服务器和最多 10 台服务器，以提高资源利用率。然后可以应用额外的逻辑，例如在池之间重新分配服务器或提供新的服务器。

实现图 3.10 的理想方法是使用 Kubernetes。 Kubernetes 允许你创建多个由同一物理集群支持的虚拟集群，称为命名空间（Namespace）。Kubernetes 命名空间是一个轻量级的机器池，它消耗非常少的系统资源。

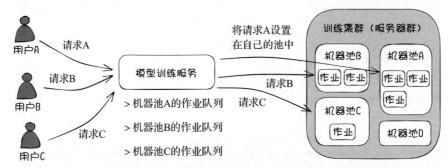

图 3.10　在训练集群内创建机器池，为不同用户设定资源消耗边界

如果你正在使用 Kubernetes 管理服务环境和计算集群，设置这种隔离就相当简单了。首先，你可以创建一个带有资源配额的命名空间，比如 CPU 数量、内存大小和 GPU 数量；然后，在训练服务中定义用户和其命名空间的映射关系。

当用户提交一个训练请求时，训练服务首先通过检查请求中的用户信息来找到适合该用户的命名空间，然后调用 Kubernetes API 将训练执行程序放置在该命名空间中。由于 Kubernetes 实时跟踪系统使用情况，它知道一个命名空间是否有足够的容量，如果命名空间已满负荷，它将拒绝作业启动请求。

正如你所看到的，通过使用 Kubernetes 来管理训练集群，我们可以将资源容量跟踪和资源隔离管理从训练服务中卸载出来。这就是 Kubernetes 是构建深度学习训练集群管理的一个不错的选择的原因之一。

3.3.8　故障排除指标

在这个示例服务中，我们没有演示指标。一般来说，指标是常用的用于评估、比较和跟踪性能或生产情况的量化评估方式。对于深度学习训练，通常我们会定义两种类型的指标：模型训练执行指标和模型性能指标。

模型训练执行指标包括资源饱和率、训练作业的执行可用性、平均训练作业执行时间和作业失败率。通过检查这些指标可以确保训练服务的健康运行，以及用户的日常活动的健康。例如，我们期望服务的可用性超过 99.99%，训练作业的失败率低于 0.1%。

模型性能指标衡量模型学习的质量。它包括每个训练迭代（epoch）的损失值和评估分数，以及最终模型的评估结果，比如准确率、精确率和 F1 分数。

对于与模型性能相关的指标，我们需要以更有组织的方式存储这些指标，这样就可以使用统一的方法轻松搜索信息，并在不同的训练运行之间比较性能。我们将在第 8 章中详细讨论这一点。

3.3.9　支持新的算法或新版本

现在讨论如何将更多的训练代码引入我们的示例训练服务中。在当前的实现中，我们使用训练请求中的 algorithm 变量来定义用户训练请求和训练代码之间的简单映射，其中算法变量用于查找训练镜像。底层规则是 algorithm 变量必须等于一个 Docker 镜像名称，否则训练服务将找不到正确的镜像来运行模型训练。

以我们的意图分类训练为例。首先，我们需要将意图分类的 Python 代码 Docker 化为一个 Docker 镜像，并将其命名为 "intent-classification"。然后，当用户发送一个训练请求，参数为 algorithm='intent-classification' 时，Docker 作业跟踪器将使用算法名称（intent-classification）在本地 Docker 仓库中搜索 "intent-classification" 训练镜像，并将镜像作为训练容器运行。

这种方法显然过于简化了，但它演示了我们如何与数据科学家合作，即定义一个将用户训练请求映射到实际训练代码的正式契约。在实践中，训练服务应该提供一组 API，允许数据科学家以自助方式注册训练代码。

一种可能的方法是在数据库中定义算法名称和训练代码的映射，并添加一些 API 来管理这种映射。建议的 API 可以是：

- createAlgorithmMapping(string algorithmName, string image, string version)
- updateAlgorithmVersion(string algorithmName, string image, string version)

如果数据科学家想要添加一个新的算法类型，他们将调用 createAlgorithmMapping API，将新的训练镜像注册为一个新的算法名称到训练服务中。用户只需在训练请求中使用这个新的算法名称，就可以使用这个新的算法开始模型训练。

如果数据科学家想要发布现有算法的更新版本，他们可以调用 updateAlgorithm-Version API 来更新映射。用户仍然会使用相同的算法名称（如 intent-classification）发送请求，但他们不会意识到训练代码已经升级到了不同的版本。另外值得指出的是，服务的公共 API 不会受到添加新的训练算法的影响；只有一个新的参数值被使用。

3.4　Kubeflow 训练算子：开源方法

在了解了我们的示例训练服务之后，让我们看看一个开源的训练服务。在本节中，我们将讨论来自 Kubeflow 项目的一组开源训练算子。这些训练算子可以立即使用，并可以在任何 Kubernetes 集群中独立设置。

Kubeflow 是一个成熟的、面向生产使用案例的开源机器学习系统。我们在附录 B.4 中简要介绍了它，同时还包括了 Amazon SageMaker 和 Google Vertex AI。我们推荐 Kubeflow 训练算子，因为它们设计良好，并提供高质量的训练，具有可扩展、可分布式和鲁棒性。我们首先将讨论高层系统设计，然后讨论如何将这些训练算子集成到你自己的深度学习系统中。

什么是 Kubeflow?

Kubeflow 是一个开源的机器学习平台（起源于 Google），用于开发和部署生产级别的机器学习模型。你可以将 Kubeflow 视为 Amazon SageMaker 的开源版本，但它原生运行在 Kubernetes 上，因此与云平台无关。Kubeflow 将完整的机器学习功能集成到一个系统中，包括 notebook、流水线、训练和模型服务等。

强烈建议你关注 Kubeflow 项目，即使你不打算使用它。Kubeflow 是一个设计良好且相当先进的深度学习平台；它的功能列表涵盖了整个机器学习生命周期。通过审查它的用例、设计和代码，你将对现代深度学习平台有深入的了解。

此外，由于 Kubeflow 是原生构建在 Kubernetes 之上，你可以轻松地在本地或生产环境中设置整个系统。如果你不想借用整个系统，你也可以移植其中 些组件，例如训练算子或超参数优化服务，它们可以独立于任何 Kubernetes 环境中直接使用。

3.4.1　Kubeflow 训练算子

Kubeflow 提供了一组训练算子，例如 TensorFlow 算子、PyTorch 算子、MXNet 算子和 MPI 算子。这些算子涵盖了所有主要的训练框架。每个算子都具备启动和监控特定类型训练框架编写的训练代码（容器）的能力。

如果你计划在 Kubernetes 集群中运行模型训练，并希望设置自己的训练服务以降低运维成本，Kubeflow 训练算子是完美的选择。以下是三个原因：

- 轻松安装和低维护成本：Kubeflow 算子可以即插即用，你只需要通过几行 Kubernetes 命令即可使它们在你的集群中运行。
- 与大多数训练算法和框架兼容：只要将你的训练代码容器化，你就可以使用 Kubeflow 算子来执行它。
- 易于集成到现有系统：因为 Kubeflow 训练算子遵循 Kubernetes 算子设计模式，你可以使用 Kubernetes 的声明式 HTTP API 提交训练作业请求、检查作业运行状态和结果。你还可以使用 RESTful 查询与这些算子进行交互。

3.4.2　Kubernetes 算子 / 控制器模式

Kubeflow 训练算子遵循 Kubernetes 算子（控制器）设计模式。如果我们理解这个模式，运行 Kubeflow 训练算子并阅读它们的源代码就很直观了。图 3.11 展示了控制器模式设计图。

在 Kubernetes 中，所有内容都围绕着资源对象和控制器构建。Kubernetes 的资源对象，如 Pod、Namespace 和 ConfigMap，是概念性的对象，它们持久化表示集群状态（期望状态和当前状态）的实体（数据结构）。控制器是一个控制循环，它对实际的系统资源进行更改，使得集群从当前状态更接近于在资源对象中定义的期望状态。

注意　Kubernetes 的 Pod 是最小的可部署计算单元，你可以在 Kubernetes 中创建和管理它们。Pod 可以被视为运行一个或多个 Docker 容器的"逻辑主机"。有关 Kubernetes 概念的详细解释，比如 Namespace 和 ConfigMap，可以在官方网站上找到：https://kubernetes.
io/docs/concepts/。

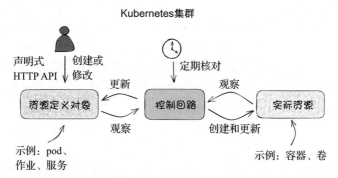

图 3.11　Kubernetes 算子 / 控制器模式运行一个无限控制循环，监视特定 Kubernetes 资源
　　　　 的实际状态（位于右侧）和期望状态（位于左侧），并尝试将实际状态移动到期望
　　　　 状态

　　例如，当用户应用 Kubernetes 命令来创建一个 Pod 时，它将在集群中创建一个 Pod 资
源对象（一个数据结构），其中包含所需状态：两个 Docker 容器和一个磁盘卷。当控制器检
测到这个新的资源对象时，它将在集群中提供实际资源，运行这两个 Docker 容器并挂载磁
盘。然后，它将更新 Pod 资源对象，包含最新的实际状态。用户可以查询 Kubernetes API，
从这个 Pod 资源对象中获取更新后的信息。当用户删除这个 Pod 资源对象时，控制器将移
除实际的 Docker 容器，因为期望状态变为零。

　　为了轻松扩展 Kubernetes，Kubernetes 允许用户定义自定义资源定义（CRD）对象，并
注册自定义控制器来处理这些 CRD 对象，这些控制器称为算子（operator）。如果你想了解
更多关于控制器 / 算子的信息，可以阅读 "Kubernetes/sample-controller" GitHub 存储库，
该存储库实现了一个简单的控制器用于监视 CRD 对象。这个示例控制器代码可以帮助你理
解算子 / 控制器模式，这对于阅读 Kubeflow 训练算子的源代码非常有用。

　　注意　本节中控制器和算子这两个术语可以互换使用。

3.4.3　Kubeflow 训练算子设计

　　Kubeflow 训练算子（TensorFlow 算子、PyTorch 算子、MPI 算子）遵循 Kubernetes
算子设计。每个训练算子监视自己类型的自定义资源定义对象——例如，TFJob、
PyTorchJob 和 MPIJob，并创建实际的 Kubernetes 资源来运行训练。

　　例如，TensorFlow 算子会处理在集群中生成的任何 TFJob CRD 对象，并根据 TFJob
规范创建实际的服务或 Pod。它会将 TFJob 对象的资源请求与实际的 Kubernetes 资源（如
服务和 Pod）同步，并不断努力使观察到的状态与期望状态相匹配。在图 3.12 中可以看到
一个可视化的工作流。

　　每个算子可以为其自己类型的训练框架运行训练 Pod。例如，TensorFlow 算子知道如
何为使用 TensorFlow 编写的训练代码设置分布式训练 Pod 组。算子从 CRD 定义中读取用

户请求，创建训练 Pod，并向每个训练 Pod 或容器传递正确的环境变量和命令行参数。你可以查看每个算子代码中的 `reconcileJobs` 和 `reconcilePods` 函数，以了解更多详细信息。

每个 Kubeflow 算子还处理作业队列管理。由于 Kubeflow 算子遵循 Kubernetes 算子模式并在 Pod 级别创建 Kubernetes 资源，因此对于训练 Pod 的故障转移处理得很好。例如，当 Pod 意外失败时，当前 Pod 数量会变为所需 Pod 数量减 1。在这种情况下，算子中的 `reconcilePods` 逻辑将在集群中创建一个新的 Pod，以确保实际 Pod 数量等于 CRD 对象中定义的期望数量，从而解决故障转移问题。

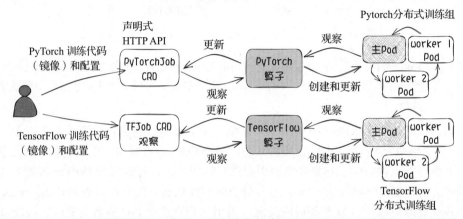

图 3.12　Kubeflow 训练算子的工作流。用户首先创建一个 `TFJob CRD` 对象，用于定义一个训练请求，接着 TensorFlow 算子检测到这个对象，并创建实际的 Pod 来执行 TensorFlow 训练镜像。TensorFlow 算子还监视 Pod 的状态，并将其状态更新到 `TFJob CRD` 对象中。PyTorch 算子也遵循相同的工作流

注意　在编写本书时，TensorFlow 算子正在成为一体化的 Kubeflow 算子。它的目标是简化在 Kubernetes 上运行分布式或非分布式的 TensorFlow/PyTorch/MXNet/XGBoost 作业。无论最终结果如何，它都是建立在我们在这里提到的设计之上，只是使用上更加方便。

3.4.4　如何使用 Kubeflow 训练算子

在本节中，我们将以 PyTorch 算子为例，通过四个步骤来训练一个 PyTorch 模型。由于所有 Kubeflow 训练算子遵循相同的使用模式，这些步骤同样适用于其他算子。

第一步，在你的 Kubernetes 集群中安装独立的 PyTorch 算子和 `PyTorchJob` CRD。你可以在 PyTorch 算子的 Git 存储库中找到详细的安装说明。安装完成后，你可以在你的 Kubernetes 集群中找到一个运行的训练算子 Pod，并创建一个 CRD 定义。可以使用以下 CRD 查询命令查看：

```
$ kubectl get crd                                       ❶

NAME                                CREATED AT
```

```
pytorchjobs.kubeflow.org          2021-09-15T18:33:58Z    ❷
...
```

❶ 列出所有 CRD 定义
❷ PyTorchJob CRD 在 Kubernetes 中创建

注意　训练算子的安装可能会比较麻烦，因为 README 建议你安装整个 Kubeflow 来运行这些算子，但这并不是必须的。每个训练算子都可以单独安装，这是我们推荐的处理方法。请查阅开发指南或设置脚本，链接为 https://github.com/kubeflow/pytorch-operator/blob/master/scripts/setup-pytorch-operator.sh。

第二步，更新你的训练容器，从环境变量和命令行参数中读取参数输入。你可以稍后通过 CRD 对象传递这些参数。

第三步，创建一个 PyTorchJob CRD 对象来定义我们的训练请求。你可以通过先编写一个 YAML 文件（例如 pytorchCRD.yaml）然后在 Kubernetes 集群中运行 `kubectl create -f pytorchCRD.yaml` 来创建这个 CRD 对象。PToperator 将检测到这个新创建的 CRD 对象，并将其放入控制器的作业队列中，然后尝试分配资源（Kubernetes pods）来运行训练。代码清单 3.8 显示了一个样本 PyTorchJob CRD。

代码清单 3.8　一个 PyTorchJob CRD 的样本示例

```
kind: PyTorchJob                        ❶
metadata:
  name: pytorch-demo                    ❷
spec:
  pytorchReplicaSpecs:                  ❸
    Master:
      replicas: 1                       ❹
      restartPolicy: OnFailure
      containers:
        .. .. ..
    Worker:
      replicas: 1                       ❺
      .. .. ..
        spec:
          containers:                   ❻
            - name: pytorch
              .. .. ..
              env:                      ❼
                - name: credentials
                  value: "/etc/secrets/user-gcp-sa.json"
              command:                  ❽
                - "python3"
                - "-m"
                - "/opt/pytorch-mnist/mnist.py"
                - "--epochs=20"
                - "--batch_size=32"
```

❶ CRD 的名称
❷ 训练作业名称
❸ 定义训练群组规格

❹ 主 Pod 数量
❺ Worker Pod 数量
❻ 定义训练容器配置
❼ 定义每个训练 Pod 的环境变量
❽ 定义命令行参数

最后一步是监控。你可以使用 `kubectl get -o yaml pytorchjobs` 命令获取训练状态，该命令将列出所有 `pytorchjobs` 类型的 CRD 对象的详细信息。因为 PyTorch 算子的控制器会继续将最新的训练信息更新回 CRD 对象，所以我们可以从中读取当前的状态。例如，以下命令将获取名为 `pytorch-demo` 的 PyTorchJob 类型 CRD 对象的信息：

```
kubectl get -o yaml pytorchjobs pytorch-demo -n kubeflow
```

注意 在前面的示例中，我们使用 `kubectl` 命令与 PyTorch 算子进行交互。但我们也可以向集群的 Kubernetes API 发送 RESTful 请求来创建一个训练作业 CRD 对象并查询其状态。新创建的 CRD 对象将触发控制器中的训练操作。这意味着 Kubeflow 训练算子可以轻松地集成到其他系统中。

3.4.5 如何将这些算子集成到现有系统中

从 3.4.3 节中，我们可以看到这些算子的 CRD 对象充当了触发训练操作的网关 API，并且是训练状态的真实源。因此，我们可以通过在算子的 CRD 对象上构建一个 Web 服务装饰器，将这些训练算子集成到任何系统中。这个装饰器服务有两个职责：首先，它将你系统中的训练请求转换为对 CRD（训练作业）对象的 CRUD（创建、读取、更新和删除）操作；其次，它通过读取 CRD 对象来查询训练状态。主要工作流如图 3.13 所示。

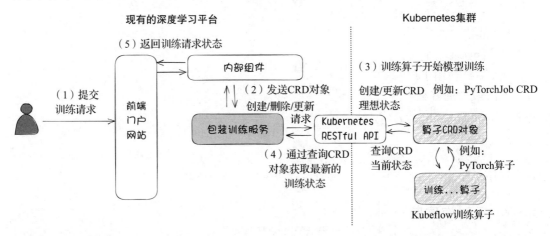

图 3.13 将 Kubeflow 训练算子集成到现有深度学习系统中作为训练后端。这个包装器服务可以将训练请求转换为 CRD 对象，并从 CRD 对象中获取训练状态

在图 3.13 中，现有系统的前端部分保持不变（例如前端门户网站）。在计算的后端，我

们更改了内部组件，并与包装器训练服务进行交互以执行模型训练。包装器服务有三个功能：首先，它管理作业队列；其次，它将来自现有格式的训练请求转换为 Kubeflow 训练算子的 CRD 对象；最后，它从 CRD 对象中获取训练状态。采用这种方法，通过添加包装器服务，我们可以轻松地将 Kubeflow 训练算子作为现有深度学习平台 / 系统的训练后端。

从头开始构建一个生产级别的训练系统需要大量的工作。你不仅需要了解不同训练框架的各种细微差别，还需要处理工程方面的可靠性和可扩展性挑战。因此，如果你决定在 Kubernetes 上运行模型训练，我们强烈建议采用 Kubeflow 训练算子。它是一个即插即用的解决方案，并且可以轻松地移植到现有系统中。

3.5　何时使用公有云

像亚马逊、谷歌和微软等主要公有云供应商提供了诸如 Amazon SageMaker、Google Vertex AI 和 Azure Machine Learning Studio 等深度学习平台。这些系统都声称提供全面管理的服务，支持整个机器学习工作流，可以快速训练和部署机器学习模型。实际上，它们不仅涵盖模型训练，还包括数据处理和存储、版本管理、故障排除、运维等功能。

在本节中，我们不会讨论哪种云解决方案是最好的；而是分享一下何时使用它们。当我们在公司内部提出构建服务，比如训练服务或超参数调优服务时，我们经常会听到这样的问题："我们可以使用 SageMaker 吗？我听说它有一个功能……"或者"你能在 Google Vertex AI 之上构建一个包装器吗？我听说……"这些问题有时是有效的，有时则不是。你真正能够负担什么取决于你的业务阶段。

3.5.1　何时使用公有云解决方案

如果你在运营一家初创公司，或想快速验证一下你的业务想法，使用公有云 AI 平台是一个不错的选择。它处理所有底层基础架构管理，并能为你提供一个标准的工作流。只要预定义的方法适用于你的情况，你就可以专注于开发业务逻辑、收集数据和实现模型算法。这种方法最大的好处在于你可以节省建立基础架构的时间，这样你就可以"早失败、早学习"。

另一个使用公有云 AI 平台的原因是你只有少量的深度学习场景，并且它们相当符合公有云的标准用例。在这种情况下，为仅有几个应用程序构建复杂的深度学习系统投入资源就是不值得的。

3.5.2　何时构建自己的训练服务

现在，让我们讨论一下何时需要构建自己的训练方法。如果你的系统满足以下五个需求中的任何一个，那么构建自己的训练服务便是正确的选择。

1. 云无关性

如果你希望你的应用程序具有云无关性，你就不能使用 Amazon SageMaker 或 Google

Vertex AI 平台，因为这些系统是特定于云的。在存储客户数据的服务中，云无关性非常重要，因为一些潜在的客户对于不希望将他们的数据放在哪个云中有特定要求。而你也希望你的应用程序能够在各种云基础设施上无缝运行。

在公有云上构建云无关系统的常见方法是只使用基础服务，比如虚拟机（VM）和存储，然后在其上构建你的应用程序逻辑。以模型训练为例，当使用亚马逊 Web 服务时，我们首先通过使用 Amazon EC2 服务来管理计算资源，设置一个 Kubernetes 集群（Amazon Elastic Kubernetes Service，Amazon EKS），然后使用 Kubernetes 接口构建我们自己的训练服务来启动训练作业。这样一来，当我们需要迁移到谷歌云（GCP）时，我们只需将我们的训练服务应用到 GCP Kubernetes 集群（Google Kubernetes Engine）而不是 Amazon EKS，大部分服务则保持不变。

2. 减少基础设施成本

与使用云提供商的 AI 平台相比，自行运行服务将为你节省大量费用。你在原型阶段可能不太关心费用，但产品发布后，你就应该考虑费用问题了。

以 Amazon SageMaker 为例，在本书编写时（2022 年），SageMaker 针对 m5.2xlarge 类型（8 个虚拟 CPU，32GB 内存）的机器每小时收费 0.461 美元。如果你直接在此硬件规格上启动 Amazon EC2 实例（VM），则每小时收费 0.384 美元。通过构建自己的训练服务并直接在 Amazon EC2 实例上运行，你平均节省了近 20% 的模型构建费用。如果一个公司的多个团队每天都要进行模型训练，自建的训练系统将让你在竞争中占据优势。

3. 定制化

尽管云 AI 平台为工作流配置提供了许多选项，但它们仍然是黑盒方法。由于它们是通用方法，这些 AI 平台关注的是最常见的场景。但总有一些你需要为你的业务定制的特例，当选择不多时，这不是一个好的体验。

云 AI 平台的另一个问题是它在采纳新技术方面总是有一定的延迟。例如，你必须等待 SageMaker 团队决定是否支持某种训练方法，以及何时支持它，而有时这个决定并不令你满意。深度学习是一个快速发展的领域。构建自己的训练服务可以帮助你吸收最新的研究并快速转变，这将让你在激烈的竞争中处于优势地位。

4. 通过合规性审核

为了获得经营某些业务的资格，你需要获得符合相关法规的证书，例如 HIPAA（医疗保险便携和责任法）或 CCPA（加州消费者隐私法）。这些认证要求你提供证据，不仅证明你的代码符合法规的要求，并证明你的应用程序运行的基础设施也符合合规性。如果你的应用程序是建立在 Amazon SageMaker 和 Google Vertex AI 平台上，它们也需要符合合规性。由于云供应商是一个黑盒，运行合规性检查列表并提供证据是一项不愉快的任务。

5. 身份验证和授权

将身份验证和授权功能集成到云 AI 平台和内部身份验证服务（本地部署）需要很多工作。许多公司都有自己的身份验证服务版本，用于对用户请求进行身份验证和授权。如果我们采用 SageMaker 作为 AI 平台，并将其暴露给不同的内部服务以用于各种业务目的，将 SageMaker 身份验证管理与内部用户身份验证管理服务连接起来并不容易。相反，构建本地部署的训练服务要容易得多，因为我们可以自由地更改我们的 API，并简单地将其集成到现有的身份验证服务中。

总结

- 训练服务的主要目标是管理计算资源和训练执行。
- 一个复杂的训练服务遵循四个原则：通过统一接口支持各种模型训练代码；降低训练成本；支持模型的可复现性；具有高可扩展性和可用性，并处理计算隔离。
- 了解通用的模型训练代码模式使我们可以从训练服务的角度将代码视为黑盒。
- 容器化是处理深度学习训练方法和框架多样性的关键。
- 通过将训练代码 Docker 化并定义清晰的通信协议，训练服务可以将训练代码视为黑盒，并在单个设备上或分布式地执行训练。这也使得数据科学家可以专注于模型算法的开发，而不用担心训练执行。
- Kubeflow 训练算子是一组基于 Kubernetes 的开源训练应用程序。这些算子可以直接使用，并且可以轻松地集成到任何现有系统中作为模型训练后端。Kubeflow 训练算子支持分布式和非分布式训练。
- 使用公有云训练服务可以帮助快速构建深度学习应用程序。另一方面，构建自己的训练服务可以降低训练操作成本，提供更多定制选项，并保持云无关性。

CHAPTER 4

第 4 章

分布式训练

本章涵盖以下内容:
- 理解数据并行、模型并行和流水线并行
- 使用 Kubernetes 中支持数据并行训练的服务示例
- 使用多个 GPU 训练大模型

深度学习研究领域中的一个明显趋势是通过更大的数据集和更复杂的架构来提高模型性能。但更多的数据和庞大的模型也会带来一些后果:它们会减慢模型训练和开发过程。在计算领域,性能往往与速度相对立。例如,使用单个 GPU 训练一个 BERT(来自 Transformer 的双向编码器表示)自然语言处理模型可能需要几个月的时间。

为了解决日益增长的数据集和模型参数规模带来的问题,研究人员开发了各种分布式训练策略。主要的训练框架,如 TensorFlow 和 PyTorch,提供了实现这些训练策略的 SDK。借助这些训练 SDK,数据科学家可以编写跨多个设备(CPU 或 GPU)并行运行的训练代码。

在本章中,我们将从软件工程师的角度探讨如何支持分布式训练。更具体地说,我们将看到如何编写一个训练服务,以在一组计算机上执行不同的分布式训练代码(由数据科学家开发)。

阅读完本章后,你将从数据科学家和开发者两种角度全面了解分布式训练是如何工作的。你将了解几种分布式训练策略和分布式训练代码模式,以及训练服务如何便利地融合不同的分布式训练代码。

4.1 分布式训练方法的类型

有三种主要的分布式训练方法:模型并行、数据并行和流水线并行。模型并行是一种将神经网络分割为多个连续子网络,并在不同设备(GPU 或 CPU)上运行每个子网络的策略。通过这种方式,我们可以使用一组 GPU 来训练大模型。

流水线并行是模型并行的高级版本。模型并行的一个主要问题是在训练过程中只有一个 GPU 处于活动状态,其他 GPU 处于空闲状态。通过将每个训练样本批次划分为小的微批次，流水线并行可以使层之间的计算重叠，以最大化 GPU 性能。这样，不同的 GPU 可以同时处理不同的微批次。GPU 的训练吞吐量和设备利用率得到改善，实现比模型并行更快的模型训练速度。

数据并行将数据集划分为较小的片段，并让每个设备单独训练这些子数据集。由于每个设备现在训练的是较小的数据集，训练速度得到了改善。

将单设备训练代码转换为模型并行或流水线并行训练需要进行大量的代码更改，包括将神经网络分割成多个子网络，在不同的 GPU 上运行子网络，并将子网络的计算输出复制到不同的 GPU 上。这些变化的数量和复杂性使得它们很难进行问题排查。每个模型算法可能具有截然不同的模型架构，因此不存在用于模型并行或流水线并行的标准化方法。数据科学家必须根据具体情况逐个构建代码。

相比之下，数据并行仅需要对单设备训练代码进行最小的代码更改。而且，标准化的模式可用于将非分布式训练代码转换为数据并行，而无须更改模型算法或架构。此外，数据并行代码相对容易理解和调试。这些优点使得数据并行成为我们进行分布式训练的首选方法。

尽管数据并行具有许多优势，但模型并行和流水线并行也有各自的优势和用途。例如，当你有一些大到不能放入单个 GPU 的模型时，它们是最佳的分布式解决方案。在 4.4 节中，我们将更详细地讨论它们。

4.2 数据并行

在本节中，我们将讨论数据并行的理论以及并行执行所面临的挑战，并提供在 PyTorch、TensorFlow 和 Horovod 中的示例训练代码。

4.2.1 理解数据并行

数据并行涉及一组训练设备共同处理大型数据集。通过让每个设备处理数据集的一个子集，我们可以大幅缩短训练时间。

同步数据并行是最常用的数据并行方法。它将模型网络复制到训练组中的每个设备，无论是 GPU 还是 CPU。数据集被划分为小批次，这些批次被分配到所有设备（再次强调，可以是 CPU 或 GPU）。训练步骤同时进行，在每个设备上使用不同的小批次。因此，设备充当其自身的数据分区。在计算梯度以更新神经网络时，算法通过从每个设备汇总梯度来计算最终梯度。然后，它将汇总后的梯度分发回每个设备，以更新它们本地的神经网络。尽管每个设备上的训练数据集是不同的，但由于它们在每个训练迭代中都使用相同的梯度进行更新，所以这个过程被称为同步数据并行。

你可以在图 4.1 中可视化这个过程。图中将使用单个 GPU 进行深度学习训练的过程（左侧的图 a）与使用三个 GPU 进行同步数据并行训练的设置进行了比较（右侧的图 b）。

通过比较图 4.1a 和图 4.1b，你可以看到同步数据并行相较于单设备训练引入了两个额外的步骤。第一个额外步骤是将一个训练批次划分为三个小批次，以便每个设备可以处理自己的小批次。第二个步骤是同步从所有设备汇总的梯度，以便它们在更新本地模型时使用相同的梯度。

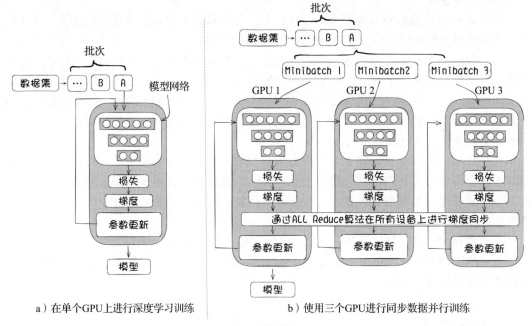

a）在单个GPU上进行深度学习训练 　　　b）使用三个GPU进行同步数据并行训练

图 4.1　同步数据并行概念图示

注意　为了汇总不同工作节点计算得到的梯度，可以使用全局归约算法（all-reduce）。这是一种流行的算法，它独立地将所有进程的数据数组合并成一个数组。在" Writing Distributed Applications with PyTorch "（https://pytorch.org/tutorials/intermediate/dist_tuto.html）中，你可以找到 PyTorch 支持全局归约算法的示例。

从实现的角度来看，数据并行在单设备模型训练过程中需要进行最少的更改。它的主要开销在于梯度聚合的同步步骤。

1. 模型参数更新：同步与异步

在数据并行中，有两种关于如何在工作节点之间聚合梯度的思想：同步更新和异步更新。让我们分别介绍这两种方法，以及它们的优缺点：

- 同步模型更新——如图 4.1 所示，同步模型更新在梯度同步步骤暂停训练迭代，直到所有设备接收到汇总的梯度。然后继续进行下一步，更新模型参数。通过这种方式，所有设备在同一时间得到相同的梯度更新，确保每个工作节点的模型在每次训练迭代中保持一致。同步模型更新的问题很明显：在梯度在工作节点之间同步时，训练迭代被阻塞，因此没有一个工作节点可以开始处理下一个数据小批次。如果有一些慢速设备或网络问题，整个分布式工作组都会被阻塞，而更快的工作节点则会处于空闲状态。
- 异步模型更新——相反，异步模型更新方法不强制每个训练设备或工作节点等待来自其他设备的梯度。相反，每当一个设备完成梯度计算，它立即更新本地模型，而不检查其他设备。每个设备都独立工作，尽管它的梯度仍需要复制到每个其他设备，但这些更新的同步不是必须的。异步方法可能看起来非常吸引人；它简单，并且可以比同步方法更快地运行更多的训练步骤。异步方法的缺点是它需要更长的训练时间，且产生的模型比同步模型更新方法更不准确。

当使用异步方法时，梯度在不同的设备上被独立计算。某些机器运行速度较快，而其他机器运行速度较慢；因此，这些梯度可能来自每个设备的不同训练迭代。因此，不能保证聚合的梯度指向最优方向。例如，假设来自慢速机器的梯度是从第 5 次训练迭代计算得到的，而其他更快的机器已经进行到第 20 次训练迭代了。当我们汇总所有工作节点的梯度时，来自较低迭代的梯度会应用到来自较高迭代的梯度，这降低了梯度的质量。

此外，异步方法通常收敛较慢，并且精度损失较多，相比之下同步方法更好。因此，现今大多数数据并行库都采用同步模型更新。在本章中，当我们提到数据并行以及其代码实现时，我们指的是同步数据并行。

2. 数据集和模型的内存约束

在深度学习中，数据集和模型在训练过程中消耗计算实例的大部分内存。如果训练数据或神经网络（模型）超出了本地设备的内存限制，训练过程将因内存不足错误而终止。数据并行的设计目的是提高训练速度，而不是解决内存约束问题。

对于由加载数据集引起的内存不足错误，我们可以减小训练数据的批大小，以便训练过程在每个训练循环中加载更少的数据到本地内存中。在数据并行的上下文中，我们需要确保每个工作节点的小批量训练数据能够适应其内存。

对于由模型大小引起的内存不足错误，我们需要采用模型并行或流水线并行（参见 4.4 节）。当神经网络（模型）的大小超出单个设备的内存限制时，数据并行不起作用。

4.2.2 多工作节点训练挑战

故障容错和带宽饱和是我们作为软件开发人员在训练服务中执行数据并行代码时需要解决的两个挑战。解决这两个挑战对于降低数据并行 - 分布式训练的运营成本和提高训练性能至关重要。

1. 容错性

我们不希望整个分布式训练组因为其中一个工作节点意外失败而全部失败。这不仅会导致服务不可用的问题，还会增加训练成本，因为如果其中一个工作节点失败，其他所有工作节点的努力都会白费。

为了提高容错性，我们可以将每个训练步骤（即模型参数）保存在每个工作节点的远程文件系统中。如果一个工作节点失败或花费太长时间来完成一个训练迭代，我们也可以重新启动该工作节点并加载其最近的先前状态。

TensorFlow 和 PyTorch 框架都具备备份和还原功能。作为训练服务的开发人员，我们可以设置远程磁盘或备份存储系统，并将访问配置传递给训练容器。然后，在训练过程中，训练代码可以使用外部文件系统来备份或还原状态。

2. 带宽饱和

将更多的 GPU 和更多的机器添加到分布式训练组并不总是能提高性能。无论我们使用同步模型更新还是异步模型更新，算法都必须在每次训练迭代结束时在训练工作节点之间传递梯度或模型参数的信息。在移动数据进出 GPU 内存和通过网络传输的时间最终会超过通过分割训练工作量获得的加速效果。

因此，存在一个并行实例数的上限，在这个上限之前，数据并行能够达到其最佳性能。这个上限由模型参数的数量和模型的密度（模型权重中有多少非零值）决定。如果是一个大型、密集的模型，具有大量需要传输的参数和梯度，其饱和性会大于一个较小的模型或大型的稀疏模型。

有一些推荐的并行实例数量，例如对于神经机器翻译，8 个 GPU 可以实现 6 倍的加速，对于 ImageNet 模型，50 个 GPU 可以实现 32 倍的加速。但是，我们需要通过自己的实验来确定最佳配置，因为 GPU 和模型架构都在快速发展，标准推荐可能很快就会过时。作为平台开发者，除了选择最佳的并行工作节点数，我们还有其他三种方法来减轻带宽饱和问题。

首先，我们可以将并行工作节点（即容器或 Pod）分组到较少的机器中，以减少网络跳数。例如，在 Kubernetes 中，可以使用 nodeSelector 和 affinity/anti-affinity 规则（http://mng.bz/qo76）来将训练实例（Kubernetes pod）部署在几个选定的服务器上，这些服务器具有更好的网络和更强的计算能力。

其次，始终升级训练镜像以使用最新版本的训练框架。流行的框架如 PyTorch、TensorFlow 等会不断改进更新，以减少分布式训练时在网络内传输的数据量。请留意发行说明并适当利用这些框架的改进。

最后，不要低估通过在初始化分布式组时进行小的调整所能带来的收益。以 PyTorch 为例，PyTorch 数据并行库将神经网络参数梯度分区为 bucket，并在梯度同步步骤中将 bucket 发送到工作节点。bucket 的大小决定了一次在不同设备之间传输的数据量。因此，通过选择合适的 bucket 大小，我们可以确定设备饱和和网络饱和之间的最佳平衡点，从而达到最佳的训练速度。bucket 大小可以在 PyTorch 分布式数据并行（DDP）组件的构造函数中配置（http://mng.bz/7ZB7）。

4.2.3　不同训练框架的分布式训练（数据并行）代码编写

在本节中，你将看到三个训练框架（TensorFlow、PyTorch 和 Horovod）中用于数据并行分布式训练的一些代码片段。如果这里的代码样本难以理解，不用担心。本节的目的是让你体验数据科学家如何处理分布式训练，并让你对训练服务如何实现分布式训练形成一些概念。

1. PyTorch

PyTorch 框架有一个 DDP（Distributed Data Parallel）库，它在模块级别实现了数据并行。DDP 包装了模型对象，使得它可以在多台机器上无缝运行。训练进程可以在同一台机器上或跨多台机器上运行。

要将单设备 / 进程的训练代码转换为数据并行 – 分布式训练代码，我们需要进行以下两个修改。首先，我们必须通过允许每个训练进程向主进程注册自己来初始化训练组。其中一个进程将宣称自己是主进程，而其他进程将宣称自己是工作进程。每个训练进程将在这个注册阶段挂起，直到所有工作进程加入分布式组。

要注册一个进程，我们需要知道训练进程的总数（ world_size），该进程的唯一 ID（ rank），以及主进程的地址（在环境变量中定义 MASTER_ADDR 和 MASTER_PORT）。请参考以下代码示例：

```
def setup(rank, world_size):
  os.environ['MASTER_ADDR'] = 'xxxx'
  os.environ['MASTER_PORT'] = 'xxx'

  # initialize the process group, "gloo" is one of the communication
  # backends Pytorch supports, it also supports MPI and NCCL.
  # rank is the process's rank, it's a globally unique id
  # for this process. rank=0 means  master process.
  # world_size is the total number of processes in this training group.
  dist.init_process_group("gloo", rank=rank, world_size=world_size)

def cleanup():
  dist.destroy_process_group()
```

其次，我们使用 DDP 类来包装模型对象。PyTorch 的 DDP 类将处理分布式数据通信、梯度聚合和本地模型参数更新：

```
import torch.distributed as dist
from torch.nn.parallel import DistributedDataParallel as DDP

# create model and move it to GPU
model = DpModel().to(device)

# wrap the model with DDP
ddp_model = DDP(model, device_ids=[rank])                    ❶
outputs = ddp_model(data)

# compute the loss and sync gradient with other workers.
# when 'backward' function returns, the param.grad already
# contains synchronized gradient tensor
loss_fn(outputs, labels).backward()
```

❶　DDP 装饰器负责分布式训练执行。

对于高级用例，PyTorch 库提供了 API，因此你可以在较低层次上实现自己的梯度同步函数。你可以在官方教程"使用 PyTorch 编写分布式应用程序"（ http://mng.bz/m27W）中查看详细信息。

2. TensorFlow

TensorFlow 以与 PyTorch 非常相似的方式支持分布式训练；首先定义一个分布式训练

策略（如 `MultiWorkerMirroredStrategy`），然后使用该策略初始化模型。为了让策略能够识别分布式组中的工作节点，我们需要在每个训练进程中定义一个 `TF_CONFIG` 环境变量。`TF_CONFIG` 包含工作节点的唯一 ID 以及组中所有其他工作节点的地址。请参阅以下代码：

```
# Step 1: define 'TF_CONFIG' environment variable to describe
# the training group and the role for the process.
# The worker array defines the IP addresses and ports of
# all the TensorFlow servers used in this training.
tf_config = {
  'cluster': {
    'worker': ['192.168.4.53:12345', '192.168.4.55:23456']
  },

  # A 'task' provides information of the current task and is
  # different for each worker. It specifies the 'type' and
  # 'index' of that worker.
  'task': {'type': 'worker', 'index': 0}
}

os.environ['TF_CONFIG'] = json.dumps(tf_config)

# Step 2: define distributed training strategy,
# the MultiWorkerMirroredStrategy takes
# care of the synchronous data parallel distributed training.
strategy = tf.distribute.MultiWorkerMirroredStrategy()

global_batch_size = per_worker_batch_size * num_workers
multi_worker_dataset = mnist.mnist_dataset(global_batch_size)

# Step 3: start the distributed training.
with strategy.scope():
  # Model building/compiling need to be within 'strategy.scope()'.
  multi_worker_model = mnist.build_and_compile_cnn_model()

multi_worker_model.fit(multi_worker_dataset,
  epochs=3, steps_per_epoch=70)
```

3. Horovod

Horovod 是一个专用的分布式框架。与可用于多种任务（如数据处理、模型训练和模型服务）的 TensorFlow 和 PyTorch 相比，Horovod 只专注于一个任务：使分布式深度学习训练变得快速且易于使用。

Horovod 的最大优势在于它可以与不同的训练框架一起使用，例如 TensorFlow、Keras、PyTorch 和 Apache MXNet。因此，我们可以以一种方式（Horovod 方式）配置训练集群，从而对 PyTorch、TensorFlow 和其他框架进行分布式训练。下面我们仅列出两个使用 Horovod 的代码片段，分别是 TensorFlow 和 PyTorch 的示例，但你可以在 Horovod 的网站上查看其他框架的示例。

让我们看一下 TensorFlow 的示例。为了设置数据并行分布式训练，首先我们初始化 Horovod 训练组，它将自动查找集群中的其他 Horovod 节点。接下来，我们将 0 号节点（主节点）的初始变量状态广播到所有其他进程。这将确保所有工作节点的初始化一致性。然后我们使用分布式梯度带包装梯度带，它将在所有工作节点上对梯度进行平均。其余的代码就是普通的 TensorFlow 训练代码。请参阅以下代码（https://github.com/horovod/horovod/blob/master/examples）:

```
hvd.init()                                            ❶
.. .. ..

@tf.function
def training_step(images, labels, first_batch):
    with tf.GradientTape() as tape:
        probs = mnist_model(images, training=True)
        loss_value = loss(labels, probs)

    # Wrap tape with Horovod Distributed GradientTape.
    # This gradient tape averages gradients from all
    # workers by using allreduce or allgather, and then
    # applies those averaged gradients back to the local model.
    tape = hvd.DistributedGradientTape(tape)

    grads = tape.gradient(loss_value, mnist_model.trainable_variables)
    opt.apply_gradients(zip(grads, mnist_model.trainable_variables))

    # Broadcast initial variable states
    # from rank 0 to all other processes.
    if first_batch:
        hvd.broadcast_variables(mnist_model.variables, root_rank=0)
        hvd.broadcast_variables(opt.variables(), root_rank=0)

    return loss_value

for batch, (images, labels) in \                      ❷
  enumerate(dataset.take(10000 / hvd.size())):
  loss_value = training_step(images, labels, batch == 0)
  .. .. ..

# save checkpoints only on worker 0 to
# prevent other workers from corrupting it.
if hvd.rank() == 0:
  checkpoint.save(checkpoint_dir)
```

❶ 初始化 Horovod 节点

❷ 根据 GPU 的数量调整步骤数

下面的代码是使用 PyTorch 和 Horovod 的示例。一些 PyTorch Horovod 的 API 与 TensorFlow 不同，例如 hvd.DistributedOptimizer 与 hvd.DistributedGradientTape。但这些 API 来自同一个 Horovod SDK 并在底层共享相同的节点间机制。让我们看一下 PyTorch 的代码片段:

```
# Horovod: initialize Horovod.
import torch
import horovod.torch as hvd
```

```
# Initialize Horovod
hvd.init()
.. .. ..

# Build model...
model = ...
optimizer = optim.SGD(model.parameters())

# Add Horovod Distributed Optimizer, this is equal
# to hvd.DistributedGradientTape(tape)
# for Tensorflow2
optimizer = hvd.DistributedOptimizer(optimizer,
  named_parameters=model.named_parameters())

# Broadcast parameters from rank 0 to
#all other processes.
hvd.broadcast_parameters(model.state_dict(),
  root_rank=0)

for epoch in range(100):
    for batch_idx, (data, target) in enumerate(train_loader):

    optimizer.zero_grad()
    output = model(data)
    loss = F.nll_loss(output, target)
    loss.backward()
    optimizer.step()
.. .. ..
```

虽然该模型在 TensorFlow 2 和 PyTorch 两种不同的框架中定义，但从这两个代码片段中我们可以看到它们都使用了相同的 Horovod SDK 来进行分布式训练。这里的好处在于，我们可以使用标准的方法（即 Horovod 方式）在训练集群中设置分布式工作组，并且它仍然适用于使用不同训练框架编写的训练代码。

4. 关于训练代码，有两个要点值得注意

在阅读这些训练代码片段时，如果你感到困惑，也没关系。作为一名训练服务的开发者，你不需要编写这些代码。我们希望从这个讨论中强调以下两点：

- 尽管本节中的代码示例在不同框架中实现了不同的 API 的分布式训练，但代码遵循了在 4.2.1 节中描述的相同的数据并行性范式。也就是说，代码总是为每个并行训练过程设置通信组，并且配置模型对象以跨所有工作节点聚合梯度。因此，作为开发者，我们可以使用统一的方法来设置和管理不同训练框架的分布式训练过程。
- 从单设备训练到数据并行 – 分布式训练的扩展工作相对简单一些。现在，分布式训练框架 /SDK 非常强大，我们不需要实现数据并行性的每个细节，比如同步网络上的梯度。训练框架和 SDK 会处理这些过程，使其无缝运行。分布式数据并行训练代码几乎与单设备训练代码相同，只有在配置训练组时稍有不同。

4.2.4 数据并行 – 分布式训练中的工程化努力

那么，在生产环境中启用数据并行 – 分布式训练的工作是什么样的呢？首先，这需要数据科学家和服务开发者之间的共同工程努力。对于数据科学家来说，他们需要升级单设备训练代码以实现分布式运行，使用类似前面部分中的代码片段。与此同时，服务开发者必须增强训练服务，自动设置分布式工作组以实现分布式训练。

为了使训练服务对用户更加友好，该服务应该整合不同分布式训练框架的设置细节。因此，数据科学家只需定义他们在训练中需要的并行实例数量。

让我们以 TensorFlow 分布式训练为例进行说明。根据我们在 4.2.3 节的讨论，每个设备上的 TensorFlow 训练代码必须具有 `tf_config`（请参考以下示例）作为环境变量。这样，在训练过程中，TensorFlow 分布式库就知道如何与其他训练进程进行通信：

```
tf_config = {
  'cluster': {
    'worker': ['192.168.4.53:12345', '192.168.4.55:23456']
  },

  # A 'task' provides information of the current task
  # and is different for each worker. It specifies
  # the 'type' and 'index' of that worker.
  'task': {'type': 'worker', 'index': 0}
}
```

从可用性的角度来看，我们不能指望数据科学家为每个分布式训练过程独立设置服务器 IP 地址和任务索引，特别是当整个训练组是动态配置的时候。一个训练服务应该自动创建一组计算资源来满足分布式训练请求，使用正确的 IP 地址初始化分布式训练库，并启动训练过程。

图 4.2 是一个支持分布式训练的训练服务的概念图。从图中可以看出，数据科学家 Alex 发送一个训练请求来启动分布式训练。服务（由服务开发者 Tang 构建）然后生成两台工作机器，并且在这两台机器上分布式执行训练代码。除了准备训练代码外，Alex 可以指定训练运行的配置，比如并行工作节点的数量和分布式训练框架的类型（TensorFlow、PyTorch 或 Horovod）。

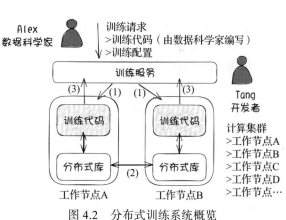

图 4.2　分布式训练系统概览

让我们仔细看一下这个图表，以更好地理解系统是如何设置以及每个角色的职责。我们可以看到，作为工程师，Tang 需要进行三个增强操作，在图 4.2 中标为（1）、（2）和（3），从而将训练服务从单设备训练（如第 3 章中所见）转换为数据并行 – 分布式训练。

第一步是更新训练服务以在运行时按需构建一个分布式训练组。当服务接收到分布式训练的请求时，它会从训练集群中为训练作业分配多个工作节点，并将训练代码分发给每个工作节点。

第二步是以编程方式为每个训练过程初始化正确的服务器 IP、端口号和训练进程 ID。这确保了分布式库（通常称为框架，如 TensorFlow）具有足够的信息来为训练组设置工作节点间的通信。正如我们在前面的部分中所看到的，每个分布式训练框架的设置配置各不相同。训练服务应该知道如何为不同的框架设置工作节点间的通信，这样数据科学家就可以专注于算法开发，而不用担心底层的基础架构了。

第三步是为每个工作节点提供远程存储，以备份和恢复其训练状态。在分布式训练中，如果一个工作节点失败，整个训练组都会失败，大量计算资源将被浪费。因此，让分布式训练组能够从硬件故障或网络问题中恢复非常关键。通过提供远程存储和备份 API，分布式训练过程可以在每次训练迭代后保存其训练状态（神经网络）。当训练过程在训练中途失败时，可以恢复其之前的状态并继续进行，从而使得整个训练组可以继续运行。

注意 如果你想了解更多关于数据并行性的内容，可以从以下两篇文章开始：一篇来自 O'Reilly 的博文，题为"Distributed TensorFlow: Reduce both experimentation time and training time for neural networks by using many GPU servers"，作者是 Jim Dowling（www.oreilly.com/content/distributed-tensorflow/），以及一篇来自 Google Brain 的论文，题为《Revisiting Distributed Synchronous SGD》，作者是 Chen 等人（https://arxiv.org/pdf/1604.00981.pdf）。

4.3 支持数据并行 – 分布式训练的示例服务

在本节中，我们将扩展 3.3 节中介绍的示例服务，以支持数据并行 - 分布式训练。

4.3.1 服务概述

与 3.3 节中讨论的单设备训练相比，用户工作流保持不变。数据科学家 Alex 首先构建模型训练代码并向训练服务发送训练请求。然后，服务运行实际训练，并在最后生成模型。

然而，有一些关键的区别。首先，Alex 将意图分类训练代码升级，使其可以在单设备和多设备上运行。其次，服务开发者 Tang 修改了训练服务 API，添加了一个新参数 PARALLEL_INSTANCES。这个参数允许 Alex 定义他的分布式训练运行中工作节点组的大小。

为了正确管理一个服务器集群，我们需要 Kubernetes 的帮助。Kubernetes 可以在工作节点资源分配和工作节点间通信方面为我们节省很多工作。因此，我们引入了一个新组件——Kubernetes 作业跟踪器，用于在 Kubernetes 中管理训练作业。你可以在图 4.3 中看到更新后的服务设计图和用户工作流。

图 4.3a 重复了我们在第 3.3 节中讨论的训练服务系统图，它使用 Docker 作业跟踪器来在 Docker 引擎中运行训练作业。图 4.3b 显示了更新后的训练服务，现在支持分布式训练，包括 Kubernetes 和 Docker 引擎后端。Kubernetes 作业跟踪器被添加并用于在 Kubernetes 集群中运行分布式训练作业。这个组件通过启动 Kubernetes pod 来执行训练作业，并在内存存储中监视和更新作业执行状态。

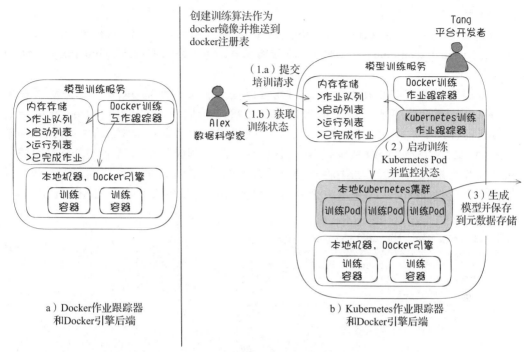

图 4.3   图 3.5 中介绍的训练服务设计与在 Kubernetes 中的分布式训练支持的服务设计的对比

我们还对意图分类 PyTorch 训练代码进行了一些更改，以便可以进行分布式运行。我们将在 4.3.5 节中对此进行简要回顾。

一个很好的时间节约方法是，我们无须更改已经创建的服务 API 接口（3.3.3 节）。我们的用户可以简单地使用相同的 API 在 Docker 引擎和 Kubernetes 集群中训练模型。这遵循了我们在 3.1.2 节中介绍的训练服务原则之一：使用统一的 API，并使其在后端实现上保持不可知。

4.3.2   与服务进行交互

首先，让我们使用 Kubernetes 后端来运行训练服务，请参考以下命令（scripts/ts-001-start-server-kube.sh）：

```
$ docker build -t orca3/services:latest -f services.dockerfile .
$ docker run --name training-service -v \
    $HOME/.kube/config:/.kube/config --env \            ❶
    APP_CONFIG=config-kube.properties \
    --network orca3 --rm -d -p
  "${TS_PORT}":51001
  orca3/services:latest training-service.jar
```

❶ 本地 Kubernetes 配置

注意   本节仅包含运行示例服务所需的主要步骤和关键命令。因此，我们可以清晰地演示概念，而无须考虑冗长的代码和执行输出。如果你想在本节中运行实验，请按照"Distributed trainer training demo"（github.com/orca3/MiniAutoML/blob/main/training-service/distributed_trainer_demo.md）文档中的说明进行操作，该文档位于 orca3/MiniAutoML 的 git 存储库中。

一旦训练服务容器正在运行，我们就可以提交一个训练的 gRPC 请求。尽管服务现在在 Kubernetes 后端上运行，但训练 API 仍然是相同的。与我们在 Docker 后端演示中发送的训练请求相比（请参阅 3.3.1 节），在请求有效载荷中只需添加一个额外的参数——PARALLEL_INSTANCES=3。这会告诉训练服务创建一个由三个工作节点组成的分布式训练组来训练模型。如果将此参数设置为 1，则将进行单设备训练请求。请查看以下代码片段，以提交一个包含三个并行实例的分布式训练请求（scripts/ts-004-startparallel-run.sh 1）：

```
# submit a distributed training request
$ grpcurl -plaintext -d "{ "metadata":
  { "algorithm":"intent-classification",
    "dataset_id":"1",
    "Name":"test1",
    "train_data_version_hash":"hashBA==",
    "Parameters":{
      "LR":"4","EPOCHS":"15",

      "PARALLEL_INSTANCES":"3",          ❶
    "BATCH_SIZE":"64","FC_SIZE":"128"}}
  }"
 ${TS_SERVER}:${TS_PORT}
training.TrainingService/Train
```

❶ 需要一个包含三个工作节点的训练组

要检查训练执行的进度，我们可以使用 GetTrainingStatus API：

```
grpcurl -plaintext -d "{"job_id": "$1"}"          ❶
 ${TS_SERVER}:"${TS_PORT}"
training.TrainingService/GetTrainingStatus
```

❶ 提供作业 ID 以查询状态

除了查询训练服务 API 以获取作业执行状态外，我们还可以在 Kubernetes 中检查训练进度。通过使用 Kubernetes 命令 kubectl get all，我们可以看到在本地 Kubernetes 环境中创建了三个工作节点（Pod）。其中一个是主节点（master worker），另外两个是普通工作节点（normal worker）。还创建了一个 Kubernetes 服务对象 intent-classification-1-master-service，用于主节点 / 主工作节点，它使得主节点和工作节点之间能够进行网络连接。以下是代码片段：

```
# check Kubernetes resources status.
# We could see a distributed training group contains
# with three pods and one service are created in Kubernetes
$ kubectl get all -n orca3
NAME                                    READY    STATUS
```

```
pod/intent-classification-1-1-worker    0/1    Completed        ❶
pod/intent-classification-1-2-worker    0/1    Completed
pod/intent-classification-1-master      0/1    Completed        ❷

NAME                                              TYPE      . . .
    service/intent-classification-1-master-service   ClusterIP    ❸
```

❶ 其中一个工作节点 Pod
❷ 完成主训练 Pod
❸ 用于训练 Pod 通信的 Kubernetes 服务

4.3.3　启动训练作业

现在，让我们看一下使用 Kubernetes 后端启动训练任务的工作流。当接收到训练请求时，该请求将被添加到作业队列中。同时，Kubernetes 作业跟踪器会监视作业队列。当跟踪器发现有等待的作业，并且系统有可用容量时，它将开始处理这些作业。

要启动一个 PyTorch 分布式训练作业，跟踪器首先会创建所需数量的 Kubernetes pod。每个 Pod 承载一个训练进程。跟踪器还会向每个 Pod 传递单独的参数，然后将作业从作业队列移动到启动列表中（图 4.4）。

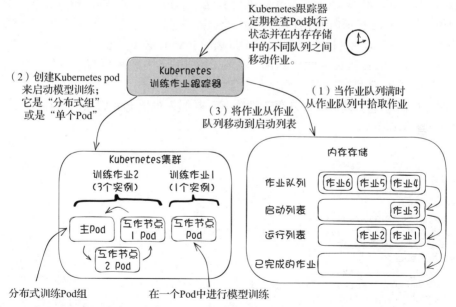

图 4.4　在 Kubernetes 中启动训练任务的工作流：第 1 步，检测作业队列中的等待作业；第 2 步，创建 Kubernetes pod 来运行训练；第 3 步，将作业从作业队列移动到启动列表

在图 4.4 中，Kubernetes 作业跟踪器可以处理单设备训练和分布式训练。对于单设备训练，它创建一个 Kubernetes pod，而对于分布式训练，则创建多个 Pod。

一个 Kubernetes 作业跟踪器类似于一个 Docker 作业跟踪器，它会运行一个训练 Pod。它将所有用户定义的参数封装在环境变量中，并将它们传递给 Kubernetes pod。

为了设置带有多个 Pod 的 PyTorch 分布式训练，服务需要处理两个额外的功能。首先，它创建一个 Kubernetes 服务对象，用于与主 Pod 进行通信。根据 PyTorch 分布式训练算法部分（4.2.3 节），我们知道每个 PyTorch 训练进程需要主进程（Pod）的 IP 地址来初始化分布式训练组。例如，在训练逻辑开始之前，每个 PyTorch 代码需要添加以下代码片段：

```
def setup(rank, world_size):
    os.environ['MASTER_ADDR'] = 'xxx xxx xxx xxx'
    os.environ['MASTER_PORT'] = '12356'
    dist.init_process_group("gloo",          ❶
       rank=rank, world_size=world_size)      ❶
```

❶ 通过寻找主节点将当前进程加入分布式组中

但是在 Kubernetes 中，一个 Pod 是一个短暂的资源，因此我们不能依赖 pod 的 IP 地址来定位它。相反，我们使用 Kubernetes 域名服务（DNS）作为永久地址来定位 Pod。即使 Pod 在不同节点上被销毁并重新创建，IP 地址会发生变化，我们仍然可以使用相同的 DNS 来访问它。因此，为了使训练组初始化有效，我们首先为主 Pod 创建一个 Kubernetes 服务，然后将 DNS 传递给所有工作节点，作为主节点的地址。

其次，它向每个 Pod 传递了四个环境变量。每个训练 Pod 所需的四个变量分别是：WORLD_SIZE、RANK、MASTER_ADDR 和 MASTER_PORT：

- WORLD_SIZE 表示训练组中所有 Pod 的总数，包括主节点和工作节点。
- RANK 是一个训练进程的唯一 ID；主进程的 RANK 必须是 0。
- MASTER_ADDR 和 MASTER_PORT 定义了主进程的主机地址和端口号，因此每个工作节点可以使用它们来连接到主节点。

例如，在使用三个实例进行分布式训练时，我们为每个 Pod 创建三个环境变量（一个主节点和两个工作节点）：

```
Master Pod:
  WORLD_SIZE:3; RANK:0,
  MASTER_ADDR: intent-classification-1-master-service,
  MASTER_PORT: 12356
Worker Pod 1:
  WORLD_SIZE:3; RANK:1,
  MASTER_ADDR: intent-classification-1-master-service,
  MASTER_PORT: 12356
Worker Pod 2:
  WORLD_SIZE:3; RANK:2,
  MASTER_ADDR: intent-classification-1-master-service,
  MASTER_PORT: 12356
```

基于所有的解释，让我们来看一下实际的代码是如何实现的。代码清单 4.1 重点展现了在 Kubernetes 中启动分布式训练的实现方式。

代码清单 4.1　启动分布式训练作业

```
protected List<String> launchTrainingPods(
  int jobId, int worldSize, TrainingJobMetadata metadata, .. ..) {
  .. .. ..
```

```
// It's a distributed training if the worldSize is greater than 1.
if (worldSize > 1) {                                                    ❶
  // .. .. ..
  api.createNamespacedService(                                          ❷
    config.kubeNamespace, serviceBody,                                  ❷
    null, null, null);                                                  ❷
  serviceTracker.add(masterServiceName);
  logger.info(String.format("Launched master service %s",
   masterServiceName));
    .. .. ..
}

// create training pods definition
for (int rank = 0; rank < worldSize; rank++) {
  envs.put("WORLD_SIZE", Integer.toString(worldSize));                  ❸
  // RANK 0 is master
  envs.put("RANK", Integer.toString(rank));                             ❸
  envs.put("MASTER_ADDR", masterPodDnsName);                            ❸
  envs.put("MASTER_PORT", Integer.toString(masterPort));                ❸

  V1PodSpec podSpec = new V1PodSpec()                                   ❹
    .restartPolicy("Never")                                             ❹
    .addContainersItem(new V1Container()                                ❹
      .image(algorithmToImage(                                          ❹
        metadata.getAlgorithm())))                                      ❹
      .env(envVarsToList(envs)) .. .. ..

  String workerPodName = rank == 0 ? masterPodName :
    String.format("job-%d-%d-%s-worker-%d", jobId,
      now, metadata.getName(), rank);
  V1Pod workerPodBody = new V1Pod();
  workerPodBody.apiVersion("v1");
    .. .. ..

  // (3)
  api.createNamespacedPod(config.kubeNamespace,                         ❺
    workerPodBody, null, null, null);                                   ❺
    .. .. ..
}
  return podNames;
}
```

❶ "world size > 1" 表示这是一个分布式训练
❷ 创建 Kubernetes 服务并指向主 Pod
❸ 将分布式训练相关配置设置为环境变量
❹ 定义 Pod 配置; 传入训练参数作为环境变量
❺ 创建实际的训练 Pod

RANK 值不一定与 Pod 一一对应

RANK 是在分布式训练中一个棘手的变量。请注意, RANK 是训练过程的唯一 ID, 而不是一个 Pod。如果一个 Pod 有多个 GPU, 它可以运行多个训练进程。在这个例子中, 因为我们对每个 Pod 运行一个训练进程, 所以我们为每个 Pod 分配了一个不同的

RANK 值。

当我们在一个 Pod 中运行多个训练进程时，我们需要为一个 Pod 分配多个 RANK 值。例如，当我们在一个 Pod 中运行两个进程时，这个 Pod 就需要两个 RANK 值，每个进程分配一个。

你可能已经注意到，此示例中创建的 Kubernetes pod 和 service 是为 PyTorch 分布式训练库定制的。实际上，这个示例服务并不限于 PyTorch。为了支持其他框架（例如 TensorFlow 2）编写的训练代码，我们可以扩展 Kubernetes job tracker 来支持 TensorFlow 分布式训练的设置。

例如，我们可以收集所有工作节点 Pod 的 IP 地址或 DNS，将它们汇总，并将它们广播回每个工作节点 Pod。在广播过程中，我们会将工作节点组信息设置到每个 Pod 的 TF_CONFIG 环境变量中，以启动分布式训练组。TF_CONFIG 环境变量是 TensorFlow 分布式库的特殊要求。

4.3.4　更新和获取作业状态

在创建训练 Pod 之后，Kubernetes job tracker 将继续查询 Pod 的执行状态，并在其状态更改时将作业移动到其他作业列表中。例如，如果 Pod 成功创建并开始运行，则 tracker 将作业从启动列表移动到运行列表。如果 Pod 执行完成，则 tracker 将作业从运行列表移动到已完成作业列表。图 4.5 描述了这个过程。

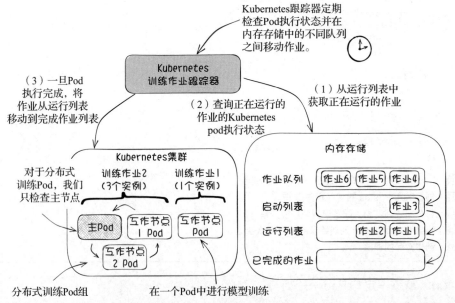

图 4.5　跟踪 Kubernetes 训练作业状态的步骤：（1）获取运行中作业列表中的作业；（2）查询在 Kubernetes 集群中运行的每个作业的 Pod 执行状态；（3）如果 Pod 的执行完成（成功或失败），则将作业移动到已完成作业列表

当用户提交作业状态查询时，训练服务将在内存存储中搜索所有四个作业队列中的作业 ID，并返回作业对象。有趣的是，尽管有多个训练 Pod，我们只需要检查主 Pod 的状态来跟踪分布式训练的进度。这是因为对于同步数据并行训练，所有工作节点在每个训练周期中都必须相互同步，因此主节点可以代表其他工作节点。

查询和更新作业执行状态的代码与我们在 3.3.5 节中看到的 Docker 作业跟踪器非常相似。唯一的区别是，我们查询的是 Kubernetes 集群而不是 Docker 引擎，以获取训练状态。我们将代码留给你探索，你可以在 KubectlTracker 类的 updateContainerStatus 方法中找到它。

4.3.5 将训练代码转换为分布式运行

我们对意图分类训练代码（在 3.3.6 节中介绍）进行了两个更改，以支持分布式模式和单设备模式。

1. 第一个更改：初始化训练组

我们使用 WORLD_SIZE 环境变量来检查训练代码是否应该以分布式训练方式运行。如果 world size 等于 1，则使用与 3.3.6 节中相同的单设备训练代码。

但是，如果值大于 1，我们将初始化训练过程以加入分布式组。请注意，每个 Pod 都会从训练服务（Kubernetes job tracker）传递一个唯一的 RANK 值，这对于初始化分布式组是必要的。在自我注册到分布式组后，我们还将声明模型和数据采样器（data sampler）也是分布式的。以下是更改后的代码示例：

```
def should_distribute():
    return dist.is_available() and config.WORLD_SIZE > 1

def is_distributed():
    return dist.is_available() and dist.is_initialized()

if should_distribute():
    # initialize the distributed process group,
    # wait until all works are ready.
    dist.init_process_group("gloo",
      rank=config.RANK, world_size=config.WORLD_SIZE)

if is_distributed():
    # wrap the model with DistributedDataParallel (DDP)
    # package to enable data parallel training.
    model = DDP(model)

if is_distributed():
    # restricts data loading to a subset of the dataset
    # exclusive to the current process
    train_sampler = DistributedSampler(
      dataset=split_train_, num_replicas=config.WORLD_SIZE,
      rank=config.RANK)
```

2. 第二个更改：只允许主节点上传最终模型

在第二个更改中，我们只允许主节点（RANK=0）上传最终模型。这是为了防止每个工作节点多次上传相同的模型：

```
if config.RANK == 0:                                    ❶
  accu_test = evaluate(test_dataloader)
  .. .. ..
  # upload model to metadata store.
  artifact = orca3_utils.create_artifact(
    config.MODEL_BUCKET, config.MODEL_OBJECT_NAME)
  .. .. ..
```

❶ RANK 为 0 的是主节点。

4.3.6　进一步改进

如果我们继续将这个示例服务推向生产就绪状态，可以按照 4.2.2 节中的思路，致力于提高容错性和减少网络带宽饱和度。我们还可以扩展 Kubernetes job tracker 来支持 TensorFlow 和 Horovod 分布式训练。从训练服务的角度来看，它们并没有太大的区别，因为训练服务传递给训练代码的配置是非常通用的；这些信息对于所有框架都是必要的，只是名称不同而已。只要训练服务和训练代码之间的协议是清晰稳定的，即使在分布式环境下，我们仍然可以将训练代码视为黑盒。

4.4　训练无法在单个 GPU 上加载的大模型

神经网络的规模（由参数数量定义）在研究领域正在迅速增长，我们不能忽视这一趋势。以 ImageNet 挑战为例，2014 年的获胜模型（GoogleNet）有 400 万个参数；2017 年的获胜模型（Squeeze-and-Excitation Networks）有 1.458 亿个参数；而当前领先的模型已经超过 10 亿个参数。

尽管神经网络规模增长了近 300 倍，GPU 内存只增加了 4 倍。未来，我们会更频繁地遇到无法在单个 GPU 上加载的模型而无法训练的情况。

在本节中，我们将讨论训练大模型的常见策略。与 4.2 节中描述的数据并行策略不同，这里介绍的方法需要大量的代码训练工作。

注意　虽然本节介绍的方法通常由数据科学家实现，但我们希望你仍然能够理解这些训练技术背后的策略。了解这些训练技巧背后的策略对于设计训练服务和训练代码之间的通信协议非常有帮助。它还为在训练服务中进行故障排除或优化训练性能提供了洞察力。为简单起见，我们将仅在概念层面上描述算法，并着重讨论工程上的必要工作。

4.4.1　传统方法：节省内存

假设你的数据科学团队希望训练一个可以加载到训练集群中最大 GPU 的模型；例如，他们想在一个 10 GB 内存的 GPU 上训练一个 24 GB 的 BERT 模型。团队可以使用几种节省内存的技术来在这种情况下训练模型，包括梯度累积和内存交换。这些工作通常由数据科学家来实现。而作为平台开发者，你只需要大概了解这些选项。我们将简要地描述它们，这样你就会知道何时可以使用它们。

注意 还有其他几种节省内存的方法，比如 OpenAI 的梯度检查点（https://github.com/cybertronai/gradient-checkpointing）和 NVIDIA 的 vDNN（https://arxiv.org/abs/1602.08124），但因为这本书不是关于深度学习算法的，我们只能将其留作独立研究。

1. 梯度累积

在深度学习训练中，数据集被分割成批次。在每个训练步骤中，为了计算损失、计算梯度和更新模型参数，我们将整个批次的示例（训练数据）载入内存，并一次性处理所有计算。

我们可以通过减少批大小来减轻内存压力，例如，将批大小从 32 减小到 16。但是减小批大小可能导致模型收敛速度更慢。这时梯度累积就有用了。

梯度累积将批次示例分割成可配置的若干个子批次，然后在每个子批次后计算损失和梯度。之后它并不会立即更新模型参数，而是等待并累积所有子批次的梯度。最后，基于累积的梯度来更新模型参数。

让我们来通过一个例子，看看梯度累积如何加速训练过程。假设由于 GPU 内存限制，我们无法进行批大小为 32 的训练。使用梯度累积，我们可以将每个批次分割成 4 个子批次，每个子批大小为 8。因为我们累积所有 4 个子批次的梯度，并且仅在所有 4 个子批次完成后才更新模型，所以这个过程几乎等同于使用批大小为 32 进行训练。不同之处在于，我们一次只在 GPU 上计算 8 个实例，而不是 32 个，所以成本比批大小为 32 时慢 4 倍。

2. 内存交换（GPU 和 CPU）

内存交换方法非常简单：它在 CPU 和 GPU 之间来回复制激活（activation）。如果你对深度学习术语不熟悉，可以将激活视为神经网络每个节点的计算输出。其思想是只保留当前计算步骤所需的数据在 GPU 中，并将计算结果交换到 CPU 内存中供将来的步骤使用。

在这个基础上，一种名为 L2L（Layer to Layer）的新的中继式执行技术只将执行中的层和传输缓冲区保留在 GPU 上，而整个模型和保存状态的优化器则存储在 CPU 空间中。L2L 可以大大提高 GPU 吞吐量，使我们能够在性价比较高的设备上开发大模型。如果你对这种方法感兴趣，可以查阅 Pudipeddi 等在论文 "Training Large Neural Networks with Constant Memory Using a New Execution Algorithm"（https://arxiv.org/abs/2002.05645）中的介绍，该论文还在 GitHub 上有 PyTorch 的实现。

梯度累积和内存交换都是在较小的 GPU 上训练大模型的有效方法。但是，像大多数事物一样，它们也有代价：两种方法都会减慢训练速度。由于这个缺点，我们通常只在原型设计阶段使用它们。

为了获得可行的训练速度，我们真正需要在多个 GPU 上分布式训练模型。因此，在接下来的章节中，我们将介绍一种更适用于生产的方法：流水线并行。它可以以极快的训练速度在多个 GPU 上训练大模型。

4.4.2 流水线模型并行

在 4.2 节中，我们讨论了最常用的分布式训练方法：数据并行。这种方法在每个设备上保留整个模型的副本，并将数据划分到多个设备中。然后它会在每个训练步骤中聚合梯度并更新模型。只要整个模型能够加载到一个 GPU 中，整个数据并行的方法的运行就十分良好。然而，正如我们在本节中看到的，我们并不总是能够做到这一点。在做不到的情况下，流水线并行就能派上用场。在本节中，我们将了解流水线并行，这是一种在多个 GPU 上分布式训练大模型的方法。

为了理解流水线并行，让我们首先简要了解模型并行。这个小插曲将使我们更容易理解流水线并行。

1. 模型并行

模型并行的思想是将神经网络分割成较小的子网络，并在不同的 GPU 上运行每个子网络。图 4.6 说明了模型并行的方法。

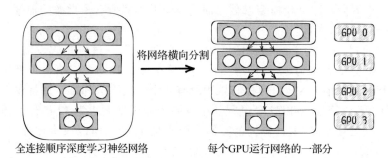

图 4.6 将一个四层全连接深度学习网络拆分成四个子组；每个组有一层，并且每个子组在一个 GPU 上运行

图 4.6 可视化了模型并行过程。它首先将神经网络（四层）转换为四个子神经网络（单层），然后将每个单层网络分配给一个专用的 GPU。通过这样做，我们在四个 GPU 上分布式运行一个模型。

模型并行的概念很简单，但实际实现可能有些棘手，这取决于网络的架构。为了让你了解，代码清单 4.2 是一个能使网络在两个 GPU 上运行的虚拟 PyTorch 代码片段。

代码清单 4.2　PyTorch 中模型并行实现的示例

```
gpu1 = 1
gpu2 = 2

class a_large_model(nn.Module):
  def __init__(self):
    super().__init__()

    # initialize the network as two subnetworks.
    self.subnet1 = ...
    self.subnet2 = ...

    # put subnetwork 1 and 2 to two different GPUs
```

```
    self.subnet1.cuda(gpu1)
    self.subnet2.cuda(gpu2)

def forward(x):
    # load data to GPU 1 and calculate output for
    # subnet 1, GPU 2 is idle at the moment.
    x = x.cuda(gpu1)
    x = self.subnet1(x)

    # move the output of subnet 1 to GPU 2 and calculate
    # output for subnet 2. GPU 1 is idle
    x = x.cuda(gpu2)
    x = self.sub_network2(x)
    return x
```

正如代码清单 4.2 中所示，两个子网络在 __init__ 函数中被初始化并分配到两个 GPU 上，然后它们在 forward 函数中连接在一起。由于深度学习网络的结构多种多样，没有通用的方法（范例）来拆分网络。我们必须根据情况逐个实现模型并行。

模型并行的另一个问题是它会严重浪费 GPU 资源。由于训练组中的所有设备都有顺序依赖关系，每次只能有一个设备在工作，这导致了大量的 GPU 周期浪费。图 4.7 可视化了使用三个 GPU 进行模型并行训练时的 GPU 利用情况。

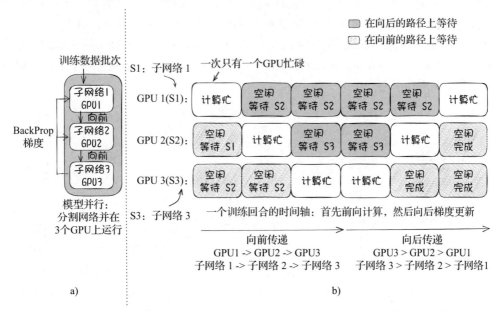

图 4.7　模型并行训练可能会导致 GPU 利用率严重下降。在这种方法中，网络被分成三个子网络，并在三个 GPU 上运行。由于三个 GPU 之间存在顺序依赖关系，每个 GPU 在训练时间的 66% 都处于空闲状态

让我们逐步解释图 4.7，以了解为什么 GPU 利用率如此之低。在图 4.7a，我们看到了模型并行设计。我们将一个模型网络分成三个子网络，并让每个子网络在不同的 GPU 上运行。在每个训练迭代中，在运行前向传递时，我们首先计算子网络 1，然后计算子网络 2 和

子网络 3；在运行反向传递时，梯度更新是相反的过程。

在图 4.7b，你可以看到训练期间三个 GPU 的资源利用情况。时间轴分为两部分：前向传递和反向传递。前向传递是指模型推理的计算，从 GPU 1 到 GPU 2，再到 GPU 3。而反向传递是指模型权重更新的反向传播，从 GPU 3 到 GPU 2，再到 GPU 1。

如果你在时间条上垂直观察，无论是前向传递还是反向传递，你都会发现一次只有一个 GPU 处于活动状态。这是由于每个子网络之间的顺序依赖性。例如，在前向传递中，子网络 2 需要等待子网络 1 的输出完成其自身的前向计算，因此在前向传递中，GPU 2 将处于空闲状态，直到 GPU 1 上的计算完成。

无论你添加多少个 GPU，始终只有一个 GPU 能够工作，这是非常浪费的。这时候，流水线并行就派上用场了。流水线并行通过消除这种浪费并充分利用 GPU，使模型训练更加高效。让我们看看它是如何工作的。

2. 流水线并行

流水线并行实质上是模型并行的改进版本。除了将网络划分到不同的 GPU 上，它还将每个训练样本批次划分为小的子批次，并在层之间重叠这些子批次的计算，从而使所有 GPU 大部分时间都保持繁忙，并最终提高了 GPU 利用率。

这种方法有两种主要实现：PipeDream（微软）和 GPipe（谷歌）。我们在这里使用 GPipe 作为演示示例，因为它优化了每个训练步骤中的梯度更新，并具有更好的训练吞吐量。你可以从 Huang 等人的论文 " GPipe: Easy scaling with micro-batch pipeline parallelism"（https://arxiv.org/abs/1811.06965）中找到有关 GPipe 的更多细节。让我们在图 4.8 中从高层次看一下 GPipe 的工作原理。

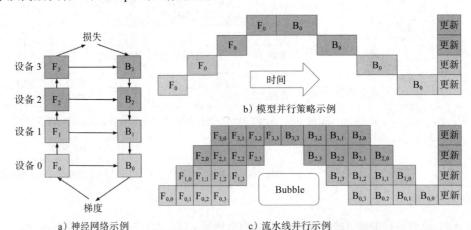

a）神经网络示例   b）模型并行策略示例   c）流水线并行示例

图 4.8   图 4.8a 是一个示例神经网络，它包含顺序层，被分割在四个加速器上。F_k 是第 k 个单元的复合前向计算函数。B_k 是反向传播函数，依赖于上一层的 B_{k+1} 和 F_k。图 4.8b 这种简单的模型并行策略由于网络的顺序依赖性导致严重的低利用率。图 4.8c 所示的流水线并行将输入小批次划分为较小的微批次，使得不同的加速器可以同时处理不同的微批次。梯度在末尾同步应用。（图片来源：论文 " GPipe: Easy Scaling with Micro-Batch Pipeline Parallelism"，图 2，Huang 等人，2019，arXiv:1811.06965）

图 4.8a 描述了一个由四个子网络组成的神经网络；每个子网络加载在一个 GPU 上。F 表示前向传递，B 表示反向传递，而 F_k 和 B_k 则在 GPUk 上运行。训练顺序是首先进行前向传递：F0 → F1 → F2 → F3，然后进行反向传递：F3 → (B3, F2) → (B2, F2) → (B1, F1) → B0。

图 4.8b 展示了简单的模型并行训练流程。我们可以看到 GPU 严重低效；在前向传递和反向传递中只有一个 GPU 被激活；因此，每个 GPU 有 75% 的时间处于空闲状态。

图 4.8c 展示了 GPipe 改进后的训练操作顺序。GPipe 首先将每个训练样本批次分成四个相等的微批次，并通过四个 GPU 进行流水线处理。图中的 $F_{(0,2)}$ 表示 GPU 0 上的第 2 个微批次的前向传递计算。在反向传递过程中，对每个微批次的梯度都是基于前向传递使用的相同模型参数进行计算的。关键之处在于它不会立即更新模型参数，而是累积每个微批次的所有梯度。在每个训练批次结束时，我们使用来自所有四个微批次的累积梯度来更新所有四个 GPU 上的模型参数。

通过比较图 4.8b 和图 4.8c，我们可以看到 GPU 利用率大大提高；现在每个 GPU 的空闲时间为 47%。让我们来看一个使用 PyTorch GPipe 实现的代码示例，在两个 GPU 上训练一个 Transformer 模型（见代码清单 4.3 所示的代码片段）。为了清晰地演示这个想法，我们只保留与流水线相关的代码，并将其分成四部分。若要查看完整代码，你可以查看 Pritam Damania 的"PyTorch：使用流水线并行训练 Transformer 模型"教程（http://mng.bz/5mD8）。

代码清单 4.3　使用流水线并行性的训练转换器模型

```
## Part One: initialize remote communication
# for multiple machines
rpc.init_rpc(
  name="worker",
  # set rank number to this node, rank is the global
  # unique id of a node, 0 is the master,
  # other ranks are observers
  rank=0,

  # set the number of workers in the group
  world_size=1,
  .. .. ..
)

.. .. ..

## Part Two: split model to 2 subnetworks, load
# to different GPUs and initialize the pipeline.

num_gpus = 2
partition_len = ((nlayers - 1) // num_gpus) + 1

# Add all the necessary transformer blocks.
for i in range(nlayers):
  transformer_block = TransformerEncoderLayer(emsize,
```

```
        nhead, nhid, dropout)
      .. .. ..

    # Load first half encoder layers to GPU 0 and second hard encoder layers to
      GPU 1.
    device = i // (partition_len)
    tmp_list.append(transformer_block.to(device))

  # Load decoder to GPU 1.
  tmp_list.append(Decoder(ntokens, emsize).cuda(num_gpus - 1))
  module_list.append(nn.Sequential(*tmp_list))

  ## Part Three: Build up the pipeline.
  chunks = 8 # Set micro-batches number to 8.
  model = Pipe(torch.nn.Sequential(*module_list), chunks = chunks)

  .. .. ..

  ## Part 4: Train with pipeline
  def train():
    model.train() # Turn on the train mode
      .. .. ..

    for batch, i in enumerate(range(0, nbatches, bptt)):
      data, targets = get_batch(train_data, i)
      optimizer.zero_grad()

      # Compute pipeline output,by following the pipeline setup,
      # the Pytorch framework will coordinate the network computation
      # between GPU 0 and GPU 1.
      # Since the Pipe is only within a single host and process the "RRef"
      # returned by forward method is local to this node and can simply
      # retrieved via "RRef.local_value()".
      output = model(data).local_value()

      # Compute the loss on GPU 1.
      # Need to move targets to the device where the output of the
      # pipeline resides.
      loss = criterion(output.view(-1, ntokens), targets.cuda(1))

      # Backprop and model parameters update are the same as single GPU
       training.
      # The Pytorch framework hides all the details of micro-batches
      # computation and model parameters update.
      loss.backward()
      torch.nn.utils.clip_grad_norm_(model.parameters(), 0.5)
      optimizer.step()

  .. .. ..
```

从代码清单4.3中我们可以看出，流水线并行代码比分布式数据并行更加复杂。除了设置通信组之外，我们还需要考虑如何划分模型网络，并在工作节点间的通信中传输梯度和激活值（模拟子网络的前向输出）。

4.4.3　软件工程师如何支持流水线并行训练

你可能已经注意到，我们在本节中讨论的所有方法都是用于编写训练代码的技巧。训练代码通常是由数据科学家编写的，但你可能会想知道，作为软件开发者，我们可以做些什么来支持流水线并行训练？

首先，我们可以致力于构建训练服务，以自动化流水线训练的执行并提高资源利用率（例如，始终保持 GPU 处于忙碌状态）。这种自动化包括诸如分配工作节点资源、启用工作节点间的通信，以及将流水线训练代码与相应初始化的参数分发给每个工作节点（如工作节点的 IP 地址、进程 ID、GPU ID 和工作组大小）。

其次，我们可以向数据科学家团队介绍新的分布式训练选项。有时数据科学家团队可能不知道可以改进模型训练体验的新工程方法，因此在这里，沟通是关键。我们可以与团队成员合作，并主导关于尝试流水线并行方法的讨论。

最后，我们可以致力于提高模型训练的可用性。在 4.2.4 节中，我们讨论了分布式训练的脆弱性；它要求每个工作节点都要表现一致。如果一个工作节点失败，整个训练组都会失败，这将导致时间和预算的巨大浪费。数据科学家对于在训练过程中的监控、故障切换和失败恢复方面的努力将会非常感激。

数据并行或者流水线并行？

现在我们知道分布式训练有两种主要策略：数据并行和流水线并行。你可能理解了这些概念，但也可能不确定何时使用它们。

我们建议始终从在单台机器上进行模型训练开始。如果你有一个大型数据集，并且训练时间很长，那么可以考虑使用分布式训练。我们总是更喜欢让数据并行，而不是让流水线并行，这主要是因为数据并行更容易实现，而且可以更快地获得结果。如果模型非常大，无法加载到一个 GPU 上，那么流水线并行才更是正确的选择。

总结

- 分布式训练有两种思路：数据并行和模型并行。流水线并行是模型并行的改进版本。
- 如果一个模型可以加载到一个 GPU 中，数据并行是实现分布式训练的主要方法；它简单易用且可以显著提高速度。
- 使用 Kubernetes 管理计算集群可以大大降低计算资源管理的复杂性。
- 尽管每个训练框架（TensorFlow、PyTorch）提供不同的配置和 API 来编写分布式训练代码，但它们的代码模式和执行流程非常相似。因此，一个训练服务可以采用统一的方法来支持各种分布式训练代码。
- 在封装了各种训练框架的设置配置后，训练服务仍然可以将训练代码视为黑盒，即使在分布式训练设置中也是如此。
- 要获取数据并行训练的进度或状态，你只需要检查主工作节点，因为所有工作节点始终保持同步。此外，在工作节点完成训练作业时，为了避免重复保存所有工作节点上的模型，可以将训练代码设置为仅在由主工作节点执行时才保存模型和检查点（checkpoint）文件。

- Horovod 是一个很好的分布式训练框架。它提供了一种统一的方法来运行各种框架（如 PyTorch、TensorFlow、MXNet 和 PySpark）编写的分布式训练代码。如果训练代码使用 Horovod 来实现分布式训练，训练服务可以使用单一方法（Horovod 方法）来执行它，而不论它使用哪种训练框架。
- 可用性、弹性和故障恢复是分布式训练在工程方面的重要考虑因素。
- 对于一个无法放入单个 GPU 的模型，有两种训练策略：节省内存方法和模型并行方法。
- 节省内存方法每次只加载模型的一部分或一个小的数据批次到 GPU 中，例如梯度累积和内存交换。这些方法易于实现，但会减慢模型训练过程。
- 模型并行方法将一个大模型分成多个子神经网络，并将它们分布到多个 GPU 上。这种方法的缺点是低 GPU 利用率。为了解决这一问题，流水线模型并行方法才会被发明出来。

第 5 章

超参数优化服务

本章涵盖以下内容：
- 超参数及其重要性
- 两种常见的超参数优化（HPO）方法
- 设计一个超参数优化服务
- 三个流行的超参数优化库：Hyperopt、Optuna 和 Ray Tune

在前两章中，我们了解了模型是如何进行训练的：训练服务负责管理在给定模型算法的远程计算集群中进行的训练过程。但是，模型算法和训练服务并不是模型训练的全部内容。还有一个组件我们尚未讨论过——超参数优化（HPO）。数据科学家常常忽视一个事实，即超参数的选择可以显著影响模型训练的结果，特别是当这些决策可以通过工程方法自动化时。

超参数是在模型训练过程开始之前必须设置的参数。学习率、批大小和隐藏层数量都是超参数的例子。与模型参数（例如权重和偏置）的值不同，超参数无法在训练过程中习得。

研究表明，所选超参数的值可以影响模型训练的质量以及训练算法所需的时间和内存资源。因此，必须对超参数进行调优，使其在模型训练中达到最优。如今，HPO 已成为深度学习模型开发过程中的标准步骤。

作为深度学习的一个组成部分，HPO 对软件工程师非常重要。这是因为 HPO 不需要对深度学习算法有深入的理解，所以通常将其交给工程师来完成。大多数情况下，HPO 可以像一个黑盒一样运行，训练代码也不需要进行修改。此外，工程师有能力构建自动 HPO 机制，使 HPO 成为可能。由于有许多超参数需要调整（学习率、训练轮数、数据批大小等），并且有许多可能的取值，手动调整每个超参数的值是不切实际的。软件工程师由于具备微服务、分布式计算和资源管理方面的专业知识，所以他们非常适合创建自动化系统。

在本章中，我们将重点讨论自动 HPO 的工程化。我们将首先介绍使用 HPO 所需的背景信息，以便你更轻松地处理 HPO。然后，我们还将深入了解超参数及其调优过程。我们还将介绍一些流行的 HPO 算法，并比较两种自动化 HPO 的常见方法：使用库和构建服务。

之后我们将开始设计。我们将探讨如何设计一个 HPO 服务，包括创建 HPO 服务的五个设计原则，以及在这个阶段尤为重要的一个总体设计建议。最后，我们会向你展示三个流行的开源 HPO 框架，如果你想在本地优化训练代码，它们将非常合适。

与之前的章节不同，本章我们不会构建一个全新的示例服务。相反，我们建议你使用开源的 Kubeflow Katib（参见附录 C）。Katib 是一个设计良好、可扩展且高度可移植的 HPO 服务，适用于几乎任何 HPO 项目。因此，如果 Katib 对你来说已经够用了，那么就不必再去构建一个示例服务。

本章旨在为你展示一个关于 HPO 领域的整体视角，同时为你提供如何针对特定需求运行 HPO 的实用见解。无论你是决定通过远程服务运行 HPO，还是决定在本地机器上使用像 Hyperopt、Optuna 或 Ray Tune 这样的库或框架运行 HPO，我们都会为你提供支持。

5.1 理解超参数

在我们探讨如何调优超参数之前，先让我们进一步了解什么是超参数，以及它们为什么重要。

5.1.1 什么是超参数

训练深度学习模型的过程使用了两种类型的参数或值：模型参数和超参数。模型参数是可训练的，也就是说，在模型训练过程中它们的值是可以学习的，并且在模型迭代中发生变化。与此相反，超参数是静态的，这些配置在训练开始之前就被定义和设定。例如，我们可以在输入参数中将训练轮数设置为 30，将神经网络的激活函数设置为 ReLU（修正线性单元），以开始模型训练过程。

换句话说，任何影响模型训练性能但无法从数据中估计的模型训练配置都是超参数。模型训练算法中可能有数百个超参数，包括模型优化器的选择——如 ADAM（参见 "Adam: A Method for Stochastic Optimization"，作者：Diederik P. Kingma 和 Jimmy Ba；https:// arxiv.org/abs/1412.6980）或 RMSprop（参见 "A Look at Gradient Descent and RMSprop Optimizers"，作者：Rohith Gandhi；http://mng.bz/xdZX）——神经网络中的层数、嵌入维度、小批量大小和学习率等。

5.1.2 超参数为什么重要

超参数的取值选择对模型训练结果有着巨大的影响。这些值通常是手动设置的，它们控制着训练算法的执行行为，决定了模型训练的速度和模型的精度。

为了亲身体会这种影响，你可以通过在 TensorFlow Playground（https://playground. tensorflow.org）上尝试不同的超参数值来运行模型训练。在这个在线平台上，你可以设计自己的神经网络，并训练它来识别四种类型的图形模式。通过设置不同的超参数，如学习率、正则化方法、激活函数、神经网络层数和神经元数量，你不仅会看到模型性能的变化，还会看到学习行为（如训练时间和学习曲线）的差异。在这个 Playground 中，要训练一个模型来识别复杂的数据模式，比如螺旋形状，我们需要非常谨慎地选择超参数。例如，尝试将隐藏层数量设置为 6，每层神经元数量设置为 5，激活函数设置为 ReLU，数据批量大小设置为 10，正则化方法设置为 L1。经过将近 500 个训练轮次后，你会看到该模型能够在螺旋形图上进行准确的分类预测。

在研究领域，超参数选择对模型性能的影响早已有所记录。以自然语言处理中的嵌入训练为例。一篇由 Levy 等人撰写的名为 "Improving Distributional Similarity with Lessons Learned from Word Embeddings" 的论文（https://aclanthology.org/Q15-1016.pdf）揭示了词嵌入的性能提升很大程度上源自某些系统设计选择以及超参数优化，而不是嵌入算法本身。在 NLP 嵌入训练中，这些作者发现超参数的选择比训练算法的选择对性能造成的影响更大！由于超参数的选择对模型训练性能非常关键，超参数调优现已成为模型训练过程中的一个标准步骤。

5.2　理解超参数优化

在对超参数是什么以及为什么超参数对模型训练如此重要有了明确的认识后，让我们来讨论为你的模型优化超参数的过程。在本节中，我们将介绍 HPO 的步骤，同时探讨用于优化超参数的 HPO 算法，以及执行 HPO 的常见方法。

5.2.1　什么是 HPO

超参数优化（HPO）或调参是发现一组超参数，以产生一个最优模型的过程。这里的最优指的是在给定数据集上最小化预定义的损失函数的模型。在图 5.1 中，你可以看到 HPO 在模型训练过程中的通用工作流的高级视图。

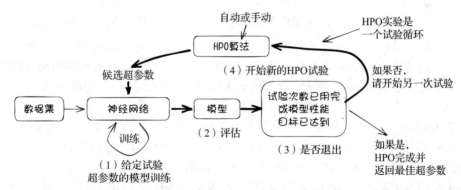

图 5.1　这个 HPO 工作流的高级视图表明该过程本质上是一个实验，旨在找到最优的超参数值

从图 5.1 可以看到，HPO 工作流可以视为一个由四个步骤组成的循环。它向我们展示 HPO 过程是一个重复的模型训练过程，唯一的区别在于它每次使用不同的超参数值对神经网络进行训练。最优的超参数组合将在这个过程中得出。通常，我们将模型训练的每次运行称为一次试验（trial）。整个 HPO 实验是一个试验循环，在此之中，我们会连续运行一次又一次的试验，直到满足终止条件。

注意 为了公平评估，每次 HPO 试验都使用相同的数据集。

每次试验包括四个步骤，如图 5.1 所示。第一步是使用一组超参数值训练神经网络。第二步是评估训练输出（即模型）。在第三步中，HPO 过程检查是否满足了终止条件，例如，是否已经用尽试验预算，或者在这次试验中得到的模型是否已达到我们的性能评估目标。如果试验结果满足终止条件，试验循环就会终止，实验结束。产生最佳模型评估结果的超参数值被认为是最优超参数。

如果未满足终止条件，该过程就会进入第四步：HPO 过程将生成一组新的超参数值，并通过触发模型训练运行来开始新的试验。每次试验中使用的超参数值都可以通过手动设定，也可以由 HPO 算法自动生成。在接下来的内容中，我们将更详细地讨论这两种方法以及 HPO 算法。

1. 手动 HPO

作为数据科学家，我们经常手动选择超参数值来运行图 5.1 所示的 HPO 过程。尽管我们承认，手动选择最优超参数值更像是即兴表演而不是科学研究，但我们也是根据经验和由此获得的直觉来做出选择的。我们倾向于使用经验性的超参数值来开始训练模型，比如在相关发表的论文中使用的值，然后进行一些小的调整并测试模型。经过几次试验后，我们会手动比较模型性能，并从这些试验中选择表现最好的模型。图 5.2 展示了这个工作流。

图 5.2 手动选择超参数值可能是烦琐且耗时的

手动 HPO 的最大问题在于我们不知道选择的超参数值是否是最优的，因为我们只是选择一些经验性的值并进行微调。为了得到最优值，我们需要尝试所有可能的超参数值，也就是搜索空间。在图 5.2 的示例中，我们想要优化两个超参数：学习率和数据集批大小。在 HPO 过程中，目标是找到产生最佳模型的 `batch_size` 和 `learning_rate` 的组合。假设我们将 `batch_size` 的搜索空间定义为 {8, 16, 32, 64, 128, 256}，将 `learning_rate` 的搜索空间定义为 {0.1, 0.01, 0.001, 0.5, 0.05, 0.005}。那么我们需要验证的超参数值的总数是 36 个（即 6 个批大小值和 6 个学习率值的组合）。

由于我们是手动运行 HPO，必须运行 36 次模型训练过程（HPO 试验），并记录每次试验中使用的模型评估结果和超参数值。在完成所有 36 次试验并比较结果后（通常是模型精度），我们找到了最优的 `batch_size` 和 `learning_rate`。

如你所见，手动运行整个超参数搜索空间的 HPO 可能会非常耗时、容易出错且乏味。此外，深度学习超参数通常具有复杂的配置空间，通常由连续、分类和条件超参数的组合以及高维度组成。目前，深度学习行业正在朝着自动 HPO 的方向发展，因为手动 HPO 根本不可行。

2. 自动 HPO

自动 HPO 是使用计算能力和算法自动找到训练代码的最优超参数的过程。其核心思想是使用高效的搜索算法，无须人工干预即可发现最优的超参数。

我们还希望自动 HPO 能以黑盒方式运行，这样它就对正在优化的训练代码不做任何假设，因此我们可以轻松地将现有的模型训练代码引入 HPO 系统中。图 5.3 展示了自动 HPO 的工作流。

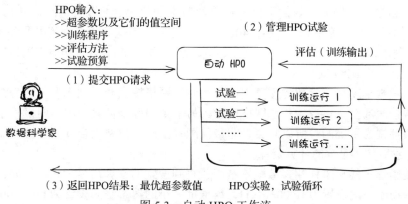

图 5.3　自动 HPO 工作流

在第 1 步中，数据科学家向自动 HPO 系统提交 HPO 请求，该系统以黑盒方式运行 HPO 过程（图 5.3）。他们将要优化的超参数及其值搜索空间输入黑盒中（图 5.3 中的"自动 HPO"方框），例如，学习率的搜索空间可能是 [0.005，0.1]，数据集批大小的搜索空间可能是 {8，16，32，64，128，256}。数据科学家还需要配置训练执行，例如，训练代码、评估方法、终止条件和试验预算，比如该实验总共有 24 次试验。

一旦用户提交 HPO 请求，HPO 实验（第 2 步）就开始运行。HPO 系统安排所有试验并管理它们的训练执行，它还运行 HPO 算法为每个试验生成超参数值（从搜索空间中选择值）。当试验预算用尽或达到训练目标时，系统将返回一组最优的超参数值（第 3 步）。

自动 HPO 依赖于两个关键组件：HPO 算法和试验训练执行管理。我们可以使用高效的 HPO 算法在较少的计算资源下找到最优的超参数值。通过使用精密的训练管理系统，数据科学家在整个 HPO 过程中能节省不少精力。

注意　由于手动 HPO 的低效性，自动 HPO 成了主流方法。为了简洁起见，在本章的其余部分，我们将使用术语"HPO"来指代"自动超参数优化"。

5.2.2　热门的 HPO 算法

大多数 HPO 算法可以分为三类：无模型优化、贝叶斯优化和多保真度优化。

注意　由于本章的主要目标是教授 HPO 工程知识，所以这里将高屋建瓴地讨论 HPO 算法。本小节的目标是为你提供足够的 HPO 算法背景知识，以便能够构建或设置一个 HPO 系统。如果你想了解算法背后的数学推理，请查阅 *AutoML: Methods, Systems, Challenges*（http://mng.bz/AlGx）中由 Matthias Feurer 和 Frank Hutter 撰写的第 1 章 "Hyperparameter

Optimization"，以及 Bergstra 等人撰写的论文" Algorithms for Hyper Parameter Optimization"
（http://mng.bz/Zo9A）。

1. 无模型优化方法

在无模型方法中，数据科学家对训练代码不做任何假设，并忽略 HPO 试验之间的相关性。网格搜索和随机搜索是最常用的方法。

在网格搜索中，用户为每个超参数指定一组有限的值，然后从这些值的笛卡儿积中选择试验的超参数。例如，我们可以先指定学习率的值集合（搜索空间）为 {0.1，0.005，0.001}，数据批大小的值集合为 {10，40，100}，然后使用这些集合的笛卡儿积（作为网格值）来构建网格，例如，（0.1，10）、（0.1，40）和（0.1，100）等。构建完网格后，我们可以使用网格值开始 HPO 试验。

当超参数数量变多或参数的搜索空间变大时，网格搜索会受到影响，因为在这种情况下所需的评估次数会呈指数增长。网格搜索的另一个问题是低效。因为网格搜索将每组超参数候选值都视为平等的，所以它会在非最优配置空间中浪费大量计算资源，而在最优配置空间中却没有使用足够的计算资源。

随机搜索通过随机采样超参数配置空间，直到搜索的预算用尽为止。例如，我们可以将学习率的搜索空间设置为 [0.001, 0.1]，数据批大小的搜索空间设置为 [10, 100]，然后将搜索预算设置为 100，这意味着它将运行总共 100 次 HPO 试验。在每次试验中，学习率将在 0.001 和 0.1 之间随机选择一个值，数据批大小将在 10 和 100 之间随机选择一个值。

相比于网格搜索，随机搜索有两个优点。首先，随机搜索可以对每个超参数评估更多的值，从而增加找到最优超参数组合的机会。其次，随机搜索更容易实现并行化要求，因为所有评估工作节点都可以完全并行运行，它们不需要彼此通信，而且一个失败的工作节点不会在搜索空间中留下空缺。但是在网格搜索中，一个失败的工作节点会跳过分配给该工作节点的 HPO 试验超参数。

随机搜索的缺点是具有不确定性，在有限的计算预算内，无法保证能找到最优的超参数集。从理论上讲，如果允许足够的资源，随机搜索可以在搜索中添加足够多的随机点，从而如预期地找到最优的超参数集。在实践中，随机搜索通常被用作基线。

图 5.4 比较了网格搜索和随机搜索。在网格搜索中，试验的超参数候选值（黑色点）是重要参数值（行中的值）和不重要参数值（列中的值）的笛卡儿积。它们的分布可以看作是搜索空间中的网格（白色方形画布）。

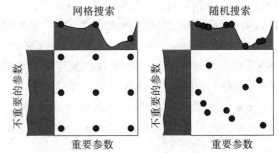

图 5.4　比较网格搜索和随机搜索在最小化一个包含一个重要参数和一个不重要参数的函数中的效果（来源：*AutoML: Methods, Systems, Challenges* 中由 Matthias Feurer 和 Frank Hutter 撰写的第 1 章"Hyperparameter Optimization"中的图 1-1，Springer，2019，www.automl.org/wp-content/uploads/2019/05/AutoML_Book_Chapter1.pdf）

而随机搜索算法则是从搜索空间中随机获取超参数候选值。当给定足够的搜索预算时，随机搜索的搜索点更有可能接近最优位置。

2. 基于模型的贝叶斯优化

贝叶斯优化是一种先进的优化框架，用于全局优化高代价的黑盒函数。它广泛应用于各种问题设置，如图像分类、语音识别和神经语言建模。

贝叶斯优化方法可以使用不同的采样器，比如高斯过程回归（见 "An Intuitive Tutorial to Gaussian Processes Regression", Jie Wang; https://arxiv.org/abs/2009.10862）和树状 Parzen 估计方法（TPE），来计算搜索空间中的超参数候选值。简单来说，贝叶斯优化方法使用统计方法从过去试验中使用的值及其评估结果计算新的超参数值建议。

注意　贝叶斯优化是怎么得名的？贝叶斯分析是一种广泛使用的统计推断方法，以英国数学家 Thomas Bayes（https://www.britannica.com/biography/Thomas-Bayes）的名字命名。贝叶斯分析允许将有关总体参数的先验信息与样本中包含的信息的证据相结合，以指导统计推断过程。基于这种方法，Jonas Mockus 在 20 世纪 70 年代和 80 年代关于全局优化的研究中引入了 "贝叶斯优化"（见 "Bayesian Linear Regression", Bruna Wundervald; https://www.researchgate.net/publication/333917874_Bayesian_Linear_Regression）这个术语。

贝叶斯优化方法的概念是，如果算法能够从过去的试验中学习，那么寻找最优的超参数将会更有效。在实践中，贝叶斯优化方法可以通过较少的评估运行（试验）找到最优的超参数集，并且比其他搜索方法更稳定。图 5.5 显示了随机搜索和贝叶斯方法之间的数据采样差异。

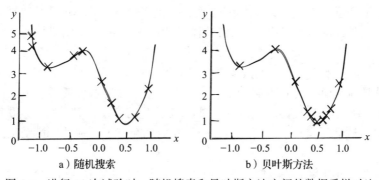

a）随机搜索　　　　　　　　　　b）贝叶斯方法

图 5.5　进行 10 次试验时，随机搜索和贝叶斯方法之间的数据采样对比

假设最优的超参数值在 $(x, y)=(0.5, 1)$，我们尝试使用随机搜索和贝叶斯搜索来找到它。在图 5.5a 中，我们可以看到数据在搜索空间中随机采样，其中 $x:=[-1.0, 1.0]$ 和 $y:=[1, 5]$。在图 5.5b 中，我们可以看到数据在区域（$x:=[0.3, 0.7]$ 和 $y:=[1, 1.5]$）中采样较多，这正是最优值所在的位置。这个比较表明，贝叶斯搜索更有可能在给定的搜索空间中找到最优的超参数，并且在有限的执行预算下，搜索过程中每次实验后所选取的（采样的）超参数值会越来越接近最优值。

还有其他先进的 HPO 算法，比如 Hyperband（http://mng.bz/Rlwv）、TPE（http://mng.

bz/2a6a）和协方差矩阵适应进化策略（CMA-ES；http://mng.bz/1M5q）。尽管它们并不完全遵循贝叶斯 - 高斯过程方法的数学理论，但它们共享相同的超参数选择策略：通过考虑历史评估结果来计算下一个建议的值。

3. 多保真度优化

多保真度方法提高了无模型优化和贝叶斯优化方法的效率。目前，在大型数据集上调整超参数可能需要几小时甚至几天的时间。为了加快 HPO，发展了多保真度方法。通过这种方法，我们使用所谓的实际损失函数的低保真度近似来最小化损失函数。因此，在 HPO 过程中可以跳过很多计算。

注意 在机器学习的上下文中，损失函数是评估训练算法对数据集的建模效果的一种方法。如果模型的输出（预测）与期望结果相差较大，则损失函数应该输出较大的数值，否则应该输出较小的数值。损失函数是机器学习算法开发的关键组成部分，它的设计直接影响模型精度。

尽管近似引入了优化性能和运行时间之间的权衡，但在实践中，速度优势通常会超过近似误差。请参阅 Matthias Feurer 和 Frank Hutter 的 "Hyperparameter Optimization"（www.automl.org/wp-content/uploads/2019/05/AutoML_Book_Chapter1.pdf）来了解更多细节。

4. 为什么类似贝叶斯的 HPO 算法有效

在 "Intuition behind Gaussian Processes" 一文中，作者 Michael McCourt（https://sigopt.com/blog/intuition-behind-gaussian-processes/）对类似贝叶斯的优化算法能在搜索空间中不检查每个可能值就找到最优超参数集的原因给出了很好的解释。在某些设置中，我们观察到的实验是独立的，例如抛硬币 50 次；一次实验结果并不蕴含关于其他实验结果的信息。但幸运的是，许多设置有一个更有用的结构，先前的观察结果提供了对未观察到结果的见解。

在机器学习的上下文中，我们假设历史实验（训练试验）结果与未来实验结果之间存在某种关系。更具体地说，我们相信存在一个数学模型来描述这种关系。虽然使用贝叶斯方法（例如高斯过程）来建模这种关系是一个非常理论化的假设，但我们可以获得强大的能力来进行可证明的最优预测。一个额外的好处是我们现在有了一种处理模型预测结果的不确定性的方法。

注意 如果你有兴趣了解如何将贝叶斯优化应用于深度学习项目，Quan Nguyen 的著作 *Bayesian Optimization in Action*（Manning，2022；https://www.manning.com/books/bayesian-optimization-in-action）是一个很好的资源。

5. 哪种 HPO 算法效果最好

没有单一的 HPO 算法能够最好地适用于所有情况。不同的优化算法可能适用于不同的调优任务和不同的约束条件。其中一些变量可能包括搜索空间的样貌（例如，超参数类型、值范围）、试验预算的规模以及目标是最终的最优性还是最优的任意时间性能。图 5.6 展示了 Optuna（https://optuna.org/）HPO 框架中的 HPO 算法选择指南。

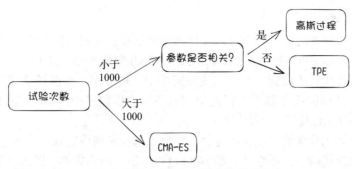

图 5.6 Optuna HPO 框架中的 HPO 算法选择指南（Cheat Sheet）

在图 5.6 中，我们看到了一个决策图，用于确定何时使用以下三种 HPO 算法：高斯过程、TPE 和 CMA-ES。由于 HPO 是一个快速发展的领域，新的高效算法可能随时被发布，因此像图 5.6 这样的算法选择指南很快就会过时。例如，FLAML（https://github.com/microsoft/FLAML）是一个新开发的 Python HPO 库，在 HPO 过程中考虑了超参数之间的相关性。它绝对值得一试。因此，请与你的数据科学团队核对最新的 HPO 算法选择指南。

注意 HPO 算法并不是 HPO 工程的主要关注点。HPO 算法背后的数学可能会让人感到不安，但幸运的是，这不是工程师的重点。通常情况下，确定在特定训练任务中使用哪种 HPO 算法是数据科学家的工作。作为工程师，我们的角色是构建一个灵活、可扩展、黑盒式的 HPO 系统，以便数据科学家能够轻松地使用任意的 HPO 算法运行他们的模型训练代码。

5.2.3 常见的自动 HPO 方法

幸运的是，如今已经存在许多进行 HPO 的成熟框架和系统。根据使用情况，它们可以分为两种不同的类别：HPO 库方法和 HPO 服务方法。图 5.7 展示了这两种方法。现在让我们逐一讨论它们。

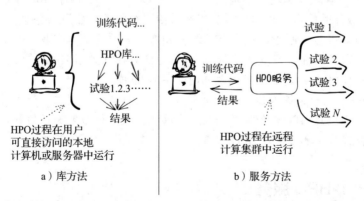

图 5.7 两种不同的 HPO 方法：库与服务。HPO 库可以在本地计算机或预配置的一组服务器上运行 HPO 实验（训练）。HPO 服务能以完全远程和自动化的方式运行 HPO 实验

1. HPO 库方法

在图 5.7a，即库方法中，我们可以看到数据科学家从编码到执行全程自己管理着 HPO 过程。他们通过使用 HPO 库（例如 Hyperopt，一种开源的 Python HPO 库）编码整个 HPO 流，并将其与训练代码集成到一个训练应用程序中。接下来，数据科学家在他们的本地计算机或可以直接访问的服务器上运行此应用程序。应用程序中的 HPO 库将执行我们在图 5.3 中看到的 HPO 工作流。

库方法的最大优势是灵活性和敏捷性。你可以选择任何你喜欢的 HPO 算法 / 库，将它们集成到你的训练代码中，并立即开始 HPO 过程，因为所有内容（训练和超参数计算）都发生在你的本地计算机上。一些 HPO 库（例如 Ray Tune，见 5.4.3 节）还支持并行分布式执行，但不是完全自动化的。这需要设置一个具有允许跨机器通信的特定软件的分布式计算组，并且还需要手动在每台服务器上启动并行进程。

库方法面临的最大挑战是可伸缩性、可重用性和稳定性。HPO 需要大量计算资源来执行其试验，因此单台服务器通常无法满足 HPO 的需求。即使具有分布式功能，它仍然无法扩展。假设我们希望使用 20 台服务器来执行需要 10 000 次试验的 HPO 任务，我们需要手动在 20 台服务器上设置 HPO 过程，并且每次训练或 HPO 代码更改时都需要重新设置。而且，如果 20 个并行工作节点中有 1 个失败，整个 HPO 工作组就会停止。为了解决这些问题，我们引入了 HPO 服务方法。

2. HPO 服务方法

现在让我们更仔细地讨论 HPO 服务方法。在图 5.7b 中，即服务方法，我们可以看到 HPO 在一个由服务——HPO 服务管理的远程计算集群中进行。数据科学家只需向服务提供训练代码和所选的 HPO 算法配置，然后启动 HPO 作业。该服务管理计算资源的分配和 HPO 工作流（图 5.3）的执行；它跟踪每个试验的结果（模型性能指标，如精度），并在所有试验完成时将最终的最佳超参数返回给数据科学家。

服务方法提供了真正的黑盒体验。数据科学家无须管理自己的服务器、设置试验工作节点以及学习如何修改训练代码以适用不同的 HPO 算法。HPO 服务负责处理所有这些任务。作为 HPO 服务的用户，我们只需要将参数传递给服务，然后服务会自动运行 HPO 并在最后返回最佳超参数。服务还负责自动缩放和恢复失败的试验作业。由于这些优点，服务方法现在是深度学习生产环境中主导的 HPO 方法。在熟悉了 HPO 的概念和方法后，接下来我们将看看如何设计 HPO 服务以及如何使用 HPO 库。

注意 HPO 不是一次性工作。如果使用不同的数据集进行训练，即使模型架构没有改变，你也需要重新进行 HPO。如果数据集发生改变，最适合给定数据的最佳模型权重也会发生变化，因此你需要进行新的 HPO 搜索。

5.3 设计一个 HPO 服务

既然你对 HPO 库方法有了很好的了解，现在让我们回顾一下 HPO 服务方法。在本节中，我们将讲述如何设计 HPO 服务，以支持任意模型训练的自动化和黑盒式超参数优化。

5.3.1　HPO 设计原则

在我们看具体的设计方案之前，首先让我们了解构建 HPO 服务的五个设计原则。

原则 1：训练代码无关性

HPO 服务需要对训练代码和模型训练框架保持无关性。除了支持诸如 TensorFlow、PyTorch 和 MPI 等任意机器学习框架外，我们希望该服务能够优化用任何编程语言编写的训练代码的超参数。

原则 2：支持不同 HPO 算法的可扩展性和一致性

在 5.2.2 节的 HPO 算法讨论中，我们了解到超参数搜索算法是 HPO 过程的核心。超参数搜索的效率决定了 HPO 的性能。一个好的 HPO 算法可以通过较少的试验找到具有大量超参数和任意搜索空间的最佳超参数。

由于 HPO 算法研究是一个活跃的领域，每隔几个月就会发布一个新的有效算法。我们的 HPO 服务需要轻松地与这些新算法集成，并将它们作为算法选项暴露给客户（数据科学家）。而且，新添加的算法在用户体验方面应该与现有算法保持一致。

原则 3：可伸缩性和容错性

除了 HPO 算法，HPO 服务的另一个重要职责是管理用于 HPO 的计算资源——使用各种超参数值进行模型训练。从 HPO 实验的角度来看，我们希望在实验级别和试验级别都进行分布式执行。具体来说，我们希望不仅可以以分布式和并行的方式运行试验，还可以在单个训练试验中进行分布式运行，例如，在一个试验中进行分布式训练。从资源利用的角度来看，系统需要支持自动缩放，使计算集群大小可以根据当前工作负载自动进行调整，以确保资源的充分利用，避免资源的过度或不足利用。

容错性也是 HPO 试验执行管理的另一个重要方面。容错性很重要，因为某些 HPO 算法要求按顺序执行试验。例如，试验 2 必须在试验 1 之后进行，因为算法需要过去的超参数值和结果来推断下一个试验开始之前的超参数。在这种情况下，当一个试验意外失败（例如，由于节点重新启动或网络问题而引发的失败）时，整个 HPO 过程都会失败。系统应该能够自动从之前的故障中恢复。常见的方法是记录每个试验的最新状态，这样我们就可以从上次记录的检查点继续进行。

原则 4：多租户

HPO 过程本质上是一组模型训练执行。与模型训练类似，HPO 服务必须为各个用户或用户组提供资源隔离，以确保不同的用户活动保持在各自的边界内。

原则 5：可移植性

如今，"云中立"（cloud neutral）的概念变得非常流行。人们希望在不同的环境中运行他们的模型训练任务——例如，在 Amazon Web Services、Google Cloud Platform 和 Azure 等平台上运行。因此，我们构建的 HPO 服务需要与底层基础设施解耦。在这里，将 HPO 服务运行在 Kubernetes 上是一个很好的选择。

5.3.2 通用 HPO 服务设计

由于 HPO 工作流（图 5.3）非常标准且变化不大，HPO 服务系统设计（图 5.8）可以适用于大多数 HPO 场景。它由三个主要组件组成：API 接口、HPO 作业管理器和超参数（HP）建议生成器（分别在图 5.8 中标记为 A、B 和 C）。

API 接口（组件 A）是用户提交 HPO 作业的入口点。为了启动 HPO 实验，用户提交一个 API 请求（步骤 1）到接口。该请求提供模型训练代码（例如 Docker 镜像）、超参数及其搜索空间，以及 HPO 算法。

超参数建议生成器（组件 C）是不同 HPO 算法的装饰器 / 适配器。它为用户提供一个统一的接口，用于运行不同的 HPO 算法，因此用户在选择算法时不必担心执行细节。

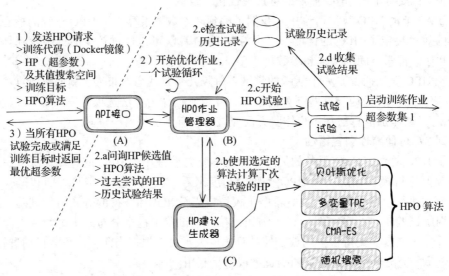

图 5.8　HPO 服务的通用系统设计

要添加一个新的 HPO 算法，必须在这个超参数建议生成器组件中注册它，以使其成为用户的算法选项。

HPO 作业管理器（组件 B）是 HPO 服务的核心组件，它管理着为客户请求进行的 HPO 实验。对于每个 HPO 请求，作业管理器启动一个 HPO 试验循环（步骤 2）。在循环中，它首先调用超参数建议生成器获取一组建议的超参数值（步骤 2.a），然后创建一个试验来使用这些超参数值进行模型训练（步骤 2.b 和 2.c）。

对于每个训练试验，HPO 作业管理器创建一个试验对象。这个对象有两个责任：首先，它收集试验执行的输出，如训练进度、模型指标、模型精度和尝试的超参数；其次，它管理训练过程。它处理训练过程的启动、分布式训练设置和故障恢复。

HPO 服务端到端的执行工作流

让我们梳理一下端到端的用户工作流，如图 5.8 所示。

首先，用户提交一个 HPO 请求到 API 接口（步骤 1）。该请求定义了训练代码、一组超参数及其值搜索空间、训练目标和一个 HPO 算法。然后，HPO 作业管理器为该请求启动一个 HPO 试验循环（步骤 2）。这个循环启动一组试验来确定哪组超参数值最好。最后，当试验预算用尽或一个试验满足训练目标时，试验循环终止，并返回最优超参数（步骤 3）。

在试验循环中，作业管理器首先问询 HP 建议生成器以推荐超参数候选值（步骤 2.a）。建议生成器将运行选定的 HPO 算法，计算一组超参数值，并将其返回给作业管理器（步骤 2.b）。然后，作业管理器创建一个试验对象，使用建议的超参数值启动模型训练过程（步骤 2.c）。试验对象还将监控训练过程，并持续将训练指标报告给试验历史数据库，直到训练完成（步骤 2.d）。当作业管理器注意到当前试验已经完成时，它会提取试验历史记录（试验指标和过去试验中使用的超参数值），并将其传递给 HP 建议生成器以获取新的 HP 候选值集合（步骤 2.e）。

由于 HPO 使用案例相当标准和通用，并且已经有多个开源的 HPO 项目可以直接使用，我们认为最好学习如何使用它们，而不是重新构建一个没有附加价值的新系统。因此，在附录 C 中，我们将向你介绍一个功能强大且高度可移植的基于 Kubernetes 的 HPO 服务——Kubeflow Katib。

5.4　开源 HPO 库

对于小型数据科学家团队而言，HPO 服务可能显得过于烦琐，特别是如果他们的所有模型都在一些由他们自己管理的服务器上进行训练的话。在这种情况下，使用 HPO 库来优化在本地机器或托管集群（小规模，1 ~ 10 台服务器）上的模型训练是一个更好的选择。

在本节中，我们将介绍三个有用的开源 HPO 库：Optuna、Hyperopt 和 Ray Tune。它们都是作为 HPO 库运行的，易于学习且简单易用。由于 Optuna、Hyperopt 和 Ray Tune 都有清晰的入门文档和合适的示例，我们将重点介绍它们的概况和特性，以便你可以根据自己的情况决定使用哪一个。

在接下来关于不同 HPO 库的讨论中，特别是在"如何使用"部分，你将经常看到术语目标函数（objective function）。什么是目标函数？图 5.9 对此进行了演示。

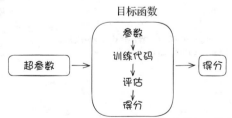

objective_function（超参数）->得分

图 5.9　目标函数接收超参数作为输入，并返回一个得分

对于 HPO 算法（例如贝叶斯搜索），要生成下一个试验的超参数建议，以使其效果更好，它需要了解前一个 HPO 试验的表现情况。因此，HPO 算法要求我们定义一个函数来对

每个训练试验进行评分，并在后续试验中继续最小化或最大化该函数的返回值（得分）。我们将其称为目标函数。

在图 5.9 中，我们可以看到目标函数接收超参数作为输入，并返回一个浮点值，即得分（score）。目标函数使用给定的超参数执行模型训练，并在训练完成时评估输出的模型。

5.4.1 Hyperopt

Hyperopt（http://hyperopt.github.io/hyperopt/#getting-started）是一个轻量级且易于使用的 Python 库，用于串行和并行的 HPO。在 Hyperopt 中实现了三种 HPO 算法：随机搜索、TPE 和自适应 TPE。另外，也已设计在 Hyperopt 中实现贝叶斯优化算法（基于高斯过程）和回归树，但在本书撰写时尚未实现。

1. 如何使用

假设你想知道哪种分类器最适合你的深度学习案例，我们可以使用 Hyperopt 通过三个步骤来得出答案。

第一步，我们创建一个目标函数，这基本上是实际训练代码的一个装饰函数，但它从 `args` 变量中读取超参数值。第二步，我们为选定的超参数定义搜索空间。第三步，我们选择一个 HPO 算法，它从搜索空间中选择超参数值，并将它们传递给目标函数以开始优化过程。对应的代码示例如代码清单 5.1 所示。

在这个例子中，我们想确定哪个分类器能够达到最佳的模型精度，因此我们选择对 `classifier_type` 超参数进行优化，其取值有三个候选项：`naive_bayes`、`svm` 和 `dtree`。你可能还注意到每个分类器都有自己的值搜索空间，例如，`svm` 分类器的搜索空间为 `hp.lognormal('svm_rbf_width', 0, 1)`。在 `fmin` 函数中（第 3 步），我们指定 TPE 作为 HPO 算法，设置最大试验次数为 100，并将目标函数和搜索空间作为必需参数传递进去。

代码清单 5.1 Hyperopt 入门

```
# Step 1: define an objective function
def objective(args):
  model = train(args)           ❶
  return evaluate(model)        ❶

# Step 2 define search space for hyperparameters
space = hp.choice('classifier_type', [          ❷
  {
  'type': 'naive_bayes',
  },
  {
  'type': 'svm',
  'C': hp.lognormal('svm_C', 0, 1),          ❸
  'kernel': hp.choice('svm_kernel', [        ❸
    {'ktype': 'linear'},                     ❸
    {'ktype': 'RBF',                         ❸
     'width': hp.lognormal('svm_rbf_width', 0, 1)},   ❸
  ]),
```

```
    },
    {
      'type': 'dtree',
      'criterion': hp.choice('dtree_criterion',
        ['gini', 'entropy']),
      'max_depth': hp.choice('dtree_max_depth',
        [None, hp.qlognormal('dtree_max_depth_int', 3, 1, 1)]),
      'min_samples_split': hp.qlognormal(
        'dtree_min_samples_split', 2, 1, 1),
    },
    ])

# Step 3 start the hpo process execution
best = fmin(objective, space, algo=tpe.suggest,
        ➥ max_evals=100)                              ❹
```

❶ 使用传入的超参数训练模型并评估结果
❷ 声明三个候选分类器
❸ 定义 SVM 分类器参数的搜索空间
❹ fmin 函数用所选算法在参数空间上最小化目标函数

2. 并行化

虽然 Hyperopt 是一个独立的库，但我们可以在机器群集中并行运行它。基本思想是在不同的机器上运行 Hyperopt 工作进程，并让它们与一个中央数据库进行协调。Hyperopt 还可以使用 Spark 计算来并行运行 HPO。你可以查阅以下两篇文章来了解更多细节："On Using Hyperopt: Advanced Machine Learning"（作者 Tanay Agrawal，http://mng.bz/PxwR）和 "Scaling Out Search with Apache Spark"（http://hyperopt.github.io/hyperopt/scaleout/spark/）。

3. 何时使用

对于小型或早期阶段的模型训练项目，Hyperopt 是一个不错的选择。首先，它易于使用——你可以在本地机器上或有直接访问权限的服务器上运行 HPO，并且只需要三个步骤即可完成。其次，它对修改友好——由于采用库的方式，HPO 代码与训练代码放置在同一个代码项目中。因此，Hyperopt 十分便于你尝试不同的优化计划，例如，选择不同的超参数进行调优。

5.4.2　Optuna

与 Hyperopt 类似，Optuna 也是一个轻量级的 Python 库，旨在自动化超参数搜索。它支持大规模空间搜索，对不太有希望的试验进行早期剪枝，并且在多个线程或进程上进行并行化，而无须修改代码。

在我们看来，Optuna 是 Hyperopt 的高级版本，其可视化能力更强。通过检查图形中参数之间的交互作用，在超参数搜索的可视化中，你可以获得很多见解，从而轻松确定哪些参数比其他参数更有效。Optuna 的可视化效果优美且交互性强。

Optuna 在文档方面还有另一个优势，它的文档非常出色。除了详细的 API 文档和组织良好的教程外，它还有维护良好的源代码。如果你查看其 GitHub 项目的问题部分，你会发现有一个非常活跃且不断增长的社区，还有很多出色的功能和 GitHub 拉取请求等待实现。

1. 如何使用

代码清单 5.2 展示了快速地使用 Optuna 的三个步骤：第一步，定义目标函数；第二步，创建一个 study 对象来代表 HPO 过程；第三步，开始 HPO 过程，并设置最大试验次数限制。

与 Hyperopt 相比，Optuna 要求大部分 HPO 逻辑都在目标函数中定义。一般的代码模式如下：首先，定义搜索空间，并通过 trial.suggest_xxx 函数生成超参数值。接下来，使用采样的超参数值启动模型训练。然后运行评估方法来计算模型性能并返回目标值。在下面的例子中，评分是通过 mean_squared_error 计算得到的。你可以在 https://github.com/optuna/optuna-examples 找到更多的 Optuna 示例。

代码清单 5.2　Optuna 入门

```
# Step 1: define an objective function
def objective(trial):

  regressor_name = trial.suggest_categorical(          ❶
    'classifier', ['SVR', 'RandomForest'])             ❶
  if regressor_name == 'SVR':
    svr_c = trial.suggest_float(                       ❷
      'svr_c', 1e-10, 1e10, log=True)                  ❷
    regressor_obj = sklearn.svm.SVR(C=svr_c)           ❷
  else:
    rf_max_depth = trial.suggest_int('rf_max_depth', 2, 32)  ❸
    regressor_obj = sklearn.ensemble
      .RandomForestRegressor(max_depth=rf_max_depth)

  X_train, X_val, y_train, y_val = \
    sklearn.model_selection.train_test_split(X, y, random_state=0)

  regressor_obj.fit(X_train, y_train)                  ❹
  y_pred = regressor_obj.predict(X_val)

  error = sklearn.metrics
    .mean_squared_error(y_val, y_pred)                 ❺
  return error                                         ❺

# Step 2: Set up HPO by creating a new study.
study = optuna.create_study()

# Step 3: Invoke HPO process
study.optimize(objective, n_trials=100)
```

❶ 设置候选分类器
❷ 调用 suggest_xxx 方法生成超参数
❸ 在 2 到 32 的范围内选择 max_depth
❹ 使用 Optuna 回归器运行模型训练
❺ 以均方误差为目标值，并链接至试验对象

2. 并行化

我们可以在一台机器或一个机器集群上使用 Optuna 来运行分布式 HPO。分布式执行设

置相当简单，可以通过三个步骤完成：首先，启动一个关系型数据库服务器，如 MySQL；其次，创建一个带有存储参数的 study 对象；第三，将 study 对象共享给多个节点和进程。与 Hyperopt 相比，Optuna 的分布式执行设置更简单，并且可以在不修改代码的情况下从单台机器扩展到多台机器。

3. 何时使用

可以把 Optuna 视作 Hyperopt 的继任者，它具有更好的文档、可视化和并行执行功能。对于任何可以在一台或多台机器上运行的深度学习模型训练项目，你都可以使用 Optuna 来找到最佳超参数。

然而，对于大型数据科学团队或需要支持多个 HPO 项目的情况，Optuna 可能会受到限制，因为它需要管理一个中央机器集群来提供计算资源。而且 Optuna 的并行 / 分布式执行是手动的，人们需要将代码分发到每台服务器，并一台一台地手动执行。要以自动和编程方式管理分布式计算作业，我们可以使用 Kubeflow Katib（附录 C）或 Ray Tune。

5.4.3 Ray Tune

Ray（https://docs.ray.io/en/latest/index.html）提供了一个简单、通用的 API，用于构建分布式应用。Ray Tune（https://docs.ray.io/en/latest/tune/index.html）是建立在 Ray 之上的 Python 库，用于实现任意规模的 HPO。

Ray Tune 库支持几乎所有的机器学习框架，包括 PyTorch、XGBoost、MXNet 和 Keras。它还支持最先进的 HPO 算法，例如，Population Based Training（PBT）、BayesOptSearch 和 HyperBand/ASHA。此外，Tune 提供了一种机制来整合其他 HPO 库中的 HPO 算法，例如与 Hyperopt 的整合。

通过使用 Ray 作为分布式执行支持，我们可以用几行代码启动一个多节点的 HPO 实验。Ray 会负责代码分发、分布式计算管理和容错。

1. 如何使用

使用 Ray Tune 执行 HPO 任务非常简单。首先，定义一个目标函数。在函数中，从 config 变量中读取超参数值，启动模型训练，并返回评分。其次，定义超参数及其值的搜索空间。第三，通过将目标函数和搜索空间关联起来，启动 HPO 执行。代码清单 5.3 是实现上述步骤的代码示例。

代码清单 5.3　Ray Tune 入门

```
# Step 1: define objective_function
def objective_function(config):
  model = ConvNet()                                    ❶
  model.to(device)

  optimizer = optim.SGD(                               ❷
    model.parameters(), lr=config["lr"],               ❷
    momentum=config["momentum"])                       ❷
  for i in range(10):
    train(model, optimizer, train_loader)              ❸
```

```
    acc = test(model, test_loader)

    tune.report(mean_accuracy=acc)                               ❹

# Step 2: define search space for each hyperparameter
search_space = {
    "lr": tune.sample_from(lambda spec:
        10**(-10 * np.random.rand())),
    "momentum": tune.uniform(0.1, 0.9)                           ❺
}

# Uncomment this to enable distributed execution
# `ray.init(address="auto")`

# Step 3: start the HPO execution
analysis = tune.run(
    objective_function,
    num_samples=20,
    scheduler=ASHAScheduler(metric="mean_accuracy", mode="max"),
    config=search_space)

# check HPO progress and result
# obtain a trial dataframe from all run trials
# of this `tune.run` call.
dfs = analysis.trial_dataframes
```

❶ ConvNet 是一个自定义的神经网络
❷ 从输入配置中读取超参数值
❸ 开始模型训练
❹ 将评估结果（精度）发送回 Tune
❺ 用均匀分布采样一个 0.1 到 0.9 之间的浮点值作为"动量"

你可能注意到在第 3 步中，一个调度器对象 ASHAScheduler 被传递给了 tune.run 函数。ASHA(http://mng.bz/JlwZ) 是一种用于有原则的早停的可扩展算法（参见 "Massively Parallel Hyperparameter Optimization", Liam Li; http://mng.bz/wPZ5）。在高层次上，ASHA 终止那些表现不佳的试验，并将时间和资源分配给表现更好的试验。通过适当调整参数 num_samples，搜索过程可以更加高效，并且可以支持更大的搜索空间。

2. 并行化

与 Optuna 相比，Ray Tune 的最大优势在于分布式执行。Ray Tune 允许你透明地并行化多个 GPU 和多个节点上的任务（请参阅 Ray 文档：http://mng.bz/qdRx）。Tune 甚至具有无缝的容错和云支持。与 Optuna 和 Hyperopt 不同的是，我们不需要手动设置分布式环境并逐个执行工作节点脚本。Ray Tune 会自动处理这些步骤。图 5.10 展示了 Ray Tune 如何将 HPO Python 代码分发到一个机器集群上。

首先，我们使用命令 "ray up tune-cluster.yaml" 来设置一个 Ray 集群；tune-cluster.yaml 是一个集群配置文件，声明了集群的计算资源。然后，我们运行以下命令将 HPO 代码从本地机器提交到集群的头节点："ray submit tune-cluster.

yaml tune_script.py --start -- --ray-address={server_address}"。接下来，Ray 分配资源，将 HPO 代码复制到服务器，并启动分布式执行。更多细节请参阅"Tune Distributed Experiments"（http://mng.bz/71QQ）。

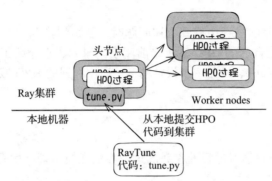

图 5.10　Ray Tune 在一个机器集群上运行分布式 HPO 的情况

除了分布式 HPO 执行，Ray Tune 还支持单次试验的分布式训练、自动检查点管理和 TensorBoard 日志记录。这些功能为 Ray Tune 增添了很大的价值，因为它们具有高容错性并且能进行简单的故障排除。

3. 何时使用

与其他 HPO 库相比，Ray Tune 是否是 HPO 的首选方式？暂时来说，是的。在撰写本书时，Ray 对底层训练框架（如 TensorFlow 和 PyTorch）与前沿 HPO 算法（如贝叶斯搜索和 TPE）以及早停（ASHA）进行了整合。它允许我们以简单可靠的方式分布式运行 HPO 搜索。

对于大多数不希望拥有 HPO 服务的数据科学团队，Ray Tune 是一个合适的方法。它简单易用，能满足几乎所有模型训练项目的 HPO 需求：出色的文档、前沿 HPO 算法以及高效简单的分布式执行管理。

注意　我们推荐使用 Ray Tune 而不是其他 HPO 库的原因如下：（1）Ray Tune 的使用简单；（2）它拥有优秀的文档和示例；（3）其分布式执行是自动和编程化的；（4）Ray Tune 支持单次试验的分布式训练；（5）Ray Tune 具有调度器功能（例如 ASHAScheduler），可以通过提前终止不太有希望的试验来大大降低计算成本。

4. Ray Tune 的限制

Ray Tune 和其他 HPO 库在我们需要支持不同团队和不同深度学习项目的共享 HPO 系统时会受到限制。Ray Tune 缺少计算隔离，这导致了两个主要问题。

首先，不同训练代码的包版本可能会导致 Ray 工作节点之间的冲突。在 Ray Tune 中进行分布式 HPO 时，我们将 HPO 代码提交给 Ray 集群的头节点服务器，然后在集群工作节点上并行运行这些代码。这意味着每个 Ray 工作节点服务器都需要安装每个需要运行的训练代码所需的依赖库。想象一下，当你必须在一个 Ray 集群中运行 10 个不同的 HPO 任务时，我们如何管理包的安装和可能的版本冲突。工作节点需要为这 10 个不同的训练代码安装数百个包，并解决它们之间的版本冲突。其次，Ray Tune 不强制用户隔离。在 Ray Tune 中很难为不同的数据科学团队建立虚拟边界，以限制其计算资源的使用。

5.4.4　后续步骤

当你在使用 HPO 库的过程中遇到上述问题时，就是切换到 HPO 服务的时候了。我们强烈建议你在考虑构建自己的 HPO 系统之前阅读附录 C。它介绍了一个稳固的开源 HPO 服务，名为 Kubeflow Katib，这是一个设计精良、通用性强的 HPO 服务。

总结

- 超参数是用于控制学习过程的参数。这类参数在模型训练中是不可学习的，因此需要手动调优。
- 超参数优化（HPO）是发现一组使模型最优化的超参数的过程，以在给定数据集上最小化预定义的损失函数。
- 自动化 HPO 是使用计算资源和算法（HPO 算法）自动找到训练代码的最优超参数的过程。
- 现在，自动 HPO 已成为模型训练的标准步骤。
- 大多数 HPO 算法可以分为三类：无模型优化、贝叶斯优化和多保真度优化。
- 没有一个最佳的HPO算法。不同的优化算法可能适用于不同的HPO任务和约束条件。
- HPO 可以使用库或远程服务运行。库方法简单、灵活，适用于小团队和原型阶段的项目，而服务方法适用于大型组织和生产用例。
- HPO 服务方法提供完全自动的黑盒 HPO 体验，包括计算资源管理。因此，如果你正在为大型团队构建深度学习系统，我们建议采用服务方法。
- 构建 HPO 服务的设计原则是：训练代码无关性、可扩展性和一致性、可伸缩性和容错性、多租户，以及可移植性。
- 为了加速 HPO 实验，我们可以并行执行不同试验的训练，引入分布式训练，并提前终止不太有希望的试验。
- 我们鼓励你选择 Kubeflow Katib 作为 HPO 服务，而不是自己构建新服务。
- 在三个常用的开源 HPO 库（Optuma、Hyperopt 和 Ray Tune）中，Ray Tune 目前被证明是最好的选择。

CHAPTER 6

第 6 章

模型服务设计

本章涵盖以下内容：

- 定义模型服务
- 常见的模型服务挑战和方法
- 为不同用户场景设计模型服务系统

模型服务是使用用户输入数据执行模型的过程。在深度学习系统的所有活动中，模型服务是最接近最终客户的环节。经过数据集准备、训练算法开发、超参数调整和测试结果完成后，这些模型将通过模型服务呈现给客户。

以语音翻译为例，当为语音翻译训练了一个序列到序列的模型后，团队准备将其呈现给全世界。为了让人们能够远程使用该模型，通常将模型托管在一个网络服务中，并通过网络 API 公布出来。然后，我们（客户）可以通过 Web API 发送我们的语音音频文件，并获得一个翻译后的语音音频文件。所有模型的加载和执行都发生在 Web 服务的后端。在此用户工作流中包含的所有内容——服务、模型文件和模型执行——都称为模型服务。

构建模型服务应用程序是另一个特殊的深度学习领域，软件工程师特别适合从事这项工作。模型服务涵盖了请求延迟、可扩展性、可用性和可操作性等各个领域，这些都是工程师熟悉的内容。有了对深度学习模型服务概念的一些介绍，有一些分布式计算经验的开发人员可以在构建模型服务元素方面发挥重要作用。

将模型投入生产环境可能会很具挑战性，因为模型是由各种框架和算法进行训练的，因此执行模型的方法和库会有所不同。此外，模型服务领域使用的术语令人困惑，有太多的术语，如模型预测和模型推理，在服务上下文中意思相同但听起来不同。此外，还有很多模型服务选项可供选择。一方面，我们有像 TensorFlow Serving、TorchServe 和 NVIDIA Triton Inference Server 这样的黑盒解决方案。另一方面，我们有像构建自己的预测器服务或直接将模型嵌入到应用程序中的定制方法。这些方法似乎都非常相似并且有用，因此我们很难做出选择。如果你对这个领域不熟悉，就很容易感到无所适从。

我们的目标是帮助你找到方向。我们希望能赋予你设计和构建最适合自身情况的模型服务解决方案的能力。为了实现这个目标，我们要探讨从模型服务的概念理解和服务设计考虑，到具体的示例和模型部署工作流等诸多内容。为了控制篇幅，我们将这些内容分成两章：第 6 章侧重于概念、定义和设计，第 7 章则将这些概念付诸实践，包括构建一个样例预测服务、使用开源工具进行部署和监控模型生产。

在本章中，我们首先澄清术语，并给出我们对模型服务中所用元素的定义。我们还描述了模型服务领域面临的主要挑战。然后，我们将转向设计方面，解释模型服务的三种常见策略，并设计一个适用于不同用例的模型服务系统。

通过阅读本章，你不仅会对模型服务的工作原理有深刻的理解，还会了解到可以解决大多数模型服务用例的常见设计模式。有了概念和术语清晰，你应该能够自如地参与任何与模型服务相关的讨论，或阅读有关该主题的文章和论文。当然，本章为你后续阅读下一章的实际工作奠定了基础。

6.1　模型服务的解释

在模型服务的工程中，术语是一个主要问题。例如，模型、模型架构、推理图、预测和推理都是人们在没有明确定义的情况下使用的术语，因此它们可以在不同的上下文（模型服务或模型训练）中具有相同的含义或指代不同的概念。当我们与数据科学家一起构建模型服务解决方案时，混淆模型服务术语会导致很多沟通问题。在本节中，我们将解释模型服务的核心概念，并从工程的角度解释常用的术语，以免陷入术语陷阱之中。

6.1.1　什么是机器学习模型

在学术界，机器学习模型有多种定义，既可以是对数据集学习的精简表示，也可以是基于以前未见信息进行模式识别或决策的数学表示。然而，作为模型服务的开发人员，我们可以简单地将模型理解为在训练过程中生成的一组文件。

模型的概念很简单，但很多人误解模型只是静态文件。虽然模型被保存为文件，但它们并不是静态的；实际上，它们是可执行的程序。

让我们来分解这个陈述并确定它的含义。一个模型由机器学习算法、模型数据和模型执行器组成。模型执行器是机器学习算法的包装代码；它接收用户输入并运行算法来计算并返回预测结果。机器学习算法是指在模型训练中使用的算法，有时也称为模型架构。再以语音翻译为例，如果翻译模型是由序列到序列网络作为其训练算法进行训练的，那么模型中的机器学习算法就是同样的序列到序列网络。模型数据是运行机器学习算法所需的数据，例如，神经网络的学习参数（权重和偏差）、嵌入向量和标签类别。图 6.1 展示了一个通用模型结构。

注意　在本章中，我们通常简单地将机器学习算法称为模型算法。

本节最重要的观点是，模型训练执行的输出（或者简称为模型）不仅仅是一组静态数据。相反，深度学习模型是可执行的程序，包括机器学习算法及其依赖的数据，因此模型可以根据输入数据在运行时进行预测。

注意　模型不仅仅是权重和偏差。有时数据科学家会将神经网络的训练参数（权重和偏差）保存到文件并称之为"模型文件"。这会让人们误以为模型只是一个仅包含权重和偏差的数据文件。权重和偏差是模型数据，但我们还需要算法和装饰代码来运行预测。

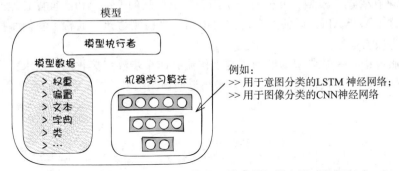

图 6.1 一个模型由机器学习算法、模型执行器和模型数据组成

6.1.2 模型预测和推理

在学术界，模型推理和模型预测可能被视为两个不同的概念。模型推理可能是指了解数据是如何生成的，并理解其原因和影响，而模型预测可能指的是预测未来事件。

一个示例的模型预测场景可能包括使用销售记录来训练模型，以预测哪些个体可能会对下一个营销活动作出回应。而一个示例的模型推理场景可能包括使用销售记录来训练模型，以理解产品价格和客户收入对销售影响。对于模型推理，先前未见数据的预测精度并不是很重要，因为主要关注的是学习数据生成过程。模型训练旨在拟合整个数据集。

从工程的角度来看，模型预测和模型推理意味着相同的事情。虽然模型可以用于不同的目的，但在模型服务的上下文中，模型预测和模型推理都指的是同样的行为：使用给定的数据点执行模型，以获得一组输出值。图 6.2 展示了预测模型和推理模型的模型服务工作流。正如你所见，它们之间没有区别。

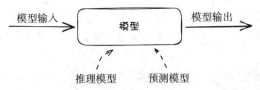

图 6.2 在模型服务工程中，模型预测和模型推理是相同的

为了简化本章中插图的文本，从图 6.2 开始，我们使用"模型"一词来表示模型数据、模型执行器和机器学习（模型）算法。这不仅是为了保持文本的简洁，还强调了机器学习模型是可执行的程序。

6.1.3 什么是模型服务

模型服务简单地指的是使用输入数据执行模型进行预测，这包括获取期望的模型、设置模型的执行环境、使用给定的数据点执行模型进行预测，并返回预测结果。最常用的模型服务方法是将模型托管在一个 Web 服务中,并通过 Web API 公开模型的预测功能。

假设我们构建了一个用于在海岸图片中检测鲨鱼的目标检测模型;我们可以建立一个 Web 服务来托管这个模型,并公开一个用于鲨鱼检测的 Web API。世界各地的海滨酒店都可以使用这个 Web API,以便用自己的海岸图片来检测鲨鱼。通常,我们将托管模型的 Web 服务称为预测服务。

在预测服务中,一个典型的模型预测工作流有四个步骤:接收用户请求;从存储库加载模型到内存或 GPU;执行模型的算法;最后返回预测结果。图 6.3 展示了这个工作流。

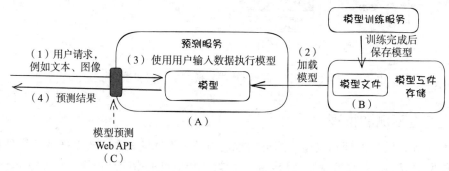

图 6.3   在预测服务中的典型模型预测工作流

除了四个步骤的预测工作流,图 6.3 还提到了模型服务的三个主要组件:预测服务(A)、模型存储库(B)和预测 Web API(C)。模型存储库(组件 B)保存着由模型训练产生的所有模型。Web API(组件 C)接收预测请求。预测服务(组件 A)响应预测请求,从存储库加载模型,运行模型,并返回预测结果。

虽然预测工作流的四个步骤通常适用于所有类型的模型,但实际的实现取决于业务需求、模型训练算法和模型训练框架。我们将在 6.3 节讨论预测服务的设计选项,并在第 7 章中展示两个示例预测服务。

> **模型服务运行机器学习算法的特殊模式**
>
> 模型训练和模型服务使用相同的机器学习算法,但在两种不同的模式下运行:学习模式和评估模式。
>
> 在学习模式下,我们以开放式循环的方式运行算法,意味着在每次训练迭代中,我们首先用一个输入数据样本来运行神经网络(算法)以计算预测结果。根据预测结果与期望结果之间的差异,更新网络的参数(权重和偏差),使其更接近数据集。
>
> 在评估模式下,神经网络(算法)以闭合循环的方式运行,这意味着网络的参数不会被更新。神经网络仅用于获得预测结果。因此从代码实现的角度来看,模型服务本质上是在评估模式下运行机器学习算法(神经网络)。

6.1.4   模型服务的挑战

构建一个成本效益高的网络服务来提供模型,比在我们的笔记本电脑上本地运行模型要复杂得多。下面我们将探讨提供网络服务中的六个常见挑战。

模型预测 API 因模型算法而异。不同的深度学习算法（如循环神经网络和卷积神经网络 [CNN]）需要不同的输入数据格式，它们的输出格式也可能不同。在设计网络预测 API 时，为每个模型算法满足输入数据要求设计一个统一的 API 是相当具有挑战性的。

模型执行环境因训练框架而异。模型可以在不同的框架中进行训练，比如 TensorFlow 和 PyTorch。每个训练框架都有其特定的设置和配置来执行其模型。预测服务应该在其后端封装模型执行环境的设置，这样客户就可以专注于使用模型预测 API，而不是用于训练该模型的框架了。

如果我们决定使用现有的开源模型服务方法，接下来我们面临的问题就是应该选择哪种方法。有 20 多种不同的选择，比如 TorchServe、TensorFlow Serving、NVIDIA Triton Inference Server、Seldon Core 和 KFServing。我们怎样才能知道哪种方法最适合我们的情况？

通用的、最经济高效的模型服务设计是不存在的，我们需要根据自己的用例来定制模型服务方法。与模型训练和超参数调整服务都有一种适用于所有情况的方法不同——预测服务的设计非常依赖于具体的用户场景。例如，设计一个只支持 1 个模型的预测服务，比如花卉识别模型，与设计一个支持 10 种不同类型模型的预测服务（如 PDF 扫描、文本意图分类和图像分类）的差别很大。

在保持资源饱和度的同时降低模型预测延迟。从成本效益的角度来看，我们希望计算资源能够完全饱和地执行模型预测工作负载。此外，我们还希望为客户提供实时的模型预测体验，因此我们不希望预算限制导致预测延迟增加。为了实现这一目标，我们需要在预测工作流的每个步骤上创新性地减少时间成本，例如更快地加载模型或在提供服务之前预热模型。

模型部署和部署后的模型监控是我们在一开始就应考虑的事情。模型部署——将模型从训练推进到生产环境——对于成功的模型开发至关重要。我们希望快速将模型推向生产环境，并且希望在生产环境中有多个模型版本，这样我们可以快速评估不同的训练算法并选择最佳模型。部署后的模型监控可以帮助检测模型性能的退化；对于欺诈检测和贷款批准等领域，这是一个关键的保护机制。

好消息是，这六个挑战都是工程问题，所以你将学习如何解决它们！我们将在这里和下一章中讨论如何解决这些挑战。

6.1.5　模型服务术语

在继续阅读本章的过程中，我们希望帮你回忆一下与模型服务相关的术语。其中许多术语在学术界有不同的定义，但在实际谈论模型服务时是可以互换使用的。以下定义应该能够帮助你和你的同事厘清这些术语的区别。

- 模型服务（Model Serving）、模型评分（Model Scoring）、模型推理（Model Inference）和模型预测（Model Prediction）在深度学习背景下是可以互换使用的术语。它们都指的是使用给定的数据点来执行模型。在本书中，我们将使用模型服务这个术语。
- 预测服务（Prediction Service）、评分服务（Scoring Service）、推理服务（Inference

Service）和模型部署服务（Model Serving Service）是可以互换使用的，它们指的是允许远程执行模型的网络服务。在本书中，我们使用预测服务这个术语。

- 预测（Predict）和推理（Inference）在模型服务的上下文中是可以互换使用的，它们是与运行模型算法相关的入口函数。在本书中，我们使用预测这个术语。
- 预测请求（Prediction Request）、评分请求（Scoring Request）和推理请求（Inference Request）是可以互换使用的，它们指的是执行模型以进行预测的 Web API 请求。在本书中，我们使用预测请求这个术语。
- 机器学习算法（Machine Learning Algorithm）、训练算法（Training Algorithm）和模型算法（Model Algorithm）是可以互换使用的，正如我们在 6.1.3 节中所述。在模型训练和服务中运行的算法是相同的机器学习算法（相同的神经网络），只是它们处在在不同的执行模式下。
- 模型部署（Model Deployment）和模型发布（Model Release）是可以互换使用的；它们指的是将训练好的模型（文件）部署 / 复制到正在运行业务的生产环境中，以便客户可以从这个新模型中受益的过程。一般而言，这指的是将模型文件加载到预测服务中。

6.2 常见的模型服务策略

在我们审查具体的模型服务用例和预测服务设计（6.3 节）之前，让我们先了解三种常见的模型服务策略：直接模型嵌入、模型服务和模型服务器。无论你的具体用例需要做什么，通常可以采用以下三种方法之一来构建你的预测服务。

6.2.1 直接模型嵌入

直接模型嵌入意味着在用户应用程序的进程内加载模型并运行模型预测。例如，一个花卉识别移动应用程序可以直接在本地进程中加载图像分类模型，并从给定的照片中预测植物的身份。整个模型加载和服务都发生在模型应用程序本地（手机上），无须与其他进程或远程服务器通信。

大多数用户应用程序，如移动应用程序，都是用强类型语言编写的，如 Go、Java 和 C#，但大多数深度学习建模代码是用 Python 编写的。因此，将模型代码嵌入到应用程序代码中可能会很困难，即使你这样做了，这个过程可能也会花费一些时间。为了在非 Python 进程中实现模型预测，深度学习框架如 PyTorch 和 TensorFlow 提供了 C++ 库。此外，TensorFlow 还提供了 Java（https://github.com/tensorflow/java）和 JavaScript（https://github.com/tensorflow/tfjs）库，用于从 Java 或 JavaScript 应用程序直接加载和执行 TensorFlow 模型。

直接嵌入的另一个缺点是资源消耗。如果模型在客户设备上运行，那么就可能给没有高端设备的用户带来不好的体验。运行大型深度学习模型需要大量计算，这可能导致应用程序变慢。

最后，直接嵌入涉及将模型服务代码与应用程序业务逻辑混合在一起，这对向后兼容性构成了挑战。因此，由于很少用直接嵌入，我们只简要介绍一下它。

6.2.2 模型服务

模型服务是指在服务器端运行模型服务。对于每个模型、每个模型的版本或每种类型的模型，我们都为其构建一个专用的 Web 服务。该 Web 服务通过 HTTP 或 gRPC 接口公开模型预测 API。

模型服务负责管理模型部署的完整生命周期，包括从模型存储库中获取模型文件、加载模型、对客户请求执行模型算法，以及卸载模型以回收服务器资源。以文档分类用例为例，为了根据其内容自动对图像和 PDF 中的文档进行分类，我们可以训练一个用于 OCR（光学字符识别）的 CNN 模型，从文档图像或 PDF 中提取文本。为了在模型服务方法中提供这个模型，我们为这个 CNN 模型构建一个专门的 Web 服务，Web API 仅用于这个 CNN 模型的预测功能。有时，我们会为每个重要的模型版本更新构建一个专用的 Web 服务。

模型服务的常见模式是将模型执行逻辑构建为一个 Docker 镜像，并使用 gRPC 或 HTTP 接口公开模型的预测函数。对于服务设置，我们可以托管多个服务实例，并使用负载均衡器将客户的预测请求分发到这些实例。

模型服务方法的最大优势是简单性。我们可以很容易地将模型的训练容器转换为模型服务容器，因为从本质上讲，模型预测执行涉及运行训练过的模型神经网络。通过添加 HTTP 或 gRPC 接口并将神经网络设置为评估模式，模型训练代码可以迅速转变为预测 Web 服务。在 6.3.1 节和 6.3.2 节中，我们将看到模型服务的设计和用例，并在第 7 章中看到一个具体的代码示例。

由于模型服务特定于模型算法，我们需要为不同的模型类型或版本构建单独的服务。如果你有多个不同的模型需要提供服务，每个模型一个服务的方法可能会产生许多服务，而这些服务的维护工作（如打补丁、部署和监控）可能会很烦琐。如果你面临这种情况，模型服务器方法就是正确的选择。

6.2.3 模型服务器

模型服务器方法旨在以黑盒方式处理多种类型的模型。无论模型算法和模型版本如何，模型服务器都可以使用统一的 Web 预测 API 操作这些模型。模型服务器是下一阶段的发展；我们不再需要对代码进行更改或部署新的服务来处理新类型的模型或模型的新版本，这样就可以节省很多在模型服务方法中进行重复开发和维护工作的时间。

然而，与模型服务方法相比，模型服务器方法的实施和管理要复杂得多。在一个服务和一个统一的 API 中处理各种类型的模型的模型服务是复杂的。模型算法和模型数据不同，它们的预测函数也不同。例如，图像分类模型可以用 CNN 网络进行训练，而文本分类模型可以用长短期记忆（LSTM）网络进行训练。它们的输入数据不同（一个是文本，一个是图像），使用的算法也不同（一个是 CNN，一个是 LSTM）。它们的模型数据也不同；文本分类模型需要嵌入文件来编码输入文本，而 CNN 模型不需要嵌入文件。这些差异给实现低维护、低成本和统一服务方法带来了许多挑战。

虽然构建模型服务器方法很困难，但绝对是可能的。许多开源的模型服务库和服务，如 TensorFlow Serving、TorchServe 和 NVIDIA Triton Inference Server，提供了模型服务器解决方案。我们只需要构建自定义的集成逻辑，将这些工具整合到我们现有的系统中，以满足业务需求，例如将 TorchServe 集成到模型存储、监控和警报系统中。

从模型部署的角度来看，模型服务器是一种黑盒方法。只要我们按照模型服务器的标准保存模型文件，当我们通过其管理 API 将模型上传到模型服务器时，模型预测应该能够正常工作。并大大降低模型服务的实现和维护复杂性。我们将在 6.3.3 节中看到模型服务器的设计和用例，并在第 7 章中看到使用 TorchServe 的一个代码清单示例。

注意 我们是否一定要考虑使用模型服务器方法？并非总是如此。如果我们不考虑服务开发成本和维护成本，模型服务器方法是最强大的，因为它旨在涵盖所有类型的模型。但是，如果我们关心模型服务的成本效益（而我们应该关心！）。那么理想的方法就取决于具体用例。在下一节中，我们将讨论常见的模型服务用例和应用设计。

6.3　设计预测服务

软件系统设计中的一个常见错误是试图构建一个无所不能的系统，而不考虑具体的用户场景。过度设计会将我们的注意力从即时的客户需求转移到未来可能有用的功能上。这往往会导致系统要么需要花费不必要的大量时间才能构建起来，要么难以使用。这在模型服务领域尤为明显。

深度学习是一项昂贵的业务，无论是在人力还是计算资源方面。我们应该尽快构建只满足将模型投入生产的必要条件，并将操作成本最小化。为了做到这一点，我们需要从用户场景开始入手。

在本节中，我们将从简单到复杂，依次介绍三种典型的模型服务场景。对于每个用例，我们将解释场景，并说明一个合适的高级设计。通过阅读以下三小节，你将看到随着用例变得越来越复杂，预测服务的设计是如何演变的。

注意 预测服务设计的目标不是构建一个适用于各种模型的强大系统，而是以高效的方式构建一个适应具体情况的系统。

6.3.1　单一模型应用

想象一下，你需要构建一个可以在两张图片之间交换人脸的移动应用程序。用户期望该应用的用户界面能够上传照片，选择源图片和目标图片，并执行深度伪造模型（https://arxiv.org/abs/1909.11573）来交换所选图片之间的人脸。对于这样一个只需要与一个模型配合工作的应用程序，我们可以采用模型服务（6.2.2 节）或直接模型嵌入（6.2.1 节）的方法。

1. 模型服务方法

根据 6.2.2 节的讨论，模型服务方法涉及为每个模型构建一个 Web 服务。因此，我们可以通过以下三个组件构建人脸交换模型应用：一个运行在我们手机上的前端 UI 应用（组件 A）；一个用于处理用户操作的应用程序后端（组件 B）；以及一个后端服务，或称为预测器（组件 C），用于托管深度伪造模型并公开一个 Web API 来执行每个人脸交换请求。

　　当用户在移动应用上上传源图片和目标图片，并点击人脸交换按钮时，移动应用后端将接收到该请求，并调用预测器的 Web API 进行人脸交换。然后，预测器会预处理用户请求数据（图片），执行模型算法，并将模型输出（图片）返回给应用程序后端。最终，移动应用将显示具有交换后人脸的源图片和目标图片。图 6.4 展示了适用于人脸交换用例的通用设计。

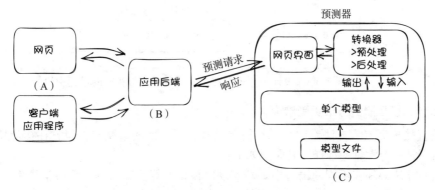

图 6.4　客户端 / 服务器设置中的单模型预测器设计

　　如果我们放大预测器（组件 C），我们可以看到模型服务逻辑与我们在图 6.3 中介绍的一般模型预测工作流相同。预测器（模型服务服务）从模型存储库加载模型文件，并运行模型以响应 Web 界面接收到的请求。

　　图 6.4 中的设计通常适用于具有 Web 后端和仅一个模型的任何应用程序。这个设计的关键组件是预测器；它是一个 Web 服务，并且通常作为一个 Docker 容器运行。我们可以快速实现这种方法，因为预测器容器可以很容易地从构建模型的模型训练容器转换而来。将训练容器转换为预测器容器的两个主要工作项是 Web 预测 API 和训练神经网络中的评估模式。在 7.1 节中，我们将呈现一个具体的预测器容器示例。

2. 直接模型嵌入方法

　　另一种构建单一模型应用程序的设计方法是将模型执行代码与应用程序的用户逻辑代码结合在一起。这里没有服务器后端，所以一切都在用户的计算机或手机上本地进行。以换脸应用为例，深度伪造模型文件包含在应用程序的部署包中，当应用程序启动时，模型被加载到应用程序的进程空间中。图 6.5 说明了这个概念。

　　模型服务不必在单独的服务中运行。在图 6.5 中，我们看到模型服务代码（单一模型框）和数据转换代码可以与用户逻辑代码一起在同一个应用程序中运行。现在，许多深度学习框架提供用于在非 Python 应用程序中运行模型的库。例如，TensorFlow 提供 Java、C++和 JavaScript 的 SDK，用于加载和执行模型。借助 SDK 的帮助，我们可以直接在 Java/C++/JavaScript 应用程序中训练和执行模型。

　　注意　为什么要考虑直接模型嵌入？通过使用模型嵌入，我们可以将模型服务逻辑直接与应用程序逻辑集成，并在同一个进程空间中同时运行它们。这相比图 6.4 中的预测器服务方法提供了两个优势。首先，它减少了一次网络跳转；没有向预测器发送 Web 请求，模型执行在本地进行。其次，它提高了服务的可调试性，因为我们可以在本地一次性运行应用程序。

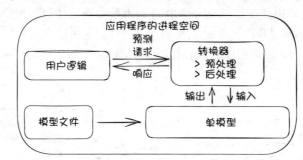

图 6.5　直接模型嵌入设计中，模型在与应用程序逻辑相同的进程中执行

3. 为什么模型服务方法更受欢迎

虽然直接模型嵌入方法看起来比较简单且减少了一次网络跳转，但它在构建模型服务方面仍然不是一个常见的选择。其原因如下：

- 模型算法必须在不同的语言中重新实现。模型的算法和执行代码通常是用 Python 编写的。如果我们选择模型服务方法，将模型服务实现为一个 Web 服务（图 6.4 中的预测器），我们可以重用大部分训练代码并快速构建它。但是，如果我们选择将模型服务嵌入到非 Python 应用程序中，就必须在应用程序的语言（如 Java 或 C++）中重新实现模型加载、模型执行和数据处理逻辑。这项工作并不轻松，而且没有多少开发人员拥有足够的知识水平来重新编写训练算法。
- 归属边界模糊。当将模型嵌入到应用程序中时，业务逻辑代码可能会与服务代码相互交织。当代码库变得复杂时，我们就很难在服务代码（由数据科学家拥有）和其他应用程序代码（由开发人员拥有）之间划清界限。当来自两个不同团队的数据科学家和开发人员在同一个代码库上工作时，交付速度会显著降低，因为跨团队的代码审查和部署时间会比平常长。
- 客户端设备可能出现性能问题。通常，应用程序在客户的手机、平板电脑或低端笔记本电脑上运行。在这些设备上，从原始用户数据中捕获特征，然后预处理模型输入数据并运行模型预测可能导致性能问题，例如 CPU 使用率飙升、应用程序变慢和内存使用率变高。
- 可能很容易发生内存泄漏。例如，在 Java 中执行 TensorFlow 模型时，算法执行和输入/输出参数对象都是在本地空间中创建的。这些对象不会被 Java 的 GC（垃圾回收）自动回收；我们必须手动释放它们。很容易忽视对模型占用的本地资源进行回收，因为 Java 堆中不跟踪这些本地对象的内存分配，很难观察和测量它们的内存使用情况。因此，内存泄漏可能会发生，并且难以修复。

注意　若要解决本地内存泄漏问题，Jemalloc（https://github.com/jemalloc/jemalloc/wiki/Background）是一个非常方便的工具。你可以查看笔者的博客文章"Fix Memory

Issues in Your Java Apps"（http://mng.bz/lJ8o）获取更多详细信息。

鉴于上述原因，我们强烈建议你采用模型服务方法来构建单一模型应用程序。

6.3.2　多租户应用

我们将以聊天机器人应用为例解释多租户使用情况。首先，让我们设定背景。一个租户是一个公司或组织（例如学校或零售店），他们使用聊天机器人应用与其客户进行沟通。这些租户使用相同的软件 / 服务——聊天机器人应用——但拥有各自独立的账户和数据隔离。聊天用户是租户的客户，使用聊天机器人与租户进行业务交流。

按设计，聊天机器人应用依赖于意图分类模型，从用户的对话中识别其意图，然后将用户请求重定向到相应的租户服务部门。目前，该聊天机器人采用单一模型应用方法，这意味着对每个用户和租户都使用相同的意图分类模型。

现在，由于来自租户的客户反馈显示单一意图分类模型的预测准确率较低，所以我们决定让租户使用我们的训练算法，使用他们自己的数据集构建模型。这样一来，模型就可以更好地适应每个租户的业务情况。在模型服务方面，我们允许租户使用自己的模型进行意图分类预测请求。当聊天用户与聊天机器人应用进行交流时，应用程序将找到租户的特定模型来回答用户的问题。聊天机器人转变为一个多租户应用。

在这个聊天机器人多租户使用情况中，虽然模型属于不同的租户，并且使用不同的数据集进行训练，但它们是相同类型的模型。因为这些模型使用相同的算法进行训练，它们的模型算法和预测函数都是相同的。我们可以通过在图 6.4 中添加一个模型缓存来扩展模型服务设计，以支持多租户。通过在内存中缓存模型图和它们的相关数据，我们可以在一个服务中执行多租户模型服务。图 6.6 说明了这个概念。

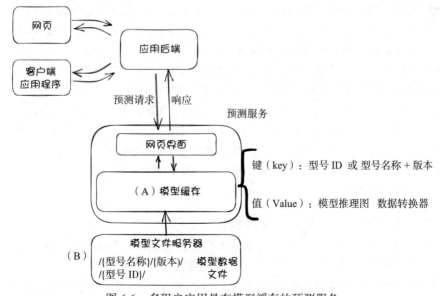

图 6.6　多租户应用具有模型缓存的预测服务

与图 6.4 中的模型服务设计相比，图 6.6 中的设计增加了一个模型缓存（组件 A）和一个模型文件服务器（组件 B）。因为我们希望在一个服务中支持多个模型，所以需要一个内存中的模型缓存来托管和执行不同的模型。模型文件服务器存储可以加载到预测服务的模型缓存中的模型文件。模型服务器也可以在多个预测服务实例之间共享。

为了构建一个好的模型缓存，我们需要考虑模型缓存管理和内存资源管理。我们需要为每个模型分配一个唯一的模型 ID 作为缓存键，以识别缓存中的每个模型。例如，我们可以使用模型训练运行 ID 作为模型 ID。这样做的好处是，对于缓存中的每个模型，我们可以追溯哪个训练运行生成了它。而另一种更灵活的构造模型 ID 的方式是将模型名称（自定义字符串）和模型版本组合在一起。无论我们选择哪种模型 ID 样式，ID 必须是唯一的，并且必须在预测请求中提供。

对于内存资源管理，由于每个服务器的内存和 GPU 资源有限，我们不能将所有相关的模型加载到内存中。因此，我们需要在模型缓存中构建模型交换逻辑。当资源容量达到上限时，例如进程即将耗尽内存，就需要将一些模型从模型缓存中驱逐出去，为新的模型预测请求释放一些资源。LRU（最近很少被使用）算法和将模型分区到不同实例中等方法可以帮助降低缓存缺失率（请求的模型不在缓存中），并使模型交换更加平稳。我们在 7.1 节中构建的样本意图分类预测服务演示了模型缓存的概念，你可以在那里了解详细信息。

是否可以将模型缓存设计扩展到多种模型类型？

我们不建议将模型缓存设计扩展到多种模型类型上。不同模型类型（例如图像分类模型和意图分类模型）的输入/输出数据格式和数据处理逻辑非常不同，因此很难在同一个模型缓存中托管和执行不同类型的模型。要实现这一点，我们需要为每种模型类型构建单独的 Web 接口，并为每种类型的模型编写单独的数据预处理和后处理代码。此时，你会发现为每种模型类型构建单独的预测服务更容易——每个服务都有自己的 Web 接口和数据处理逻辑，并为自己的模型类型管理模型缓存。例如，我们可以为这两种不同的模型类型分别构建图像分类预测服务和意图分类预测服务。

这种每种模型类型一个服务的方法在你只有少量模型类型时效果很好。但是，如果你有 20 种以上的模型类型，这种方法就无法扩展了。构建和维护 Web 服务——例如建立 CI/CD 流水线、网络和部署——都是昂贵的。此外，监控服务的工作也不是简单的，我们需要构建监控和警报机制，以确保服务可以 7×24 小时不间断运行。考虑到如果我们按照这种设计支持整个公司的 100 多种模型类型，接入和维护工作的成本。为了在一个系统中扩展并为许多不同的模型类型提供服务，我们需要采用模型服务器方法（6.2.3 节），我们将在下一节中进一步讨论该方法。

6.3.3 在一个系统中支持多个应用程序

你已经成功构建了多个模型服务来支持不同的应用程序，例如多租户聊天机器人、换脸应用、花卉识别和 PDF 文档扫描。现在，你需要完成两项新任务：（1）为一个使用语音识别模型的新应用程序构建模型服务支持；（2）减少所有应用程序的模型服务成本。

到目前为止，所有的模型服务实现都采用了模型服务方法。根据 6.3.1 节和 6.3.2 节的讨论，我们知道当我们有越来越多的模型类型时，就无法用这种方法进行扩展了。当许多产品和应用程序都有模型服务需求时，最好构建一个集中的预测服务来满足所有的服务需求。我们将这种类型的预测服务称为预测平台。它采用了模型服务器方法（6.2.3 节），在一个地方处理所有类型的模型服务。这是在有多个应用程序情况下最具成本效益的方法，因为模型的启动和维护成本仅限于一个系统，而这比起为每个应用程序建立一个预测服务的方法（6.2.2 节）的成本要少得多。

要构建这样一个全能的模型服务系统，我们需要考虑很多因素，比如模型文件格式、模型库、模型训练框架、模型缓存、模型版本管理、模型流程执行、模型数据处理、模型管理以及适用于所有模型类型的统一预测 API。图 6.7 说明了预测平台的设计和工作流。

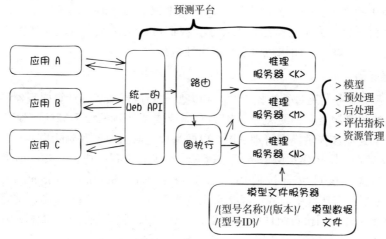

图 6.7　通用预测服务（平台）设计，适用于任意模型类型

图 6.7 中的预测平台设计比图 6.6 中的模型服务方法复杂得多。这是因为我们需要组合多个组件和服务来支持任意的模型。让我们来看看系统的每个组件，然后再看模型预测的工作流。

1. 统一的 Web API

为了支持任意模型，我们期望公共预测 API 是通用的。无论调用哪个模型，API 的规范——例如预测请求和响应的有效负载模式——都应该足够通用，以满足模型的算法要求。一个这种统一 API 的示例是 KFServing 的预测协议（http://mng.bz/BlB2），它旨在标准化适用于任何模型和各种预测后端的预测协议。

Web API 也应该是简单的，以便减少客户的入职和维护工作。预测 API 可以分为三类：模型预测请求 API、模型元数据获取 API 和模型部署 API。模型元数据获取 API 和部署 API 非常有用，因为它们对所服务的模型不加偏见。我们需要这些方法来检查模型的元数据，例如模型版本和算法信息，并检查模型的部署状态。

2. 路由组件

通常，每种预测后端只能处理少数几种模型类型。为了支持任意模型，我们需要不同类型的预测后端，比如用于 TensorFlow 模型的 TensorFlow Serving 后端和用于 PyTorch 模型的 TorchServe 后端。当接收到模型预测请求时，系统需要知道哪个后端可以处理它。这就是路由组件的作用。

路由组件负责将预测请求路由到正确的后端推理服务器。对于给定的请求，路由组件首先获取模型的元数据；元数据包括模型算法名称和版本、模型版本和训练框架等信息。然后，将模型元数据与路由配置进行匹配，以确定将预测请求路由到哪个推理后端。

3. 图执行组件

图执行组件处理需要执行一系列模型预测的预测类型。例如，为了自动化抵押贷款批准流程，我们必须按照三个模型的顺序运行贷款批准预测请求：一个 PDF 扫描模型来解析 PDF 贷款申请中的文本、一个命名实体识别模型来识别关键词，以及一个贷款评分模型来对贷款申请进行评分。为了支持这样的需求，我们可以定义一个有向无环图（DAG）来描述模型执行链，并构建一个图执行引擎来一次性执行。

4. 推理服务器

推理（模型）服务器通过管理模型缓存和模型预测执行来实际计算模型预测。它类似于图 6.6 中展示的预测服务，但更复杂，因为它需要支持任意的模型算法。除了预测 API 之外，推理服务器还应该提供模型管理 API，以便编程注册新模型和删除模型。

构建推理服务器比构建预测服务复杂得多，很少有工程师愿意尝试。但幸运的是，有许多开源的黑盒方法可以直接使用，比如 TensorFlow Serving、TorchServe 和 NVIDIA Triton 推理服务器。在实践中，我们经常重用这些现有的开源推理服务器，并将它们集成到我们自己的路由组件和图执行组件中。在第 7 章中，我们将详细讨论开源模型服务器工具。

5. 应用

在图 6.7 中，我们可以看到应用 A、B 和 C 共享相同的模型服务后端。不同应用的模型服务发生在同一个地方。与图 6.6 中的模型服务设计相比，预测平台更具可扩展性和成本效率，因为添加新应用 D 几乎没有任何启动成本。

例如，如果我们想要添加新应用 D——一个语音转文本脚本应用程序——我们只需将语音脚本模型上传到模型文件服务器，然后让应用程序使用预测平台的统一预测 Web API。预测平台端不需要进行任何代码更改来支持新应用。

6. 模型预测工作流

在解释了每个关键组件之后，让我们看一个典型的模型预测工作流（图 6.7）。第一，我们将模型文件发布到模型文件服务器，并更新路由组件的配置，使得路由组件知道将预测请求路由到哪个推理服务器。第二，应用程序通过预测系统的 Web API 发送预测请求，然后由路由组件将请求路由到正确的推理服务器。第三，推理服务器将从模型文件服务器加载模型，将请求负载转换为模型输入，运行模型算法，并返回带有后处理的预测结果。

注意 预测平台设计并不总是最好的服务方法！从理论上讲，图 6.7 中的设计可以适用于任何模型，但它确实带来了一些额外的成本。它的设置、维护和调试比模型服务方法复杂得多。对于 6.3.1 节和 6.3.2 节介绍的情景，这种设计是过度设计。因为每种设计都有其优点，我们建议不要只用一种服务方法，而是根据实际用户场景选择适合的服务方法。

6.3.4　常见的预测服务需求

虽然我们强调设计预测服务应该从具体的用例开始，但不同的情况会导致不同的设计。所有模型服务设计中存在三个常见需求：

- 模型部署安全性：无论我们选择什么样的模型发布策略和版本策略，都必须有一种方法将模型回滚到先前的状态或版本。
- 延迟：Web 请求延迟是许多在线业务成功的关键因素。一旦我们建立了模型服务支持，下一步就是尽力减少平均预测响应时间。
- 监控和警报：模型服务是深度学习系统中最关键的服务；如果它出现问题，业务将停止。请记住，实际业务是在实时模型预测的基础上运行的。如果服务停止或服务延迟增加，客户会立即受到影响。预测服务应该是在监控和警报方面配备最齐全的服务。

在本章中，我们回顾了模型服务的概念、定义和抽象高级系统设计。我们希望你对模型服务有一个清晰的认识，并在设计模型服务系统时考虑到相关因素。在第 7 章中，我们将演示两个示例预测服务，并讨论常用的预测开源工具。这些示例将展示本章中的设计概念如何在实际生活中应用。

总结

- 一个模型可以由多个文件组成。它由三个元素组成：机器学习算法、模型执行器（包装器）和模型数据。
- 在模型服务上下文中，模型预测和模型推理具有相同的含义。
- 直接模型嵌入、模型服务和模型服务器是三种常见的模型服务策略。
- 模型服务方法涉及为每个模型、每个模型版本或每种类型的模型构建预测服务。
- 模型服务器方法只构建一个预测服务，但它可以运行使用不同算法和框架训练的模型，并且可以运行每个模型的不同版本。
- 在设计模型服务系统时，首先要理解使用案例，以便决定最合适的服务方法。
- 成本效率是设计模型服务系统的主要目标；成本包括服务部署、维护、监控、基础设施和服务开发。
- 对于单一模型应用，我们建议使用模型服务方法。
- 对于多租户应用，我们建议使用带有内存模型缓存的模型服务方法。
- 对于支持多个具有不同类型模型的应用，模型服务器和预测平台是最合适的方法。它们包括统一的预测 API、路由组件、图执行组件和多个模型服务器后端。

第 7 章

模型服务实践

本章涵盖以下内容：
- 使用模型服务方法构建示例预测器
- 使用 TorchServe 和模型服务器方法构建示例服务
- 浏览流行的开源模型服务库和系统
- 解释生产模型发布过程
- 讨论模型发布后的监控

在第 6 章中，我们讨论了模型服务的概念，以及用户场景和设计模式。在本章中，我们将专注于这些概念在生产中的实际实现。

正如我们所说的，当前实现模型服务的一个挑战是有太多的可能方法。除了多个黑盒解决方案外，还有许多自定义和从头开始构建整个或部分模型服务的选项。我们认为向你展示具体示例是教你如何选择正确方法的最佳途径。

本章中，我们将实现两个示例服务，演示两种常用的模型服务方法：一个使用自构建的模型服务容器，展示了模型服务方法（7.1 节）；另一个使用 TorchServe（一个用于 PyTorch 模型的模型服务器），展示了模型服务器方法（7.2 节）。这两个示例服务都用于提供在第 3 章中训练的意图分类模型的预测功能。通过完成这些示例，我们将在 7.3 节介绍最受欢迎的开源模型服务工具，帮助你了解它们的特点、最佳用途以及影响你决策的其他重要因素。在本章的其余部分，我们将重点关注模型服务的操作和监控，包括将模型部署到生产环境并监控模型的性能。

阅读本章，你不仅会对不同的模型服务设计有具体的理解，还将了解如何选择适合自己情况的正确方法。更重要的是，本章将呈现模型服务领域的整体视角，不仅涵盖了构建模型服务，还包括在构建模型服务系统后的运营和监控。

注意　本章中，模型服务、模型推理和模型预测这几个术语可以互换使用。它们都指的是使用给定数据点来执行模型的操作。

7.1　模型服务示例

在本节中，我们将向你展示第一个预测服务示例。该服务采用了模型服务方法（6.2.2

节），可用于单模型应用（6.3.1 节）和多租户应用（6.3.2 节）。

这个示例服务遵循了单模型应用设计（6.3.1 节），它包含一个前端 API 组件和一个后端预测器。我们还对预测器进行了一些改进，以支持多个意图分类模型。我们将按照以下步骤来浏览这个示例服务：

1）在本地运行示例预测服务。

2）讨论系统设计。

3）查看其子组件（前端服务和后端预测器）的实现细节。

7.1.1 运行示例服务

代码清单 7.1 显示了如何在本地计算机上运行示例预测服务。以下脚本首先运行后端预测器，然后运行前端服务。

注意 设置预测服务有点烦琐；我们需要运行元数据和存储服务，并准备好模型。为了清楚地演示这个想法，代码清单 7.1 突出显示了主要的设置步骤。要使模型服务在本地计算机上工作，请完成附录 A 中的实验（A.2 节），然后使用代码 ./scripts/lab-004-model-serving.sh {run_id} {document} 来发送模型预测请求。

代码清单 7.1 启动预测服务

```
# step 1: start backend predictor service
docker build -t orca3/intent-classification-predictor:latest \          ❶
  -f predictor/Dockerfile predictor

docker run --name intent-classification-predictor \                     ❷
    --network orca3 --rm -d -p "${ICP_PORT}":51001 \                    ❷
    -v "${MODEL_CACHE_DIR}":/models \                                   ❷
    orca3/intent-classification-predictor:latest

# step 2: start the prediction service (the web api)
docker build -t orca3/services:latest -f \                              ❸
  services.dockerfile .

docker run --name prediction-service --network orca3 \                  ❹
    --rm -d -p "${PS_PORT}":51001 -v "${MODEL_CACHE_DIR}":/tmp/modelCache \
    orca3/services:latest prediction-service.jar
```

❶ 构建预测器 Docker 镜像

❷ 运行预测器服务容器

❸ 构建预测服务镜像

❹ 运行预测服务容器

一旦服务启动，你可以向其发送预测请求；服务将加载在第 3 章中训练的意图分类模型，对给定的文本运行模型预测，并返回预测结果。在下面的示例中，将文本字符串 "merry christmas" 发送到该服务，并预测为 "joy" 类别：

```
#./scripts/lab-004-model-serving.sh 1 "merry christmas"
grpcurl -plaintext
  -d "{
```

```
    "runId": "1",                        ❶
    "document": "merry christmas"        ❷
  }"
localhost:"${PS_PORT}"
prediction.PredictionService/Predict


model_id is 1                            ❸
document is hello world                  ❸
{
  "response": "{\"result\": \"joy\"}"   ❸
}
```

❶ 指定响应的模型 ID
❷ 预测负载
❸ 预测响应，预测类别

7.1.2　服务设计

这个示例服务包括一个前端接口组件和一个后端预测器。前端组件执行三个操作：托管公共预测 API、从元数据存储中下载模型文件到共享磁盘卷，并将预测请求转发给后端预测器。后端预测器是一个自构建的预测器容器，它负责加载意图分类模型，并执行这些模型来处理预测请求。

这个预测服务有两个外部依赖项：元数据存储服务和共享磁盘卷。元数据存储保存有关模型的所有信息，例如，模型算法名称、模型版本和指向实际模型文件的云存储的模型 URL。共享磁盘卷允许前端服务和后端预测器之间共享模型文件。你可以在图 7.1 中看到模型服务过程的端到端概览。

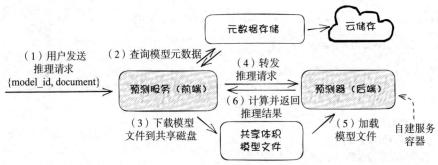

图 7.1　一个系统概览和模型服务的端到端工作流

对于图 7.1 中示例模型服务的系统设计，完成一个预测请求需要六个步骤。让我们逐步讨论图中标有数字的每个步骤：

1）用户向预测服务（前端组件）发送预测请求，请求中包含指定的模型 ID 和文本字符串（称为 document）。模型 ID 是由训练服务生成的唯一标识符，用于识别其生成的每个模型。

2）前端服务通过搜索模型 ID 从元数据存储中获取模型元数据。对于每个成功训练的模型，训练服务会将模型文件保存到云存储，并将模型元数据（模型 ID、版本、名称和

URL）保存到元数据存储中；这就是为什么我们可以在元数据存储中找到模型信息。

3）如果模型文件尚未下载，前端组件将其下载到共享磁盘卷。

4）前端组件将推理请求转发给后端预测器。

5）后端预测器通过从共享磁盘卷读取模型文件将意图分类模型加载到内存中。

6）后端预测器执行模型对给定的文本字符串进行预测，并将预测结果返回给前端组件。

7.1.3 前端服务

现在，让我们专注于前端服务。前端服务有三个主要组件：Web 接口、预测器管理和预测器后端客户端（CustomGrpcPredictorBackend）。这些组件负责响应托管公共 gRPC 模型服务 API，并管理后端预测器的连接和通信。图 7.2 展示了前端服务的内部结构以及在接收到预测请求时的内部工作流。

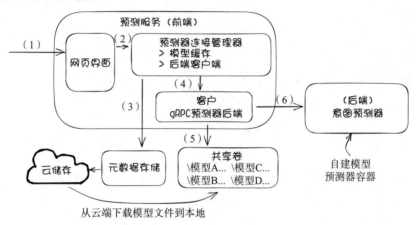

图 7.2 前端服务设计和模型服务工作流

让我们考虑图 7.2 中描述的模型服务工作流中的意图预测场景，并应用我们刚刚回顾的六个步骤：

1）用户向 Web 接口发送带有模型 ID A 的意图预测请求。

2）Web 接口调用预测器连接管理器来处理这个请求。

3）预测器连接管理器通过查询元数据存储来获取模型元数据，通过搜索模型 ID 等于 A 的模型 ID。返回的模型元数据包含模型算法类型和模型文件 URL。

4）根据模型算法类型，预测器管理器选择合适的预测器后端客户端来处理该请求。在这种情况下，它选择 CustomGrpcPredictorBackend，因为我们正在演示一个用于意图分类的自构建模型服务容器。

5）CustomGrpcPredictorBackend 客户端首先检查共享的模型文件磁盘中是否存在模型 A 的文件。如果之前尚未下载过该模型，它会使用模型元数据中的模型 URL 从云存储中下载模型文件到共享文件磁盘。

6）CustomGrpcPredictorBackend 客户端接着调用预先在服务配置文件中注册的模型预测器。在这个示例中，CustomGrpcPredictorBackend 将调用我们自构建的预测器，即意图预测器，这将在 7.1.4 节中讨论。

现在我们已经回顾了系统设计和工作流，让我们考虑主要组件的实际代码实现，包括 Web 接口（预测 API）、预测器连接管理器、预测器后端客户端和意图预测器。

1. 前端服务模型服务代码实现概述

代码清单 7.2 突出了图 7.2 中提到的预测工作流的核心实现。你还可以在 src/main/ java/org/orca3/miniAutoML/prediction/PredictionService.java 中 找 到 完整的实现。

代码清单 7.2 前端服务预测工作流

```
public void predict(PredictRequest request, .. .. ..) {
    .. .. ..
    String runId = request.getRunId();                              ❶

    if (predictorManager.containsArtifact(runId)) {                 ❷
      artifactInfo = predictorManager.getArtifact(runId);
    } else {
      try {
        artifactInfo = msClient.getArtifact(                        ❷
                  GetArtifactRequest.newBuilder()
                  .setRunId(runId).build());
      } catch (Exception ex) {
        .. .. ..
      }
    }

    # Step 4, pick predictor backend client by model algorithm type
    PredictorBackend predictor;
    if (predictorManager.containsPredictor(
          artifactInfo.getAlgorithm())) {

      predictor = predictorManager.getPredictor(                    ❸
          artifactInfo.getAlgorithm());
    } else {
      .. .. ..
    }

    # Step 5, use the selected predictor client to download the model files
    predictor.downloadModel(runId, artifactInfo);                   ❹

    # Step 6, use the selected predictor client to call
    # its backend predictor for model serving
    String r = predictor.predict(                                   ❺
        artifactInfo, request.getDocument());                       ❺
    .. .. ..
}
```

❶ 获取所需的模型 ID
❷ 从元数据存储中获取模型元数据
❸ 根据模型算法类型选择后端预测器
❹ 下载模型文件
❺ 调用后端预测器运行模型推理

2. 预测 API

前端服务仅提供一个 API，名为 `Predict`，用于发出预测请求。该请求有两个参数，`runId` 和 `document`。`runId` 不仅用于在训练服务（第 3 章）中引用模型训练运行，还可以用作引用模型的模型 ID。而 `document` 则是用户希望进行预测的文本。

通过使用 `Predict` API，用户可以指定一个意图模型（使用 `runId`）来预测给定文本字符串（`document`）的意图。代码清单 7.3 显示了 `Predict` API 的 gRPC 合约（`grpc-contract/src/main/proto/prediction_service.proto`）。

代码清单 7.3　预测服务 gRPC 接口

```
service PredictionService {
 rpc Predict(PredictRequest) returns (PredictResponse);
}

message PredictRequest {
 string runId = 3;
 string document = 4;
}

message PredictResponse {
 string response = 1;
}
```

3. 预测器连接管理器

前端服务的一个重要角色是路由预测请求。给定一个预测请求，前端服务需要根据请求中所需的模型算法类型找到正确的后端预测器。这个路由功能由 `PredictorConnectionManager` 完成。在我们的设计中，模型算法和预测器的映射是预先定义在环境属性中的。服务启动时，`PredictorConnectionManager` 会读取这个映射，这样服务就知道哪个后端预测器用于哪种模型算法类型。

尽管在这个示例中我们仅演示了自构建的意图分类预测器，但是 `PredictorConnectionManager` 可以支持任何其他类型的后端预测器。让我们通过代码清单 7.4（`config/config-docker-docker.properties`）来看如何配置模型算法和预测器的映射。

代码清单 7.4　模型算法和预测器映射配置

```
# the algorithm and predictor mapping can be defined in
# either app config or docker properties

# enable algorithm types
ps.enabledPredictors=intent-classification

# define algorithm and predictors mapping
# predictor.<algorithm_type>.XXX = predictor[host, port, type]

predictors.intent-classification.host= \          ❶
  Intent-classification-predictor                 ❶
predictors.intent-classification.port=51001
predictors.intent-classification.techStack=customGrpc
```

❶　将意图分类预测器映射到意图分类算法

现在，让我们回顾代码清单 7.5，看看预测器管理器如何读取算法和预测器映射，并使用这些信息来初始化预测器后端客户端以发送预测请求。完整的实现位于 predictionservice/src/main/java/org/orca3/miniAutoML/prediction/ PredictorConnectionManager.java。

代码清单 7.5　预测器管理器加载算法和预测器映射

```java
public class PredictorConnectionManager {
  private final Map<String, List<ManagedChannel>>
    channels = new HashMap<>();

  private final Map<String, PredictorBackend>          ❶
    clients = new HashMap<>();

  private final Map<String, GetArtifactResponse>       ❷
    artifactCache;

  // create predictor backend objects for
  // the registered algorithm and predictor
  public void registerPredictor(String algorithm,
      Properties properties) {

    String host = properties.getProperty(              ❸
      String.format("predictors.%s.host", algorithm));

    int port = Integer.parseInt(properties.getProperty( ❸
      String.format("predictors.%s.port", algorithm)));

    String predictorType = properties.getProperty(     ❸
      String.format("predictors.%s.techStack", algorithm));

    ManagedChannel channel = ManagedChannelBuilder
      .forAddress(host, port)
      .usePlaintext().build();

    switch (predictorType) {
      .. ..
      case "customGrpc":                               ❹
      default:
        channels.put(algorithm, List.of(channel));
        clients.put(algorithm, new CustomGrpcPredictorBackend(
          channel, modelCachePath, minioClient));
      break;
    }
  }

  .. .. ..
}
```

❶ 预测器后端映射的算法
❷ 模型元数据缓存；键字符串是模型 ID
❸ 从配置中读取算法和预测器映射
❹ 创建预测器后端客户端并将其保存在内存中

在代码清单 7.5 中，我们可以看到 PredictorConnectionManager 类提供了

registerPredictor 函数用于注册预测器。它首先从属性中读取算法和预测器映射信息，然后创建实际的预测器后端客户端 CustomGrpcPredictorBackend，以与后端意图预测容器进行通信。

你可能还注意到 PredictorConnectionManager 类有一些缓存，比如模型元数据缓存（artifactCache）和模型后端预测器客户端（clients）。这些缓存可以大大提高模型服务的效率。例如，模型元数据缓存（artifactCache）可以通过避免为已经下载的模型调用元数据存储服务来减少预测请求的响应时间。

4. 预测器后端客户端

预测器后端客户端是前端服务用于与不同预测器后端交互的对象。按照设计，每种类型的预测器后端支持自己类型的模型，并且它有自己的用于通信的客户端，这些客户端被创建并存储在 PredictorConnectionManager 中。每个预测器后端客户端都继承一个名为 PredictorBackend 的接口，如代码清单 7.6 所示。

代码清单 7.6　预测器后端接口

```java
public interface PredictorBackend {
    void downloadModel(String runId,
            GetArtifactResponse artifactResponse);

    String predict(GetArtifactResponse artifact, String document);

    void registerModel(GetArtifactResponse artifact);
}
```

downloadModel、predict 和 registerModel 这三个方法都是不言自明的。每个客户端都实现这些方法来下载模型并向其注册的后端服务发送预测请求。参数 GetArtifact-Response 是从元数据存储中获取的模型元数据对象。

在这个例子中（意图预测器），预测器后端客户端是 CustomGrpcPredictorBackend。你可以在 prediction-service/src/main/java/org/orca3/miniAutoML/prediction/CustomGrpcPredictorBackend.java 找到详细的实现。以下代码片段展示了这个客户端如何使用 gRPC 协议向自建意图预测器容器发送预测请求：

```java
// calling backend predictor for model serving
public String predict(GetArtifactResponse artifact, String document) {
    return stub.predictorPredict(PredictorPredictRequest
        .newBuilder().setDocument(document)        ❶
        .setRunId(artifact.getRunId())             ❷
        .build()).getResponse();
}
```

❶　模型的文本输入
❷　模型 ID

7.1.4　意图分类预测器

我们已经看到了前端服务及其内部路由逻辑，现在让我们来看一下这个样例预测服务的最后一部分，即后端预测器。为了向你展示一个完整的深度学习用例，我们实现了一个预测器容器来执行第三章中训练的意图分类模型。

我们可以将这个自建意图分类预测器看作是一个独立的微服务，可以同时为多个意图模型提供服务。它具有 gRPC Web 接口和模型管理器。模型管理器是预测器的核心部分，它执行多项任务，包括加载模型文件，初始化模型，将模型缓存在内存中，并使用用户输入执行模型。图 7.3 展示了预测器的设计图和预测器内部的预测工作流。

让我们使用一个针对模型 A 的意图预测请求来考虑图 7.3 中的工作流。它按以下步骤运行：

1）前端服务中的预测器客户端调用预测器的 gRPC Web 接口来运行使用模型 A 的意图预测。

2）请求激活了模型管理器。

3）模型管理器从共享磁盘卷加载模型 A 的模型文件，并将其初始化并放入模型缓存中。模型文件应该由前端服务放置在共享磁盘卷上。

4）模型管理器借助转换器的帮助执行模型 A，对输入和输出数据进行预处理和后处理。

5）返回预测结果。

接下来，让我们来看一下工作流中提到的组件的实际实现。

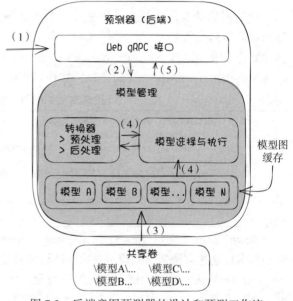

图 7.3   后端意图预测器的设计和预测工作流

1. 预测 API

意 图 预 测 器 有 一 个 API——PredictorPredict（参见代码清单 7.7）。它接受两个参数，runId 和 document。其中，runId 是模型的 ID，而 document 是一个文本字符串。你可以在 grpc-contract/src/main/proto/prediction_service.proto 中找到完整的 gRPC 合约。

代码清单 7.7   意图预测器 gRPC 接口

```
service Predictor {
 rpc PredictorPredict(PredictorPredictRequest) returns
    (PredictorPredictResponse);
}

message PredictorPredictRequest {
 string runId = 1;
 string document = 2;
}
message PredictorPredictResponse {
 string response = 1;
}
```

你可能会注意到，预测器的 API 与前端 API（代码清单 7.2）是相同的，这是出于进行简化的考虑。但在真实世界的应用中，它们通常是不同的，主要是因为它们是为不同的目的而设计的。预测器的预测 API 是为了模型执行而设计的，而前端的预测 API 是为了满足客户和业务的需求而设计的。

2. 模型文件

我们在模型训练服务（第 3 章）中生成的每个意图分类模型都有三个文件。manifest.json 文件包含了模型的元数据和数据集标签；预测器需要这些信息将模型预测结果从整数转换为有意义的文本字符串。model.pth 是模型的学习参数；预测器将读取这些网络参数来配置模型的神经网络以进行模型服务。vocab.pth 是模型训练中使用的词汇文件，这对于服务也是必要的，因为我们需要它将用户输入（字符串）转换为模型输入（十进制数）。让我们回顾一下示例意图模型：

```
├── manifest.json                    ❶
├── model.pth                        ❷
└── vocab.pth                        ❸

// A sample manifest.json file
{
  "Algorithm": "intent-classification",
  "Framework": "Pytorch",            ❹
  "FrameworkVersion": "1.9.0",
  "ModelName": "intent",
  "CodeVersion": "80bf0da",
  "ModelVersion": "1.0",
  "classes": {                       ❺
    "0": "cancel",
    "1": "ingredients_list",
    "2": "nutrition_info",
    "3": "greeting",
    .. .. ..
}
```

❶ 模型元数据和数据集标签
❷ 模型权重文件
❸ 词汇文件
❹ 模型元数据
❺ 数据集标签

在保存 PyTorch 模型时，有两种选择：序列化整个模型或仅序列化学习到的参数。第一种选项会序列化整个模型对象，包括它的类和目录结构，而第二种选项只保存模型网络的可学习参数。

根据 Matthew Inkawhich 在文章"PyTorch: Saving and Loading Models"中的建议，PyTorch 团队推荐仅保存模型的学习参数（即模型的 state_dict）。如果我们保存整个模型，序列化的数据会与保存模型时使用的特定类和精确目录结构绑定在一起。模型类本身不会被保存，而是保存包含类的文件。因此，在加载时，序列化的模型代码在其他项目中使用或进行重构后可能会出现各种问题。

因此，我们在训练后仅将模型的 `state_dict` （学习参数）保存为模型文件；在本例中，就是 `model.pth` 文件。我们使用以下代码进行保存：`torch.save(model.state_dict(), model_local_path)`。因此，预测器需要知道模型的神经网络架构（参见代码清单 7.8）来加载模型文件，因为模型文件只是 `state_dict`，即模型网络的参数。

代码清单 7.8（`predictor/predict.py`）展示了我们用于在预测器中加载模型文件（仅包含参数的 `model.pth`）的模型架构。服务中的模型执行代码派生自模型训练代码。如果你将以下清单中的模型定义与我们训练代码中的 `TextClassificationModel` 类（`training-code/text-classification/train.py`）进行比较，你会发现它们是相同的。这是因为模型服务本质上是模型训练的运行。

代码清单 7.8　模型的神经网络（架构）

```
class TextClassificationModel(nn.Module):

    def __init__(self, vocab_size, embed_dim,    ❶
        fc_size, num_class):                     ❶

        super(TextClassificationModel, self).__init__()
        self.embedding = nn.EmbeddingBag(vocab_size, embed_dim, sparse=True)
        self.fc1 = nn.Linear(embed_dim, fc_size)
        self.fc2 = nn.Linear(fc_size, num_class)
        self.init_weights()

    def forward(self, text, offsets):
        embedded = self.embedding(text, offsets)
        return self.fc2(self.fc1(embedded))
```

❶ 定义模型架构

你可能会想知道训练代码和模型服务代码是否现在已经合并在一起。当训练代码发生变化时，似乎预测器中的模型服务代码也需要进行调整。这只是部分正确的，情况往往取决于模型训练算法的变化对模型服务的影响。以下是这种关系的一些细微差别。

首先，训练代码和模型服务代码只需要在神经网络架构和输入 / 输出数据模式上保持同步。其他模型训练中的更改，如训练策略、超参数调整、数据集划分和增强，不会影响模型服务，因为它们只会导致模型权重和偏置文件的变化。其次，当神经网络架构在训练过程中发生变化时，应引入模型版本控制。实际上，每次模型训练或重新训练都会为输出的模型分配一个新的模型版本。因此，我们需要解决的问题是如何为不同版本的模型提供服务。

这个示例服务没有处理模型版本管理。然而，在 7.5 节和第 8 章中，我们将深入讨论模型版本的元数据管理。我们在这里只是简单描述了大致的想法。

如果你使用了类似的自定义预测器后端的模型服务方法，你需要准备多个版本的预测器后端，以适应使用不同神经网络架构训练的模型。在发布模型时，训练代码、服务代码和模型文件的版本需要作为模型元数据的一部分进行关联，并保存在元数据存储中。因此，在服务时，预测服务（前端服务）可以查询元数据存储，确定为给定模型路由请求的预测器版本。

如果你使用模型服务器方法，为具有不同版本的模型提供服务会变得更加容易，因为这种方法打破了服务代码（模型执行代码）和训练代码之间的依赖关系。你可以在 7.2 节中看到一个具体的例子。

注意 正如我们在第 6 章（6.1.3 节）中提到的，模型训练和模型服务都利用了相同的机器学习算法，但在不同的执行模式下：学习和评估。然而，我们还想再次澄清这个概念。理解训练代码、服务代码和模型文件之间的关系是构建服务系统设计的基础。

3. 模型管理器

模型管理器是这个意图预测器的关键组件。它拥有一个内存模型缓存，加载模型文件并执行模型。代码清单 7.9（predictor/predict.py）展示了模型管理器的核心代码。

代码清单 7.9 意图预测器模型管理器

```
class ModelManager:
  def __init__(self, config, tokenizer, device):
    self.model_dir = config.MODEL_DIR
    self.models = {}                                         ❶

  # load model file and initialize model
  def load_model(self, model_id):
    if model_id in self.models:
      return

    # load model files, including vocabulary, prediction class mapping.
    vacab_path = os.path.join(self.model_dir, model_id, "vocab.pth")
    manifest_path = os.path.join(self.model_dir, model_id, "manifest.json")
    model_path = os.path.join(self.model_dir, model_id, "model.pth")

    vocab = torch.load(vacab_path)
    with open(manifest_path, 'r') as f:
    manifest = json.loads(f.read())
    classes = manifest['classes']

    # initialize model graph and load model weights
    num_class, vocab_size, emsize = len(classes), len(vocab), 64
    model = TextClassificationModel(vocab_size, emsize,
      self.config.FC_SIZE, num_class).to(self.device)
    model.load_state_dict(torch.load(model_path))
    model.eval()

    self.models[self.model_key(model_id)] = model             ❷
self.models[self.model_vocab_key(model_id)]                    ❷
  ➡ = vocab                                                    ❷
self.models[self.model_classes(model_id)]                      ❷
  ➡ = classes                                                  ❷

  # run model to make prediction
  def predict(self, model_id, document):
    # fetch model graph, dependency and
```

```
# classes from cache by model id
model = self.models[self.model_key(model_id)]
vocab = self.models[self.model_vocab_key(model_id)]
classes = self.models[self.model_classes(model_id)]

def text_pipeline(x):
  return vocab(self.tokenizer(x))

# transform user input data (text string)
# to model graph's input
processed_text = torch.tensor(text_pipeline(document), dtype=torch.int64)
offsets = [0, processed_text.size(0)]
offsets = torch.tensor(offsets[:-1]).cumsum(dim=0)

val = model(processed_text, offsets)                    ❸

# convert prediction result from an integer to
# a text string (class)
res_index = val.argmax(1).item()
res = classes[str(res_index)]
print("label is {}, {}".format(res_index, res))
return res
```

❶ 将模型托管在内存中

❷ 缓存模型图；内存中的依赖关系和类

❸ 运行模型获得预测结果

4. 意图预测器预测请求工作流

在了解了意图预测器的主要组件后，让我们看看这个预测器内部的端到端工作流。首先，我们通过将 `PredictorServicer` 注册到 gRPC 服务器来暴露预测 API，这样前端服务就可以远程与预测器通信。其次，当前端服务调用 `PredictorPredict` API 时，模型管理器将加载模型到内存中，运行模型并返回预测结果。代码清单 7.10 突出了上述工作流的代码实现。你可以在 `predictor/predict.py` 找到完整的实现。

代码清单 7.10 意图预测器预测工作流

```
def serve():
  .. .. ..
  model_manager = ModelManager(config,
    tokenizer=get_tokenizer('basic_english'), device="cpu")
  server = grpc.server(futures.
    ThreadPoolExecutor(max_workers=10))                    ❶

  prediction_service_pb2_grpc.add_PredictorServicer_to_server(
    PredictorServicer(model_manager), server)             ❷
  .. .. ..

class PredictorServicer(prediction_service_pb2_grpc.PredictorServicer):
  def __init__(self, model_manager):
    self.model_manager = model_manager

  # Serving logic
  def PredictorPredict(self, request, context: grpc.ServicerContext):
```

```
# load model
self.model_manager.load_model(model_id=request.runId)

class_name = self.model_manager.                          ❸
  predict(request.runId, request.document)
return PredictorPredictResponse(response=json.dumps({'res': class_name}))
```

❶ 启动 gRPC 服务器
❷ 注册模型服务逻辑到公共 API
❸ 做出预测

7.1.5 模型驱逐

示例代码未涵盖模型驱逐，即从预测服务的内存空间中清除不经常使用的模型文件。在设计中，对于每个预测请求，预测服务将从元数据存储中查询和下载请求的模型，然后从本地磁盘读取并初始化模型到内存中。对于某些模型，这些操作较为耗时。

为了减少每个模型预测请求的延迟，我们的设计在模型管理器组件（内存中）中缓存模型图，以避免加载已经使用过的模型。但想象一下，我们可以继续训练新的意图分类模型并对其进行预测。这些新产生的模型将不断加载到模型管理器的模型缓存中，最终导致预测器内存溢出。

为了解决这类问题，模型管理器需要升级，引入模型驱逐功能。例如，我们可以使用LRU（一般很少使用）算法重建模型管理器的模型缓存。借助 LRU，我们可以仅保留最近访问过的模型在模型缓存中，并在当前加载的模型超过内存阈值时驱逐最少访问的模型。

7.2 TorchServe 模型服务器示例

在本节中，我们将为你展示使用模型服务器方法构建预测服务的示例。更具体地说，我们使用 TorchServe 后端（一个为 PyTorch 模型构建的模型服务工具）来替换前面部分（7.1.4 节）中讨论的自建预测器。

为了与 7.1 节中的模型服务方法进行公平比较，我们开发了这个模型服务器方法示例，重用了前面部分中展示的前端服务。更确切地说，我们只添加了另一个预测器后端，仍然使用前端服务、gRPC API 和意图分类模型来演示相同的端到端预测工作流。

在 7.1.4 节中，意图预测器与 TorchServe 预测器（模型服务器方法）之间有一个重大区别。相同的 TorchServe 预测器可以为任何 PyTorch 模型提供服务，而不管其预测算法是什么。

7.2.1 与服务进行交互

因为这个模型服务器示例是在前面的样例服务基础上开发的，所以我们以同样的方式与预测服务进行交互。唯一的区别是我们启动了一个 TorchServe 后端（容器），而不是启动一个自建的意图预测器容器。代码清单 7.11 只展示了启动服务和发送意图预测请求的关键步骤。要在本地运行该实验，请完成附录 A 中的实验（A.2 节），并参考 scripts/lab-006-model-serving-torchserve.sh 文件。

代码清单 7.11　启动预测服务并进行预测调用

```
# step 1: start torchserve backend
docker run --name intent-classification-torch-predictor\
 --network orca3 --rm -d -p "${ICP_TORCH_PORT}":7070 \
 -p "${ICP_TORCH_MGMT_PORT}":7071 \
 -v "${MODEL_CACHE_DIR}":/models \                        ❶
 -v "$(pwd)/config/torch_server_config.properties": \
     /home/model-server/config.properties \
 pytorch/torchserve:0.5.2-cpu torchserve \               ❷
 --start --model-store /models                           ❸

# step 2: start the prediction service (the web frontend)
docker build -t orca3/services:latest -f services.dockerfile .
docker run --name prediction-service --network orca3 \
  --rm -d -p "${PS_PORT}":51001 \
  -v "${MODEL_CACHE_DIR}":/tmp/modelCache \              ❹
orca3/services:latest  \
prediction-service.jar

# step 3: make a prediction request, ask intent for "merry christmas"
grpcurl -plaintext
  -d "{
    "runId": "${MODEL_ID}",
    "document": "merry christmas"
}"
 localhost:"${PS_PORT}" prediction.PredictionService/Predict
```

❶ 将本地目录挂载到 TorchServe 容器
❷ 开启 TorchServe
❸ 设置 TorchServe，从 /models 目录加载模型
❹ 为预测服务下载模型设置本地模型目录

7.2.2　服务设计

这个示例服务遵循图 7.1 中相同的系统设计，唯一的区别是预测器后端变成了 TorchServe 服务器。请参考图 7.4 查看更新后的系统设计。

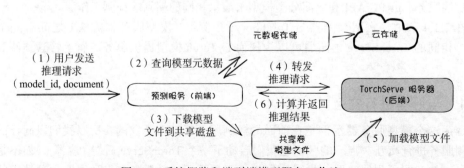

图 7.4　系统概览和端到端模型服务工作流

从图 7.4 中，我们可以看到模型服务的工作流与图 7.1 中的模型服务示例保持一致。用户调用预测服务的前端 API 发送模型服务请求；前端服务然后下载模型文件并将预测请求转发给 TorchServe 后端。

7.2.3　前端服务

在 7.1.3 节中，我们建立了前端服务，它可以通过在预测器连接管理器中注册预测器来支持不同的预测器后端。当收到一个预测请求时，预测器连接管理器会通过检查请求的模型算法类型来将请求路由到适当的预测器后端。

按照之前的设计，为了支持新的 TorchServe 后端，我们在前端服务中添加了一个新的预测器客户端（TorchGrpcPredictorBackend）来表示 TorchServe 后端。请参考图 7.5 查看更新后的系统设计。

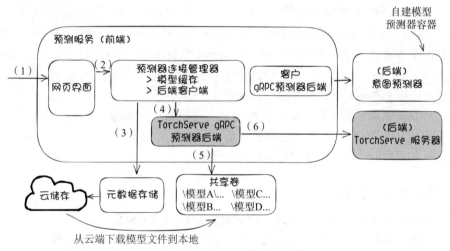

图 7.5　前端服务设计和模型服务工作流

在图 7.5 中，我们添加了两个灰色方框；它们分别是 TorchServe 的 gRPC 预测器后端客户端（TorchGrpcPredictorBackend）和 TorchServe 后端服务器。TorchGrpcPredictor-Backend 通过下载模型文件并向 TorchServe 容器发送预测请求来进行响应。在这个示例中，预测器连接管理器会选择 TorchServe 后端，因为请求的模型元数据（在元数据存储中）会将 TorchServe 定义为其预测器。

7.2.4　TorchServe 后端

TorchServe 是由 PyTorch 团队构建的用于提供 PyTorch 模型服务的工具。TorchServe 作为一个黑盒运行，并为模型预测和内部资源管理提供 HTTP 和 gRPC 接口。图 7.6 展示了在这个示例中如何使用 TorchServe 的工作流。

在我们的示例代码中，我们将 TorchServe 作为一个 Docker 容器运行，这是由 PyTorch 团队提供的，然后将一个本地文件目录挂载到容器中。这个文件目录作为 TorchServe 进程的模型存储。在图 7.6 中，我们需要三个步骤来运行模型预测。首先，我们将 PyTorch 模型文件复制到模型存储目录。其次，我们调用 TorchServe 管理 API 将模型注册到 TorchServe 进程。最后，我们调用 TorchServe API 来运行模型预测，即在我们的例子中就是意图分类模型。

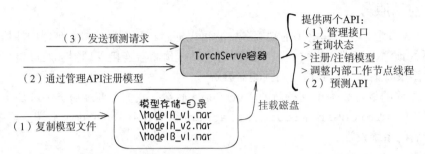

图 7.6　TorchServe 后端的模型服务工作流：TorchServe 应用程序作为黑盒运行

与 7.1.4 节中的自建意图预测器相比，TorchServe 要简单得多。我们可以在不编写任何代码的情况下完成模型服务工作；只需设置一个具有磁盘共享的 Docker 容器即可。而且，与只适用于意图分类算法的意图预测器不同，TorchServe 不受任何特定训练算法的约束；只要模型是使用 PyTorch 框架训练的，它就可以提供服务。

然而，TorchServe 提供的巨大灵活性和便利性也有一些要求。TorchServe 要求操作者使用他们自己的一套 API 来发送模型服务请求，并且要求模型文件以 TorchServe 格式打包。在接下来的两个小节中，我们将讨论这些要求。

7.2.5　TorchServe API

TorchServe 提供许多类型的 API，例如健康检查、模型解释、模型服务、工作进程管理和模型注册。每个 API 都有两种实现方式：HTTP 和 gRPC。由于 TorchServe 在其官方网站（https://pytorch.org/serve/）和 GitHub 仓库（https://github.com/pytorch/serve）上对其 API 契约和用法进行了非常详细的说明，你可以在那里找到详细信息。在本节中，我们将重点介绍我们在示例服务中使用的模型注册和模型推理 API。

1. 模型注册 API

因为 TorchServe 采用黑盒方式进行模型服务，所以在使用模型之前需要先注册模型。更具体地说，在我们将模型文件放置在 TorchServe 的模型存储（一个本地文件目录）之后，TorchServe 不会自动加载该模型。我们需要将模型文件和模型的执行方法注册到 TorchServe 中，这样 TorchServe 就知道如何与这个模型一起工作。

在我们的代码示例中，我们使用 TorchServe 的 gRPC 模型注册 API 从预测服务中注册我们的意图模型，如下所示：

```
public void registerModel(GetArtifactResponse artifact) {
    String modelUrl = String.format(MODEL_FILE_NAME_TEMPLATE,
        artifact.getRunId());
```

```
String torchModelName = String.format(TORCH_MODEL_NAME_TEMPLATE,
        artifact.getName(), artifact.getVersion());
ManagementResponse r = managementStub.registerModel(          ❶
        RegisterModelRequest.newBuilder()
        .setUrl(modelUrl)
        .setModelName(torchModelName)
        .build());

# Assign resource (TorchServe worker) for this model
managementStub.scaleWorker(ScaleWorkerRequest.newBuilder()
        .setModelName(torchModelName)
        .setMinWorker(1)
        .build());
}
```

❶ 通过提供模型文件和模型名称将模型注册到 TorchServe

TorchServe 模型文件已经包含了模型的元数据，包括模型版本、模型运行时和模型服务入口点。因此，在注册模型时，通常我们只需要在 registerModel API 中设置模型文件名。除了模型注册，我们还可以使用 scaleWorker API 来控制为该模型分配多少计算资源。

2. 模型推理 API

TorchServe 为各种模型提供了统一的模型服务 API，这使得 TorchServe 使用起来非常简单。要对模型的默认版本进行预测，可以发出 REST 调用：POST/predictions/{model_name}。要对已加载模型的特定版本进行预测，可以发出 REST 调用：POST/predictions/{model_name}/{version}。预测请求中的内容以二进制格式输入。例如：

```
# prediction with single input on model resnet-18
curl http://localhost:8080/predictions/resnet-18 \
 -F "data=@kitten_small.jpg"

# prediction with multiple inputs on model squeezenet1_1
curl http://localhost:8080/predictions/squeezenet1_1 \
 -F 'data=@docs/images/dogs-before.jpg' \
 -F 'data=@docs/images/kitten_small.jpg'
```

在我们的示例服务中，我们使用 gRPC 接口将预测请求发送到 TorchServe。代码清单 7.12 展示了 TorchGrpcPredictorBackend 客户端将预测请求从前端 API 调用转换为 TorchServe 后端的 gRPC 调用。你可以在 prediction-service/src/main/java/org/orca3/miniAutoML/prediction/TorchGrpcPredictorBackend.java 中找到 TorchGrpcPredictorBackend 的完整源代码。

代码清单 7.12 从前端服务调用 TorchServe 预测 API

```
// call TorchServe gRPC prediction api
public String predict(GetArtifactResponse artifact, String document) {
  return stub.predictions(PredictionsRequest.newBuilder()
        .setModelName(String.format(TORCH_MODEL_NAME_TEMPLATE,
```

```
                artifact.getName(), artifact.getVersion()))
      .putAllInput(ImmutableMap.of("data",                        ❶
        ByteString.copyFrom(document, StandardCharsets.UTF_8)))
          .build()).getPrediction()
      .toString(StandardCharsets.UTF_8);
}
```

❶ 将文本输入转换为二进制格式以调用 TorchServe

7.2.6　TorchServe 模型文件

到目前为止，你已经了解了 TorchServe 的模型服务工作流和 API。你可能会想知道当 TorchServe 对模型一无所知时，它是如何进行模型服务的。在第 6 章，我们了解到为了提供模型服务，预测服务需要知道模型算法和模型输入/输出架构。令人意外的是，TorchServe 在不知道模型算法和模型输入/输出数据格式的情况下运行模型服务，而这其中的决窍在于 TorchServe 的模型文件。

TorchServe 要求将模型打包成特殊的 .mar 文件。我们可以使用 torch-model-archiver 命令行工具或 model_archiver Python 库将 PyTorch 模型文件打包成 .mar 文件。

要创建一个 TorchServe 的 .mar 文件，我们需要提供模型名称、模型文件（.pt 或 .pth 文件）以及一个处理器文件（handler file）。处理器文件是关键部分；它是一个定义了处理自定义 TorchServe 推理逻辑的 Python 代码文件。因为 TorchServe 的模型包（.mar 文件）包含了模型算法、模型数据和模型执行代码，并且模型执行代码遵循 TorchServe 的预测接口（protocol），所以 TorchServe 可以通过使用其通用的预测 API 来执行任何模型（.mar 文件），而无须了解模型算法。

当 TorchServe 接收到预测请求时，它会首先找到托管模型的内部工作进程，然后触发模型的处理器文件来处理请求。处理器文件包含四个部分的逻辑：模型网络初始化、输入数据预处理、模型推理和预测结果后处理。为了使上述解释更加具体，让我们以我们的意图模型文件为例。

1. 意图分类 .mar 文件

如果我们打开示例服务中意图模型的 .mar 文件，我们会发现它比 7.1.4 节中看到的模型文件增加了两个额外的文件——MANIFEST.json 和 torchserve_handler.py。以下是意图 .mar 文件的文件夹结构：

```
# intent.mar content
├── MAR-INF
│   └── MANIFEST.json          ❶
├── manifest.json              ❷
├── model.pth                  ❸
├── torchserve_handler.py      ❹
└── vocab.pth                  ❺

# MANIFEST.json, TorchServe .mar metadata
```

```
{
 "createdOn": "09/11/2021 10:26:59",
 "runtime": "python",
 "model": {
   "modelName": "intent_80bf0da",
   "serializedFile": "model.pth",
   "handler": "torchserve_handler.py",
   "modelVersion": "1.0"
 },
 "archiverVersion": "0.4.2"
}
```

❶　TorchServe.mar 文件元数据
❷　包含标签信息
❸　模型权重文件
❹　模型架构和模型服务逻辑
❺　词汇文件，意图算法所需

MANIFEST.json 文件定义了模型的元数据，包括模型版本、模型权重、模型名称和处理器文件。通过有了 MANIFEST.json 文件，TorchServe 可以在不知道模型实现细节的情况下加载和运行任意模型的预测。

2. TorchServe 处理器文件

一旦模型在 TorchServe 中注册，TorchServe 将使用模型的处理器文件中的 handle(self, data, context) 函数作为模型预测的入口点。处理器文件管理模型服务的整个过程，包括模型初始化、对输入请求进行预处理、模型执行以及对预测结果进行后处理。

代码清单 7.13 突出了为本示例服务中使用的意图分类 .mar 文件定义的处理器文件的关键部分。你可以在我们的 Git 存储库中找到这个文件，位置为 training-code/text-classification/torchserve_handler.py。

代码清单 7.13　意图模型 TorchServe 处理程序文件

```
class ModelHandler(BaseHandler):
    """
    A custom model handler implementation for serving
    intent classification prediction in torch serving server.
    """

    # Model architecture
    class TextClassificationModel(nn.Module):
        def __init__(self, vocab_size, embed_dim, fc_size, num_class):
            super(ModelHandler.TextClassificationModel, self)
➡ .__init__()
            self.embedding = nn.EmbeddingBag(vocab_size,
➡ embed_dim, sparse=True)
            self.fc1 = nn.Linear(embed_dim, fc_size)
            self.fc2 = nn.Linear(fc_size, num_class)
            self.init_weights()

        def init_weights(self):
```

```
            .. .. ..
        def forward(self, text, offsets):
            embedded = self.embedding(text, offsets)
            return self.fc2(self.fc1(embedded))

    # Load dependent files and initialize model
    def initialize(self, ctx):

        model_dir = properties.get("model_dir")
        model_path = os.path.join(model_dir, "model.pth")
        vacab_path = os.path.join(model_dir, "vocab.pth")
        manifest_path = os.path.join(model_dir, "manifest.json")

        # load vocabulary
        self.vocab = torch.load(vacab_path)

        # load model manifest, including label index map.
        with open(manifest_path, 'r') as f:
            self.manifest = json.loads(f.read())
        classes = self.manifest['classes']

        # intialize model
        self.model = self.TextClassificationModel(
            vocab_size, emsize, self.fcsize, num_class).to("cpu")
        self.model.load_state_dict(torch.load(model_path))
        self.model.eval()
        self.initialized = True

    # Transform raw input into model input data.
    def preprocess(self, data):

        preprocessed_data = data[0].get("data")
        if preprocessed_data is None:
            preprocessed_data = data[0].get("body")

        text_pipeline = lambda x: self.vocab(self.tokenizer(x))

        user_input = " ".join(str(preprocessed_data))
        processed_text = torch.tensor(text_pipeline(user_input),
            dtype=torch.int64)
        offsets = [0, processed_text.size(0)]
        offsets = torch.tensor(offsets[:-1]).cumsum(dim=0)

        return (processed_text, offsets)
# Run model inference by executing the model with model input
def inference(self, model_input):
    model_output = self.model.forward(model_input[0], model_input[1])
    return model_output

# Take output from network and post-process to desired format
def postprocess(self, inference_output):
    res_index = inference_output.argmax(1).item()
    classes = self.manifest['classes']
    postprocess_output = classes[str(res_index)]
    return [{"predict_res":postprocess_output}]
```

```
# Entry point of model serving, invoke by TorchServe
# for prediction request
def handle(self, data, context):

    model_input = self.preprocess(data)
    model_output = self.inference(model_input)
    return self.postprocess(model_output)
```

从代码清单 7.13 的 handle 函数开始，你将清楚地了解处理器文件如何执行模型服务。initialize 函数加载所有模型文件（权重、标签和词汇表）并初始化模型。handle 函数是模型服务的入口点；它对二进制模型输入进行预处理，运行模型推理，对模型输出进行后处理，并返回结果。

3. 在训练时打包 .mar 文件

当我们决定使用 TorchServe 进行模型服务时，最好在训练时生成 .mar 文件。由于 TorchServe 的处理器文件包含了模型架构和模型执行逻辑，通常它是模型训练代码的一部分。

有两种打包 .mar 文件的方法。首先，在模型训练完成后，我们可以运行 torch-model-archiver 命令行工具将模型权重打包为序列化文件，将依赖文件打包为附加文件。其次，我们可以在模型训练代码的最后一步使用 model_archiver Python 库来生成 .mar 文件。以下代码片段是我们用于打包意图分类模型的示例：

```
## Method one: package model by command line cli tool.
torch-model-archiver --model-name intent_classification --version 1.0 \
 --model-file torchserve_model.py --serialized-file \
    workspace/MiniAutoML/{model_id}/model.pth \
 --handler torchserve_handler.py --extra-files \
workspace/MiniAutoML/{model_id}/vocab.pth,
➥ workspace/MiniAutoML/{model_id}/manifest.json

## Method two: package model in training code.
model_archiver.archive(model_name=archive_model_name,
  handler_file=handler, model_state_file=model_local_path,
  extra_files=extra_files, model_version=config.MODEL_SERVING_VERSION,
  dest_path=config.JOB_ID)
```

7.2.7　在 Kubernetes 中进行扩展

在我们的示例服务中，为了进行演示，我们运行了一个单独的 TorchServe 容器作为预测后端，但在生产环境中通常不是这样。扩展 TorchServe 面临以下挑战：

- 负载均衡器使得 TorchServe 模型注册变得困难。在 TorchServe 中，模型文件需要首先注册到 TorchServe 服务器，然后才能被使用。但在生产环境中，TorchServe 实例放置在网络负载均衡器后面，因此我们只能将预测请求发送到负载均衡器，让它将请求路由到随机的 TorchServe 实例。在这种情况下，很难注册模型，因为我们无法指定哪个 TorchServe 实例为哪个模型提供服务。负载均衡器将 TorchServe 实例隐藏起来，我们无法直接访问它们。

- 每个 TorchServe 实例需要有一个模型存储目录来加载模型，在注册之前，模型文件需要放在模型存储目录中。拥有多个 TorchServe 实例使得模型文件复制变得难以管理，因为我们需要知道每个 TorchServe 实例的 IP 地址或 DNS 来复制模型文件。
- 我们需要在 TorchServe 实例之间平衡模型的负载。让每个 TorchServe 实例加载所有模型文件是不明智的，这将造成计算资源的巨大浪费。我们应该均匀地分配负载到不同的 TorchServe 实例。

为了解决这些挑战并扩展 TorchServe 后端，我们可以在 Kubernetes 中引入"边车"（sidecar）模式。图 7.7 展示了整体概念。

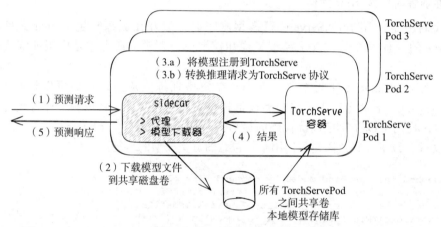

图 7.7   在 TorchServe Pod 中添加代理容器来扩展 Kubernetes 中的 TorchServe

图 7.7 所示的方案是在每个 TorchServe Pod 中添加一个代理容器（作为代理容器）。我们不直接调用 TorchServe API，而是将预测请求发送到代理容器。代理容器中的代理 API 将隐藏 TorchServe 模型管理的细节，包括模型下载和模型注册。它将准备 TorchServe 容器来为任意模型提供服务。

在添加代理容器后，模型服务的工作流（图 7.7）如下：首先，预测请求到达代理容器。其次，代理容器下载模型文件并将其输入共享磁盘（模型存储）。第三，代理容器将模型注册到 TorchServe 容器，并将推理请求转换为 TorchServe 格式。第四，TorchServe 容器运行模型服务并将结果返回给代理。最后，代理容器将预测响应返回给用户。

通过添加代理容器，我们就不需要担心将预测请求发送到未注册该模型的 TorchServe 实例了。代理容器（sidecar）通过将模型文件复制到模型存储并注册模型来为任何预测请求准备 TorchServe 容器。它还简化了资源管理的工作，因为现在我们可以简单地依靠负载均衡器将预测负载（模型）分布到 TorchServe Pod 之间。此外，通过在所有 TorchServe Pod 之间共享磁盘，我们可以共享所有 TorchServe 实例的模型存储，从而减少模型下载时间并节省网络带宽。

> **sidecar 模式：运行模型服务器的常见方法**
>
> 在 7.4 节中，我们将介绍其他几种模型服务器方法，比如 TensorFlow Serving 和 Triton。尽管这些模型服务器的实现不同，但它们的设计思想是相似的。它们都采用了黑盒方法，并需要特定的模型格式和一些模型管理来实现模型服务。
>
> 图 7.7 中的 sidecar 模式是在 Kubernetes pod 中运行这些不同模型服务器容器的常见解决方案。代理容器封装了模型服务器的所有特殊要求，并且仅公开一个通用的模型服务 API。

7.3 模型服务器与模型服务

在设计模型服务应用程序时，首先需要做出的决策是选择模型服务器方法还是模型服务方法。如果选择不当，我们的服务应用程序要么会变得难以使用和维护，要么会耗费不必要的大量时间才能进行构建。

我们在第 6 章（6.2 节和 6.3 节）中已经回顾了这两种方法之间的区别，但这是一个非常关键的选择，值得再次进行考虑。在看到了每种方法的具体示例后，这些理念可能更容易理解。

通过 7.1 节和 7.2 节的两个示例服务，可以清楚地看出模型服务器方法可以避免为特定模型类型构建专用的后端预测器的工作，相反，它可以被直接使用，并且可以为任意模型提供服务，而不必考虑模型正在实现哪种算法。因此，模型服务器方法似乎始终是最佳选择，但这并不正确。要选择模型服务器还是模型服务应该取决于使用情况和业务需求。

对于单一应用场景，模型服务方法在实践中更易于构建和维护。模型服务后端预测器的构建相当简单，因为模型服务代码是训练代码的简化版本。这意味着我们可以很容易地将一个模型训练容器转换为模型服务容器。一旦构建完成，模型服务方法更容易维护，因为我们拥有端到端的代码，工作流也很简单。对于模型服务器方法，无论我们选择开源的、预构建的模型服务器还是构建自己的服务器，设置系统的过程都很复杂。我们需要花费很多精力学习系统，才能够运营和维护它。

对于需要支持多种不同类型模型的模型服务平台场景，模型服务器方法无疑是最佳选择。当你为 500 种不同类型的模型构建模型服务系统时，如果选择模型服务器方法，你只需要拥有一个单一类型的预测器后端即可为所有模型提供服务。相比之下，如果使用模型服务方法，你就需要准备 500 种不同的模型预测器！维护所有这些预测器并管理其计算资源是非常困难的。

我们的建议是，在开始学习时使用模型服务方法，因为它更简单、更容易上手。当你的服务系统需要支持 5 ～ 10 种或以上类型的模型或应用程序时，你可以切换到模型服务器方法。

7.4 开源模型服务工具导览

有很多开源模型服务工具可供选择。拥有多种选择是很好的，但同时也可能让人感到不知所措。为了帮助你更轻松地作出选择，我们将向你介绍一些受欢迎的模型服务工具，包括 TensorFlow Serving、TorchServe、Triton 和 KServe。所有这些工具都可以直接使用，并适用于生产用例。

因为我们在这里描述的每个工具都有详细的文档，所以我们将在一般层面上进行讨论，只关注它们的整体设计、主要特点和适用的用例。这些信息应该足以作为你进行进一步探索的起点。

7.4.1 TensorFlow Serving

TensorFlow Serving（https://www.tensorflow.org/tfx/guide/serving）是一个可自定义的独立 Web 系统，用于在生产环境中提供 TensorFlow 模型。TensorFlow Serving 采用模型服务器方法，它可以使用相同的服务器架构和 API 为所有类型的 TensorFlow 模型提供服务。

1. 特点

TensorFlow Serving 提供以下功能：
- 可以为多个模型或同一模型的多个版本提供服务
- 支持与 TensorFlow 模型的开箱即用集成
- 自动发现新的模型版本并支持不同的模型文件来源
- 提供用于模型推理的统一 gRPC 和 HTTP 端点
- 支持批处理预测请求和性能调优
- 具有可扩展的设计，可以根据版本策略和模型加载进行定制

2. 高级架构

在 TensorFlow Serving 中，一个模型由一个或多个可服务对象组成。可服务对象是执行计算的底层对象（例如查找或推理），它是 TensorFlow Serving 中的核心抽象。来源是插件模块，用于查找和提供可服务对象。加载器标准是用于加载和卸载可服务对象的 API。管理器处理可服务对象的完整生命周期，包括加载、卸载和提供可服务对象。

图 7.8 展示了向客户呈现可服务对象的工作流。首先，来源插件为特定的可服务对象创建一个加载器；加载器包含加载可服务对象所需的元数据。其次，来源在文件系统（模型存储库）中找到一个可服务对象；它将可服务对象的版本和加载器通知给 DynamicManager。第三，根据预定义的版本策略，DynamicManager 确定是否加载模型。最后，客户端发送一个可服务对象的预测请求，DynamicManager 返回一个句柄，以便客户端执行该模型。

3. TensorFlow Serving 模型文件

TensorFlow Serving 要求模型以 SavedModel（http://mng.bz/9197）格式保存。我们可以使用 `tf.saved_model.save(model,save_path)` API 来实现这一目的。SavedModel 是一个包含序列化签名及其运行所需状态的目录，包括变量值和词汇表。例如，SavedModel 目录

有两个子目录，assets 和 variables，以及一个文件 saved_model.pb。

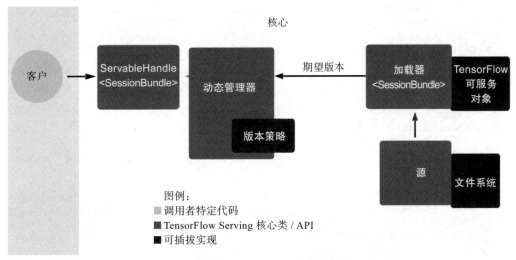

图 7.8　TensorFlow Serving 架构和模型服务生命周期

（来源：TensorFlow；http://mng.bz/KlNj）

assets 文件夹包含 TensorFlow 图使用的文件，例如用于初始化词汇表的文本文件。variables 文件夹包含训练检查点。saved_model.pb 文件存储了实际的 TensorFlow 程序或模型，以及一组命名的签名，每个签名标识一个接受张量输入并产生张量输出的函数。

4. 模型服务

由于 TensorFlow 的 SavedModel 文件可以直接加载到 TensorFlow Serving 进程中，因此运行模型服务非常简单。一旦服务进程启动，我们可以将模型文件复制到 TensorFlow Serving 的模型目录，然后立即发送 gRPC 或 REST 预测请求。让我们回顾以下预测示例：

```
# 1. Save model in training code
MODEL_DIR='tf_model'
version = "1"
export_path = os.path.join(MODEL_DIR, str(version))
model.save(export_path, save_format="tf")

# 2. Start tensorflow serving service locally as a docker container
docker run -p 8501:8501
--mount type=bind,source=/workspace/tf_model,target=/models/model_a/
-e MODEL_NAME=model_a -t tensorflow/serving
--model_config_file_poll_wait_seconds=60
--model_config_file=/models/model_a/models.config

# 3. Send predict request to local tensorflow serving docker container
# The request url pattern to call a specific version of a model is
    /v1/models/<model name>/versions/<version number>
json_response = requests.post('http://localhost:8501/
 ➥ v1/models/model_a/versions/1:predict',
  data=data, headers=headers)
```

要将多个模型和同一模型的多个版本加载到服务服务器中，我们可以通过以下方式在模型配置中配置模型的版本：

```
model_config_list {
  config{
    name: 'model_a'
    base_path: '/models/model_a/'
    model_platform: 'tensorflow'
    model_version_policy{
      specific{
        versions:2        ❶
        versions:3        ❷
      }
    }
  }
  config{
    name: 'model_b'
    base_path: '/models/model_b/'
    model_platform: 'tensorflow'
  }
}
```

❶ 在 /models/model_a/versions/2 处查找模型 v2
❷ 在 /models/model_a/versions/3 处查找模型 v3

在这个配置中，我们定义了两个模型，model_a 和 model_b。因为 model_a 有一个 model_version_policy，所以它的两个版本（v2 和 v3）都被加载并可以提供请求服务。默认情况下，将提供最新版本的模型，因此当检测到 model_b 的新版本时，先前的版本将被新版本替换。

5. 回顾

TensorFlow Serving 是一个用于 TensorFlow 模型的生产级模型服务解决方案；它支持 REST、gRPC、GPU 加速、小批量处理以及在边缘设备上提供模型服务。虽然 TensorFlow Serving 在高级指标、灵活的模型管理和部署策略方面存在一些不足，但如果你只有 TensorFlow 模型，它仍然是一个不错的选择。

TensorFlow Serving 的主要缺点是它是一个供应商锁定解决方案；它只支持 TensorFlow 模型。如果你正在寻找一个不依赖于训练框架的方法，TensorFlow Serving 就不是你的选择。

7.4.2 TorchServe

TorchServe（https://pytorch.org/serve/）是一个高性能、灵活且易于使用的工具，用于为 PyTorch eager 模式和 torchscripted 模型（PyTorch 模型的中间表示，在高性能环境，如 C++ 中运行）提供服务。与 TensorFlow Serving 类似，TorchServe 采用模型服务器方法，可以通过统一的 API 为所有类型的 PyTorch 模型提供服务。区别在于，TorchServe 提供了一组管理 API，使模型管理非常便捷和灵活。例如，我们可以通过编程方式注册和注销模型或模型的不同版本。我们还可以为模型和模型的不同版本扩展和缩减服务工作节点。

1. 高级架构

TorchServe 服务器由三个组件组成：前端、后端和模型存储。前端处理 TorchServe 的请求或响应，并管理模型的生命周期。后端是一组模型工作节点，负责在模型上进行实际推理。模型存储是一个目录，其中存在所有可加载的模型；它可以是云存储文件夹或本地主机文件夹。图 7.9 显示了 TorchServe 实例的高级架构。

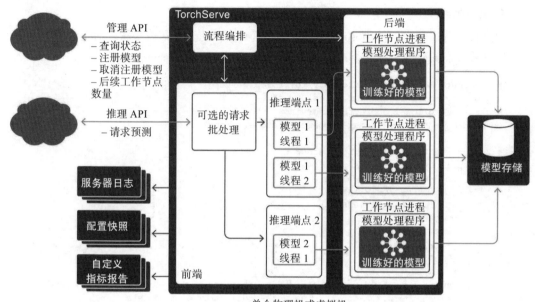

图 7.9　TorchServe 架构图

（来源：Kuldeep Singh，"使用 TorchServe 将命名实体识别模型部署到生产环境"，Analytics Vidhya，2020）

图 7.9 绘制了两个工作流：模型推理和模型管理。对于模型推理，首先，用户将预测请求发送到模型的推理端点，例如 /predictions/{model_name}/{version}。接下来，推理请求被路由到已经加载了模型的工作进程之一。然后，工作进程将从模型存储中读取模型文件，并让模型处理器加载模型，对输入数据进行预处理，并运行模型以获得预测结果。

对于模型管理，用户需要在访问模型之前先注册模型。这可以通过使用管理 API 来完成。我们还可以为模型调整工作进程的数量。在即将到来的示例用法部分，我们将看到一个示例。

2. 特点

TorchServe 提供以下功能：

- 可以为多个模型或同一模型的多个版本提供服务
- 支持统一的 gRPC 和 HTTP 端点进行模型推理
- 支持批处理预测请求和性能调优

- 支持工作流，可以在顺序和并行流水线中组合 PyTorch 模型和 Python 函数
- 提供管理 API，可以注册 / 注销模型和扩展 / 缩减工作进程
- 处理用于 A/B 测试和实验的模型版本控制

3. TorchServe 模型文件

纯 PyTorch 模型不能直接加载到 TorchServe 服务器。TorchServe 要求所有模型打包为 .mar 文件。有关如何创建 .mar 文件的详细示例，请参考 7.2.6 节。

4. 模型服务

以下代码片段列出了使用 TorchServe 进行模型推理的五个常规步骤。对于具体的示例，你可以查看我们的样例意图分类预测器的 README 文档（http://mng.bz/WA8a）：

```
# 1. Create model store directory for torch serving
# and copy model files (mar files) to it
mkdir -p /tmp/model_store/torchserving
cp sample_models/intent.mar /tmp/model_store/torchserving          ❶

# 2. Run the torch serving container
docker pull pytorch/torchserve:0.4.2-cpu
docker run --rm --shm-size=1g \
        --ulimit memlock=-1 \
        --ulimit stack=67108864 \
        -p 8080:8080 \
        -p 8081:8081 \
        -p 8082:8082 \
        -p 7070:7070 \
        -p 7071:7071 \
        --mount type=bind,source=/tmp/model_store/torchserving,target=/tmp/models  ❷
pytorch/torchserve:0.4.2-cpu torchserve --model-store=/tmp/models

# 3. Register intent model through torchserving management api
curl -X POST  "http:/ /localhost:8081/models?url=                  ❸
➥  intent_1.mar&initial_workers=1&model_name=intent"              ❸

# 4. Query intent model in torch serving with default version.
curl --location --request GET 'http:/ /localhost:8080/predictions/intent' \
--header 'Content-Type: text/plain' \
--data-raw 'make a 10 minute timer'

# 5. Query intent model in torch serving with specified version - 1.0
curl --location --request GET 'http:/ /localhost:8080/predictions/intent/1.0' \
--header 'Content-Type: text/plain' \
--data-raw 'make a 10 minute timer'
```

❶ 创建本地模型目录并复制意图分类模型
❷ 绑定本地模型目录作为 TorchServe 的模型存储目录
❸ Intent_1.mar 包含模型文件和模型元数据，例如模型版本

5. 回顾

TorchServe 是一个用于 PyTorch 模型的生产级模型服务解决方案；它专为高性能推理

和生产用例而设计。TorchServe 的管理 API 为自定义模型部署策略增加了很多灵活性，并允许我们在每个模型级别管理计算资源。

与 TensorFlow Serving 类似，TorchServe 的主要缺点是它是一个供应商锁定解决方案；它只支持 PyTorch 模型。因此，如果你正在寻找一个不依赖于训练框架的方法，TorchServe 不会是你的选择。

7.4.3 Triton 推理服务器

Triton 推 理 服 务 器（https://developer.nvidia.com/nvidia-triton-inference-server）是 由 NVIDIA 开发的开源推理服务器。它提供了针对 CPU 和 GPU 优化的云端和边缘推理解决方案。Triton 支持 HTTP/REST 和 gRPC 协议，允许远程客户端请求对服务器管理的任何模型进行推理。对于边缘部署，Triton 作为一个带有 C API 的共享库可用，可以直接将 Triton 的全部功能包含在应用程序中。

与其他模型服务工具相比，Triton 的主要优势之一是训练框架的兼容性。不像 TensorFlow Serving 仅适用于 TensorFlow 模型，TorchServe 仅适用于 PyTorch 模型，Triton 服务器可以为几乎任何框架训练的模型提供服务，包括 TensorFlow、TensorRT、PyTorch、ONNX 和 XGBoost。Triton 服 务 器 可 以 从 本 地 存 储、Google Cloud Platform 或 Amazon Simple Storage Service（Amazon S3）加载模型文件，并在任何基于 GPU 或 CPU 的基础设施（云、数据中心或边缘）上运行。

推理性能也是 Triton 的优势。Triton 可以在 GPU 上并发运行模型，以最大化吞吐量和利用率；支持基于 x86 和 ARM 的 CPU 推理；提供动态批处理、模型分析器、模型集成和音频流传输等功能。这些功能使模型服务的内存使用高效和稳健。

1. 高级架构

图 7.10 显示了 Triton 推理服务器的高级架构。所有推理请求都作为 REST 或 gRPC 请求发送，然后在内部转换为 CAPI 调用。模型从模型存储库加载，模型存储库是一个基于文件系统的存储库，我们可以将其视为文件夹 / 目录。

对于每个模型，Triton 都会准备一个调度器。调度和批处理算法可以在每个模型的基础上进行配置。每个模型的调度器可选择对推理请求进行批处理，然后将请求传递给与模型类型对应的后端，例如 PyTorch 模型的 PyTorch 后端。Triton 后端是执行模型的实现。它可以是深度学习框架的封装，如 PyTorch、TensorFlow、TensorRT 或 ONNX Runtime。一旦后端使用批处理请求中提供的输入执行推理以生成所需的输出，输出将被返回。

值得注意的一点是，Triton 支持后端 C API，允许 Triton 扩展新功能，例如自定义预处理和后处理操作，甚至是一个新的深度学习框架。这就是我们扩展 Triton 服务器的方式。你可以查看 triton-inference-server/backend GitHub 仓库（https://github.com/triton-inference-server/backend）以找到所有 Triton 后端实现。作为奖励，Triton 服务器服务的模型可以通过专用的模型管理 API 进行查询和控制，该 API 可通过 HTTP/REST、gRPC 协议或 C API 进行访问。

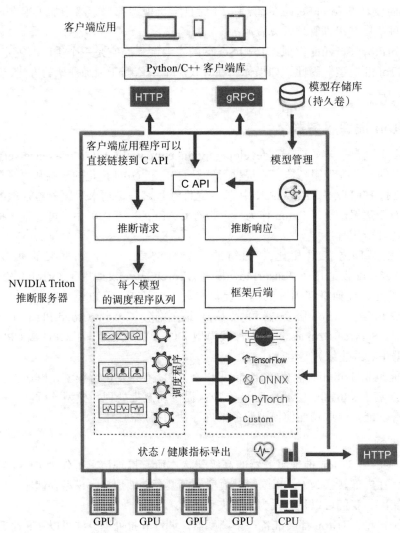

图 7.10　Triton 推理服务器高级架构

（来源：NVIDIA Developer，https://developer.nvidia.com/nvidia-triton-inference-server）

2. 特点

Triton 提供以下功能：

- 支持所有主要的深度学习和机器学习框架后端。
- 可以在单个 GPU 或 CPU 上同时运行来自相同或不同框架的多个模型。在多 GPU 服务器上，Triton 会自动在每个 GPU 上创建每个模型的实例，以提高利用率。
- 为实时推理、批处理推理以最大化 GPU/CPU 利用率和带有音频流输入的流式推理进行推理服务优化。Triton 还支持模型集成，用于需要多个模型执行端到端推断的用例，例如对话式 AI。

- 处理输入请求的动态批处理，以在严格的延迟约束下获得高吞吐量和利用率。
- 在生产环境中实时更新模型，无须重新启动推理服务器或中断应用程序。
- 使用模型分析器自动查找最佳模型配置并最大化性能。
- 支持大型模型的多 GPU、多节点推理。

3. Triton 模型文件

在 Triton 中，每个模型都必须包含一个模型配置，提供有关模型的必要和可选信息。通常，这是一个指定为 ModelConfig protobuf（http://mng.bz/81Kz）的 config.pbtxt 文件。以下是一个用于 PyTorch 模型的简单模型配置（config.pbtxt）示例：

```
platform: "pytorch_libtorch"        ❶
pytorch_libtorch                    ❷
  max_batch_size: 8                 ❸
  input [                           ❹
    {
      name: "input0"
      data_type: TYPE_FP32
      dims: [ 16 ]
    },
    {
      name: "input1"
      data_type: TYPE_FP32
      dims: [ 16 ]
    }
  ]
  output [                          ❺
    {
      name: "output0"
      data_type: TYPE_FP32
      dims: [ 16 ]
    }
  ]
```

❶ 指定该模型的 PyTorch 服务后端
❷ 表明这是一个 PyTorch 后端配置
❸ 定义模型支持的最大批大小
❹ 模型输入数据模式
❺ 模型输出数据模式

通常，训练应用程序在训练完成后在训练服务中创建 config.pbtxt 文件，然后将该配置文件作为模型文件的一部分上传到模型存储库。有关 Triton 模型配置的更多详细信息，请查阅 Triton 模型配置文档（http://mng.bz/Y6mA）。

除了统一的配置文件外，Triton 模型文件格式因训练框架而异。例如，TensorFlow 模型使用 SavedModel 格式（http://mng.bz/El4d）可以直接加载到 Triton 中。但是 PyTorch 模型需要使用 TorchScript 程序保存。

4. TorchScript

TorchScript 是一种从 PyTorch 代码创建可序列化和可优化模型的方法。Triton 要求将

PyTorch 模型序列化为 TorchScript 的原因是，TorchScript 可以用作 PyTorch 模型的中间表示。它可以独立于 Python 运行，例如，在独立的 C++ 程序中运行。以下代码片段展示了如何从 PyTorch 模型创建一个 TorchScript 模型：

```
#### Pytorch training code

# 1. Define an instance of your model.
Model = ...TorchModel()

# 2. Switch the model to eval model
model.eval()

# 3. Build an example input of the model's forward() method.
Example = torch.rand(1, 3, 224, 224)

# 4. Use torch.jit.trace to generate a torch.jit.ScriptModule via tracing.
Traced_script_module = torch.jit.trace(model, example)

# 5. Save the TorchScript model
traced_script_module.save("traced_torch_model.pt")
```

要了解其他训练框架的模型格式要求，请查看 triton-inference-server/backend GitHub 仓库（http://mng.bz/NmOn）。

5. 模型服务

在 Triton 中进行模型服务涉及以下三个步骤：首先，将模型文件复制到模型仓库；其次，调用管理 API（`POST v2/repository/models/${MODEL_NAME}/load`）来注册模型；然后，发送推理请求（`POST v2/models/${MODEL_NAME}/versions/${MODEL_VERSION}`）。有关 Triton 管理 API 的更多信息，请查阅 Triton HTTP/REST 和 gRPC 协议文档（http://mng.bz/DZvR）。有关推理 API，请查阅 KServe 社区标准推理协议文档（https://kserve.github.io/website/0.10/modelserving/data_plane/v2_protocol/）。

6. 评估

截至笔者撰写本书时，笔者认为 Triton 是最佳的模型服务方法，且有以下三个原因。首先，Triton 与训练框架无关——它提供了一个设计良好且可扩展的后端框架，允许执行几乎任何训练框架构建的模型。其次，Triton 提供更好的模型服务性能，例如服务吞吐量。Triton 具有多种机制来提高其服务性能，如动态批处理、GPU 优化和模型分析工具。第三，Triton 支持高级模型服务用例，例如模型集成和音频流处理。

警告 请谨慎！Triton 可能不是免费的。Triton 采用 BSD 3-Clause 的 "new" 或 "revised" 许可证，意味着它可以自由修改和分发并用于商业目的。这样的话，故障排除和错误修复又该怎么办？一般而言你的项目非常复杂，代码库很大，因此在调试和修复性能问题（如内存泄漏）时可能会遇到困难。如果你想要获取 NVIDIA AI 企业许可证以获得支持，截至本书撰写时，一个 GPU 每年可能需要支付几千美元。因此，在注册之前请确保你已了解 Triton 的代码库的具体情况。

7.4.4 KServe 和其他工具

开源的模型服务工具有很多，其中包括 KServe（https://www.kubeflow.org/docs/external-add-ons/kserve/）、Seldon Core（https://www.seldon.io/solutions/open-source-projects/core）和 BentoML（https://github.com/bentoml/BentoML）。每个工具都有一些独特的优势。有些像 BentoML 一样可以轻量运行且易于使用，而有些像 Seldon Core 和 KServe 一样能够在 Kubernetes 中轻松快速地部署模型。尽管这些模型服务工具各自有所不同，但它们也有许多共同点：它们都需要将模型打包成特定格式，定义模型装饰器和配置文件以执行模型，将模型上传到仓库，并通过 gRPC 或 HTTP/REST 端点发送预测请求。通过阅读本章中的 TorchServe、TensorFlow 和 Triton 示例，你应该能够自行探索其他工具。

在结束模型服务工具的讨论之前，我们想特别提及 KServe。KServe 是一项由几家知名高科技公司（包括 Seldon、Google、Bloomberg、NVIDIA、Microsoft 和 IBM）合作开展的模型服务项目。这个开源项目值得关注，因为它旨在为常见的机器学习服务问题创建一个标准化的解决方案。

KServe 旨在在 Kubernetes 上提供无服务器推理解决方案。它提供一个抽象的模型服务接口，适用于 TensorFlow、XGBoost、scikit-learn、PyTorch 和 ONNX 等常见的机器学习框架。

从我们的角度来看，KServe 的主要贡献在于它创建了一个适用于所有主要服务工具的标准化服务接口。例如，我们之前提到的所有服务工具现在都支持 KServe 模型推理协议。这意味着我们可以仅使用一个推理 API（KServe API）来查询由不同的服务工具托管的任何模型，比如 Triton、TorchServe 和 TensorFlow。

KServe 的另一个优势是，它是专门为在 Kubernetes 上提供无服务器解决方案设计的推理 API。KServe 使用 Knative 来处理网络路由、模型工作节点的自动缩放（甚至可以缩减到零）和模型版本跟踪。通过简单的配置（见下面的示例），你可以将一个模型部署到 Kubernetes 集群中，然后使用标准化的 API 来查询它：

```
apiVersion: serving.kserve.io/v1beta1          ❶
kind: InferenceService
metadata:
 name: "torchserve"
spec:
 predictor:
  pytorch:                                      ❷
   storageUri: gs://kfserving-examples/models   ❸
     ➥ /torchserve/image_classifier            ❸
```

❶ KServe 的示例模型部署配置
❷ 后端服务器类型
❸ 模型文件位置

在幕后，KServe 使用不同的模型服务工具来运行推理，例如 TensorFlow Serving 和 Triton。KServe 的优势在于通过简单的 Kubernetes CRD 配置隐藏所有细节。在前面的示例中，InferenceService CRD 配置隐藏了一系列工作，包括预测服务器设置、模型复制、模型版本跟踪和预测请求路由。

目前，书中提到的 KServe 的更新版本（v2）仍处于测试阶段。尽管它还不够成熟，但它在跨平台支持和无服务器模型部署方面的独特优势足以使其脱颖而出。如果你想在 Kubernetes 上建立一个适用于所有主要训练框架的大型模型服务平台，KServe 值得你的关注。

7.4.5 将模型服务工具集成到现有服务系统中

在许多情况下，将现有的预测服务替换为新的模型服务后端并不是一个可行的选择。每个模型服务工具对于模型存储、模型注册和推理请求格式都有自己的要求。这些要求有时与现有系统的预测接口和内部模型元数据和文件系统存在冲突。为了在不干扰业务的情况下引入新技术，通常我们采用集成方法，而不是完全替换。

在这里，我们以 Triton 服务器为例，展示如何将模型服务工具集成到现有的预测服务中。在这个例子中，我们假设三件事：第一，现有的预测服务在 Kubernetes 中运行；第二，现有的预测服务的网络推理接口不允许更改；第三，有一个模型存储系统，将模型文件存储在云存储中，比如 Amazon S3。图 7.11 显示了这个过程。

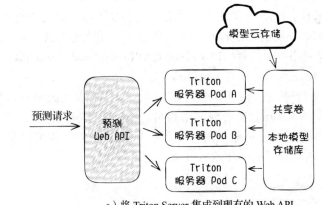

a）将 Triton Server 集成到现有的 Web API

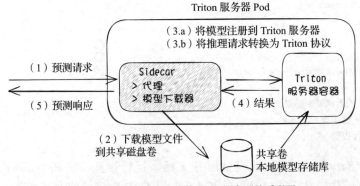

b）sidecar 充当 Triton 服务器的适配器

图 7.11 一个将 Triton 服务器实例列表集成到现有服务系统中的方案

图 7.11a 说明了系统概述。在现有的预测 API 后面添加了一组 Triton 服务器 Kubernetes Pod。通过 Kubernetes 负载均衡器，预测请求可以落在任何 Triton Pod 上。我们还添加了一个共享卷，所有的 Triton Pod 都可以访问它；这个共享卷充当所有 Triton 实例的共享模型仓库。

图 7.11b 显示了 Triton 服务器 Kubernetes Pod 内部的情况。每个 Triton Pod 有两个 Docker 容器：一个 Triton 服务器容器和一个 sidecar 容器。Triton 服务器容器是我们在 7.4.3 节中讨论过的 Triton 推理服务器。模型的预测发生在这个容器中，我们可以简单地将这个容器视为一个黑盒。sidecar 容器充当适配器 / 代理，负责在将预测请求转发到 Triton 容器之前准备 Triton 所需的内容。这个 sidecar 容器从云存储中下载模型到 Triton 本地模型仓库（共享卷），调用 Triton 注册模型，并将预测请求转换为 Triton API 调用。

通过使用这种集成方法，所有的更改都发生在预测服务内部。公共预测 API 和外部模型存储系统保持不变，当我们切换到 Triton 后端时，用户不会受到影响。尽管我们使用了特定的工具（Triton）和特定的基础架构（Kubernetes）来演示这个想法，但只要它们使用 Docker，你就可以将这种模式应用到任何其他系统中。

注意 由于 Triton 服务器支持主要的训练框架，而 KServe 提供了一个标准化的模型服务协议，我们可以将它们结合起来，构建一个适用于不同框架训练的所有类型模型的模型服务系统。

7.5 发布模型

发布模型是将新训练的模型部署到预测服务并向用户公开的过程。在构建生产中的模型服务系统时，自动化模型部署和支持模型评估是我们需要解决的两个主要问题。

首先，在训练服务完成模型构建后，模型应自动发布到生产环境的预测服务中。其次，新发布的模型及其以前的版本应在预测服务中都是可访问的，这样我们可以在同一环境中对它们进行评估并进行公平比较。在本节中，我们提出了一个三步模型发布过程来解决这些挑战。

首先，数据科学家（Alex）或训练服务将最近生成的模型（包含模型文件和元数据）注册到一个元数据存储库中——这是一个云元数据和工件存储系统，将在下一章中讨论。其次，Alex 对新注册的模型进行模型评估。他可以通过向预测服务发送特定模型版本的预测请求来测试这些模型的性能。预测服务内置了从元数据存储库加载任何特定版本模型的机制。

再然后，Alex 将性能最佳的模型版本设置为元数据存储库中的发布模型版本。一旦设置完成，所选版本的模型将对外发布！客户端应用程序将在不知情的情况下开始使用来自预测服务的新发布版本的模型。图 7.12 说明了这个三步过程。

在接下来的三个小节中，我们将逐一深入探讨模型发布的三个步骤（如图 7.12 所示）。在此过程中，我们还将探索元数据存储与存储服务以及预测服务之间的交互细节。让我们开始吧！

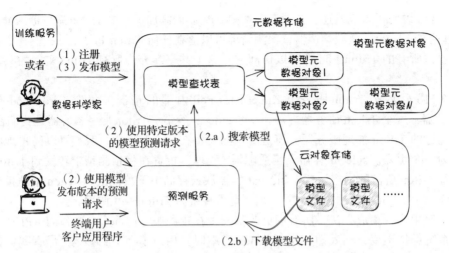

图 7.12　模型发布流程工作流：（1）在模型元数据存储中注册模型；（2）加载任意版本的模型来提供预测请求；（3）在元数据存储中发布模型

7.5.1　注册模型

在大多数深度学习系统中，都有一个用于存储模型的存储服务。在我们的示例中，这个服务被称为元数据存储；它用于管理深度学习系统产生的元数据，例如模型。元数据和工件存储服务将在下一章中详细讨论。

要将模型注册到元数据存储中，通常需要提供模型文件和模型元数据。模型文件可以是模型权重、嵌入以及执行模型所需的其他依赖文件。模型元数据可以是描述模型本身的任何数据，例如模型名称、模型 ID、模型版本、训练算法、数据集信息以及训练执行指标。图 7.13 说明了元数据存储模型元数据和模型文件的内部存储方式。

在图 7.13 中，可以看到元数据存储有两个部分：模型查找表和模型元数据列表。模型查找表用作快速搜索的索引表。查找表中的每条记录指向元数据列表中的实际元数据对象。模型元数据列表仅用于纯元数据存储；所有模型元数据对象都存储在这个列表中。

在训练完成后，训练服务可以自动将模型注册到元数据存储中。数据科学家也可以手动注册模型，这通常在数据科学家想要将他们构建的模型部署在本地时发生（而不使用深度学习系统）。

当元数据存储接收到模型注册请求时，首先会为该模型创建一个元数据对象。其次，它通过添加新的搜索记录来更新模型查找表；该记录使我们能够通过使用模型名称和版本找到该模型的元数据对象。除了可以通过模型名称和版本在查找表中搜索，元数据存储还允许通过模型 ID 进行模型元数据搜索。

实际的模型文件存储在工件存储中，比如 Amazon S3 这样的云对象存储。模型的存储位置在模型的元数据对象中保存为一个指针。

图 7.13 显示了模型 A 在模型查找表中的两条搜索记录：版本 1.0.0 和 1.1.0。每个搜索记录映射到一个不同的模型元数据对象（分别是 ID=12345 和 ID=12346）。通过这种存储结

构，我们可以通过使用模型名称和模型版本来找到任何模型元数据。例如，我们可以通过
搜索"Model A"和版本"1.1.0"来找到模型元数据对象 ID=12346。

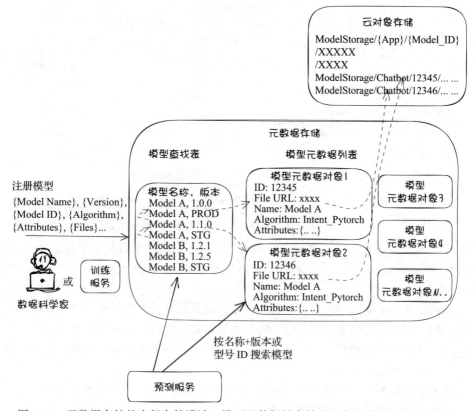

图 7.13　元数据存储的内部存储设计；模型元数据被存储为对象文件，并带有查找表

使用模型的规范名称和版本来查找实际的元数据和模型文件，是预测服务能够同时提
供不同模型版本的基础。让我们在下一节中看看元数据存储在预测服务中的应用。

7.5.2　在实时预测服务中加载任意版本的模型

为了在生产环境中决定使用哪个模型版本，我们希望公平地（在相同的环境中）且方便
地（使用相同的 API）评估每个模型版本的性能。为此，我们可以调用预测服务来运行具有
不同模型版本的预测请求。

在我们的提案中，预测服务在收到预测请求时实时从元数据存储中加载模型。数据科
学家可以通过在预测请求中定义模型名称和版本，允许预测服务使用任意模型版本来运行
预测。图 7.14 展示了这个过程。

图 7.14 显示了预测服务实时加载服务请求中指定的模型。在接收到预测请求时，路由
层首先在元数据存储中找到请求的模型，下载模型文件，然后将请求传递给后端预测器。
以下是运行时模型加载和服务过程的七个步骤的详细解释：

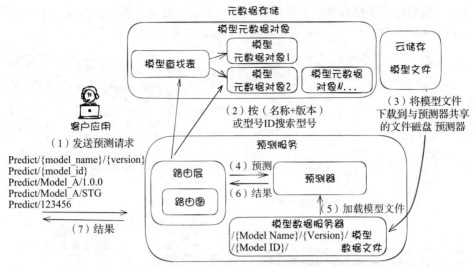

图 7.14　在预测服务中使用元数据存储进行模型服务 1

1）用户向预测服务发送预测请求。在请求中，他们可以通过提供模型名称和版本（/predict/{model_name}/{version}）或模型 ID（/predict/{model_id}）来指定要使用的模型。

2）预测服务内部的路由层搜索元数据存储并找到模型元数据对象。

3）然后，路由层将模型文件下载到所有预测器都可以访问的共享磁盘。

4）通过检查模型元数据，如算法类型，路由层将预测请求路由到正确的后端预测器。

5）预测器从共享磁盘加载模型。

6）预测器处理数据预处理，执行模型，进行后处理，并将结果返回给路由层。

7）路由层将预测结果返回给调用者。

7.5.3　通过更新默认模型版本发布模型

在模型评估之后，模型发布的最后一步是让客户在预测服务中使用新验证的模型版本。我们希望模型发布过程是无感知的，这样客户就不会意识到底层模型版本的变化。

在前面的步骤（7.5.2 节）中，用户可以通过使用 /predict/{model_name}/{version} API 在任何指定的模型版本上请求模型服务。这一能力对于评估同一模型的多个版本至关重要，这样我们就可以防止模型性能退化。

但是在生产场景中，我们不希望客户追踪模型版本和模型 ID。相反，我们可以定义一些静态版本字符串作为变量，表示新发布的模型，并让客户在预测请求中使用它们，而不是使用实际的模型版本。

例如，我们可以定义两个特殊的静态模型版本或标签，比如 STG 和 PROD，分别表示预生产和生产环境。如果与模型 A 相关联的 PROD 标签的模型版本是 1.0.0，用户可以调用 /predict/model_A/PROD，预测服务将加载模型 A 和版本 1.0.0 来运行模型服务。当我们将新发布的模型版本升级为 1.2.0 时，可以通过将 PROD 标签与版本 1.2.0 相关联，

/predict/model_A/PROD 请求将落在模型版本 1.2.0 上。

有了特殊的静态版本 / 标签字符串，预测用户不需要记住模型 ID 或版本。他们只需使用 /predict/{model_name}/PROD 来发送预测请求，来使用新发布的模型。在后台，我们（数据科学家或工程师）在元数据存储的查找表中维护这些特殊字符串与实际版本之间的映射，这样预测服务就知道为 /STG 或 /PROD 请求下载哪个模型版本了。

在我们的提案中，我们将特定模型版本映射到静态模型版本的操作称为模型发布操作。图 7.15 说明了模型发布过程。

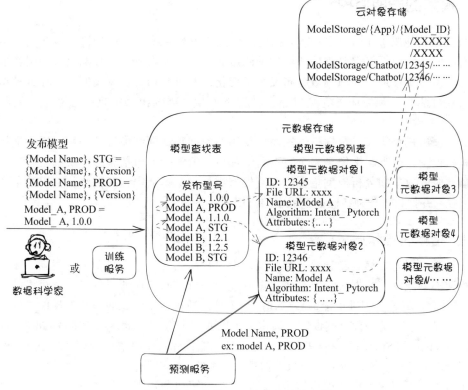

图 7.15 在预测服务中使用元数据存储进行模型服务 2

在图 7.15 中，数据科学家首先将模型 A 的版本 1.0.0 注册到模型 A 的版本 PROD 中的元数据存储。然后在模型查找表中，（Model A，PROD）记录会变成指向实际模型对象记录（Model A,version:1.0.0）。因此，当用户在预测服务中调用 /predict/Model A/PROD 时，实际上是在调用 /predict/Model A/1.0.0。

接下来，当预测服务接收到模型版本等于 STG 或 PROD 的预测请求时，服务将在元数据存储中搜索查找表，并使用注册到 PROD 的实际模型版本来下载模型文件。在图 7.15 中，预测服务将为 /Model A/PROD 请求加载模型 Model A，版本 1.0.0，并为 /Model A/STG 请求加载模型 Model A,version:1.1.0。

对于未来的模型发布，数据科学家只需更新模型记录，将最新的模型版本映射到元数据存储的查找表中的 STG 和 PROD。预测服务将自动为新的预测请求加载新的模型版本。所有这些操作都是自动进行的，并对用户不可感知。

注意　上述发布工作流并不是发布模型的唯一方式。模型发布方法高度依赖于公司内部的 DevOps 流程和预测服务设计，因此在这个问题上没有单一的最佳设计。我们希望通过阅读 7.5 节中的问题分析和提出的解决方案，你可以得出适合你的情况的模型发布流程。

7.6　模型的后期监控

与监控其他服务（如数据管理）相比，在机器学习系统中，模型进入生产后，工作仍然没有完成。我们不仅需要监控和维护预测服务本身，还需要关注预测服务所服务的模型的性能。模型漂移是指知识领域分布发生了变化，不再与训练数据集匹配，导致模型性能下降。这可能会在预测服务完全健康的情况下发生，因为模型推理是独立于预测服务运行的。

为了解决模型漂移，数据科学家需要使用新数据重新训练模型或使用改进的训练算法重新构建模型。这听起来像是一个数据科学项目，但实际上包括很多底层的工程工作，比如从预测服务收集和分析模型指标以检测模型漂移。在本节中，我们将从工程的角度讨论模型监控，并探讨工程师在监控过程中的作用。

7.6.1　指标收集和质量门控

工程师可以是在模型指标收集和模型质量门控的设置上做出最重要的贡献。要运行分析以检测模型漂移，数据科学家需要数据以进行分析，而工程师可以找到方法提供必要的数据（指标）。尽管工程师可能需要创建一个单独的数据流水线来收集模型性能指标，但在大多数情况下，这是一种过度设计。通常，可以使用现有的遥测系统（如 Datadog）和日志系统（如 Sumo 和 Splunk）来收集和可视化模型性能指标。所以请尽量充分利用你已经拥有的现有日志和指标系统，而不是费力地构建一个新的指标系统。

工程师还可以帮助构建模型质量门控。工程师可以与数据科学家合作，自动化他们的故障排除步骤，例如检查数据质量和生成模型推理分析报告。通过给定的阈值，这些检查最终将形成一个模型质量门控。

7.6.2　需要收集的指标

理论上，我们需要收集至少五类指标来支持模型性能测量。它们是预测跟踪、预测日期、模型版本、观测值和观测频率以及日期。让我们逐个进行说明：

- 预测跟踪：通常我们通过分配一个唯一的请求 ID 来跟踪每个预测请求，但这还不够。对于一些复杂的场景，例如 PDF 扫描，我们需要将不同类型的模型预测组合在一起以生成最终的结果。例如，我们首先将 PDF 文档发送到 OCR（光学字符识别）模型以提取文本信息，然后将文本发送到 NLP（自然语言处理）模型以识别目标实体。在这种情况下，除了为父预测请求分配一个唯一的请求 ID 外，我们还可以为每个子预测请求分配一个 groupRequestID，以便在故障排除时将所有相关的预测请求进行分组。

- 预测日期：通常，一个预测请求在 1s 内完成。要跟踪预测的日期，我们可以使用预测开始时间或完成时间，因为它们之间没有太大的区别。但对于像欺诈检测这样的情况，预测的完成时间戳可能与预测开始时间戳相差很大，因为它可能涉及多日的用户活动之类的输入。
- 模型版本：为了将模型性能数据映射到确切的模型文件，我们需要知道模型版本。此外，当我们将多个模型组合以服务一个预测请求时，需要在日志中跟踪每个模型的版本。
- 观测值：预测结果需要与预测输入一起记录，以便将来进行比较。此外，我们可以为客户提供反馈或调查 API，以报告模型性能方面的问题。通过使用反馈 API，客户可以报告模型 ID、预期的预测结果和当前的预测结果。
- 观测日期和频率：许多时候，观测是手动收集的，需要记录观测的频率。数据科学家需要日期和频率来决定数据是否能够在统计上代表模型的整体性能。

模型服务是机器学习系统的重要组成部分，因为外部业务应用程序依赖于它。随着模型类型、预测请求数量和推理类型（在线 / 离线）的增加，许多模型服务框架 / 系统被发明，并且它们变得越来越复杂。如果你使用第 6 章和第 7 章中介绍的服务心智模型，从模型的加载和执行开始操作，就可以轻松地在这些服务系统中导航，而不必考虑代码库有多大或者组件的数量有多少。

总结

- 本章中的模型服务示例由前端 API 组件和后端模型预测容器组成。由于预测器是建立在第 3 章意图模型训练代码的基础上的，它只能为意图分类模型提供服务。
- 模型服务器示例由与第 3 章中相同的前端 API 和不同的后端 TorchServe 预测器组成。TorchServe 后端不限于意图分类模型，它可以为任意 PyTorch 模型提供服务。这是模型服务器方法相对于模型服务方法的一个重要优势。
- 对于实现模型服务器方法，我们建议使用现有的工具，例如 Triton 服务器，而不是构建自己的工具。
- 模型服务方法适用于单一应用场景，可以快速实现，并且使用者可以完全控制端到端工作流的代码实现。
- 模型服务器方法适用于平台场景，在服务系统需要支持五种或更多不同类型的模型时，使用此方法可以大大减少开发和维护工作量。
- TorchServe、TensorFlow Serving 和 Triton 都是稳定的开源模型服务工具，它们都采

用了模型服务器方法。如果适用，我们推荐 Triton，因为它与大多数模型训练框架兼容，并且在 GPU 加速方面具有性能优势。

- KServe 提供了一个适用于所有主要服务工具的标准服务接口，包括 TensorFlow Serving、TorchServe 和 Triton。KServe 可以大大提高我们服务系统的兼容性，因为我们可以在不同的后端上使用一套 API 运行模型服务。
- 在生产中发布新的模型或模型服务系统的新版本不应该是一个事后才想起来的补救措施。我们需要在设计阶段进行适当的考虑。
- 模型指标收集和模型质量门控是工程师在模型性能监控方面需要关注的两个领域。

第8章

元数据和工件存储

本章涵盖以下内容：
- 在深度学习背景下理解和管理元数据
- 设计元数据和工件存储以管理元数据
- 介绍两个开源的元数据管理工具：ML Metadata 和 MLflow

为了产生符合业务需求的高质量模型，数据科学家需要对各种数据集、数据处理技术和训练算法进行实验。为了构建和交付最佳模型，他们会花费大量时间进行这些实验。

从模型训练实验中产生了各种工件（数据集和模型文件）和元数据。元数据可能包括模型算法、超参数、训练指标和模型版本等，它们对于分析模型性能非常有帮助。为了使其发挥作用，这些数据必须是持久的且可检索的。

当数据科学家需要调查模型性能问题或比较不同的训练实验时，作为工程师，我们是否可以做一些事情来促进这些工作？例如，是否可以更简易地进行模型复现和实验比较？

答案是肯定的。作为工程师，我们可以构建一个系统来保留数据科学家需要复现和比较模型的实验元数据和工件。如果我们妥善设计存储和检索系统，并进行适当的元数据管理，数据科学家可以轻松地从一系列实验中选择最佳模型，或者在没有深入了解元数据系统的情况下迅速找出模型性能下降的根本原因。

在之前的章节中，我们已经学习了如何设计服务来生成和提供模型。在这里，我们将把注意力转向元数据和工件管理系统，以促进两个更关键的操作：故障排除和比较实验。

我们将从介绍工件和元数据开始，阐述这些概念在深度学习背景下的意义。然后，我们将通过示例并强调设计原则来展示如何设计元数据管理系统。最后，我们将讨论两个开源的元数据管理系统：MLMD（ML Metadata）和 MLflow。通过阅读本章，你将清楚地了解如何管理元数据和工件，以便进行实验比较和模型故障排除。

8.1　工件介绍

人们常常认为深度学习中的工件是模型训练过程产生的模型文件。这种说法是部分正确的。实际上，工件是组成模型训练过程中组件输入和输出的文件和对象。这是一个关键的区别，如果你想构建一个支持模型可复现性的系统，就需要牢记这个更广泛的定义。

按照这个定义，工件可以包括数据集、模型、代码或在深度学习项目中使用的任何其他对象。例如，原始输入训练数据，通过标注工具生成的带标签数据集，以及数据处理流程的结果数据，都被视为工件。

此外，工件必须与描述它们的事实和谱系的元数据一起保存，以允许性能比较、可复现和故障排除。在实践中，工件被存储为原始文件在文件服务器或云存储服务上，例如 Amazon Simple Storage Service 或 Azure Blob Storage。我们将工件与其元数据关联在一个单独的存储服务中的元数据存储器上。图 8.1 展示了这种安排的典型情况。

图 8.1 显示了管理工件的常见做法。工件文件被保存到文件存储系统中，并将其文件 URL 与其他相关的元数据（例如模型训练执行 ID 和模型 ID）一起保存在元数据存储器中。这个设置允许我们或数据科学家在元数据存储器中搜索模型，并轻松找到相应模型训练过程的所有输入和输出工件。

8.2 深度学习环境中的元数据

一般而言，元数据是结构化的参考数据，提供关于其他数据或对象的信息，例如包装食品上的营养成分标签。然而，在机器学习和深度学习中，元数据更具体地与模型的关系更为具体；它是描述模型训练执行（运行）、工作流、模型、数据集和其他工件的数据。

对于任何分布式系统，我们以日志和度量的形式跟踪服务级别的元数据。例如，我们可能跟踪 CPU 使用率、活跃用户数量和失败的 Web 请求数量等度量指标。我们使用这些度量指标进行系统/服务监控、故障排除和观察。

在深度学习系统中，除了服务级别的度量指标外，我们还收集用于模型故障排除、比较和复现的元数据。你可以将深度学习元数据视为我们用来监控和追踪系统中每个深度学习活动的特殊子集。这些活动包括数据解析、模型训练和模型提供服务等。

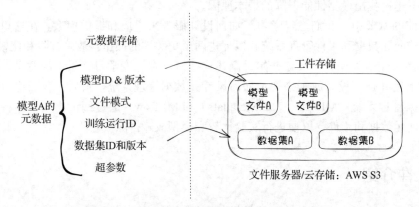

图 8.1 工件与其元数据存储中的元数据相关联

8.2.1　常见的元数据类别

虽然定义了元数据，但实际上这个术语有些随意；并没有固定的准则规定哪些数据应该被视为元数据。对于深度学习系统，我们建议将元数据定义为以下四个类别：模型训练运行、通用工件、模型文件和编排工作流。为了让读者形成对这些类别的具体认识，让我们看一下每个类别以及其中包含的一些元数据示例。

1. 模型训练运行的元数据

为了复现模型、分析模型性能和便于模型故障排除，我们需要跟踪模型训练运行的所有输入和输出数据以及工件。这包括：

- 数据集 ID 和版本：模型训练中使用的数据集的唯一标识。
- 超参数：训练中使用的超参数，例如，学习率和训练轮数。
- 硬件资源：训练中分配的 CPU、GPU、TPU、内存和磁盘大小，以及实际使用这些资源的情况。
- 训练代码版本：模型训练中使用的训练代码快照的唯一标识。
- 训练代码配置：用于重新创建训练代码执行环境的配置，例如，conda.yml、Dockerfile 和 requirement.txt。
- 训练指标：显示模型训练进展的指标，例如，每个训练轮次的损失值。
- 模型评估指标：显示模型性能的指标，例如，F-score 和均方根误差（RMSE）。

2. 通用工件的元数据

工件可以是任意的文件，例如数据集、模型和预测结果。为了能够在工件存储中找到工件，我们希望为工件跟踪以下元数据：

- 文件位置：工件存储的路径，例如，Amazon S3 文件路径或内部文件系统路径。
- 文件版本：区分不同文件更新的唯一标识。
- 描述：用于描述工件文件内容的附加信息。
- 审计历史：关于谁创建了工件版本、何时创建工件以及如何创建的信息。

3. 模型文件的元数据

模型是一种工件，但由于模型是每个深度学习系统的主要产品，我们建议将模型的元数据与其他工件分开跟踪。在定义模型元数据时，最好考虑两个视角：模型训练和模型提供服务。

对于模型训练，为了生成并保存模型谱系，我们希望保留模型与产生它的模型训练运行之间的映射。模型谱系对于模型比较和复现非常重要。例如，在比较两个模型时，通过具有模型训练运行和模型之间的链接，数据科学家可以轻松确定模型是如何产生的所有细节，包括输入数据集、训练参数和训练指标。模型训练指标对于理解模型性能非常有用。

对于模型提供服务，我们希望跟踪模型执行数据，以进行未来的模型性能分析。这些执行数据，例如模型响应延迟和预测错误率，对于检测模型性能下降非常有用。

除了前面提到的通用工件元数据外，以下是几个推荐的模型元数据类别：

- 资源消耗：模型提供服务的内存、GPU、CPU 和 TPU 消耗。
- 模型训练运行：用于找到创建模型的代码、数据集、超参数和环境的模型训练运行 ID。
- 实验：在生产环境中跟踪模型实验活动，例如不同模型版本的客户流量分布。
- 生产：在生产环境中使用的模型，例如每秒查询数和模型预测统计信息。
- 模型性能：跟踪用于漂移检测的模型评估指标，例如概念漂移和性能漂移。

注意 一旦模型被交付到生产环境，它们的性能不可避免地会开始变差。我们称这种现象为模型退化。随着目标群体的统计分布发生变化，模型的预测也会变得不太准确。例如，新的流行口号可能会影响语音识别的准确性。

4. 工作流的元数据

自动化多步骤的模型训练需要使用流水线或工作流。例如，我们可以使用工作流管理工具（如 Airflow、Kubeflow 或 Metaflow）来自动化包含多个功能步骤的模型训练过程：数据收集、特征提取、数据增强、训练和模型部署。我们将在下一章详细讨论工作流。

对于流水线的元数据，我们通常跟踪流水线的执行历史和流水线的输入输出。这些数据可以为未来的故障排除提供审计信息。

注意 深度学习项目各不相同。对于语音识别、自然语言处理和图像生成等项目，模型训练代码可能截然不同。还有很多与项目特定相关的因素，例如数据集的大小 / 类型、ML 模型的类型和输入工件等。除了之前提到的示例元数据外，我们建议你根据项目定义和收集元数据。当你正在寻找有助于模型复现和故障排除的数据时，元数据列表会自然而然地出现。

8.2.2 为什么要管理元数据

因为元数据通常以日志或指标的形式进行管理或记录，你可能会问，为什么我们需要单独管理深度学习元数据？我们不能直接从日志文件中获取深度学习元数据吗？像 Splunk（https://www.splunk.com/）和 Sumo Logic（https://www.sumologic.com/）这样的日志管理系统非常方便，因为它们允许开发人员搜索和分析分布式系统生成的日志和事件。

为了更好地解释在深度学习系统中需要一个专用组件来管理元数据的必要性，我们将通过一个故事来说明。Julia（数据工程师）、Ravi（数据科学家）和 Jianguo（系统开发者）一起在一个深度学习系统上工作，为聊天机器人应用开发意图分类模型。Ravi 负责开发意图分类算法，Julia 负责数据收集和解析，Jianguo 负责开发和维护深度学习系统。

在项目的开发和测试阶段，Julia 和 Ravi 一起构建一个实验性的训练流水线来生成意图模型。在构建好模型后，Ravi 将它们传递给 Jianguo，将实验模型部署到预测服务，并通过真实客户请求进行测试。

当 Ravi 对实验感到满意时，他将训练算法从实验性流水线推广到自动化的生产训练流水线。这个流水线在生产环境中运行，并使用客户数据作为输入生成意图模型。该流水线还会自动将模型部署到预测服务。图 8.2 展示了这个故事的情节。

几周后，Ravi 发布了最新的意图分类算法，一个聊天机器人客户——BestFood 公司向

Ravi 报告了模型性能下降的问题。在调查请求中，BestFood 提到在使用新数据集后，他们的机器人的意图分类准确率下降了 10%。

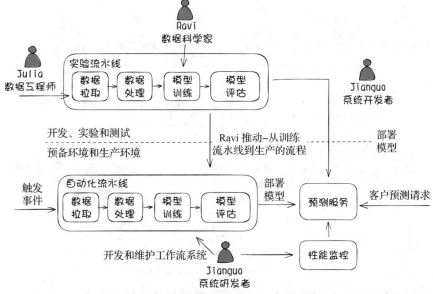

图 8.2　没有元数据管理的模型开发过程

为了解决模型性能下降的问题，Ravi 需要验证大量信息。他首先需要检查 BestFood 当前在预测服务中使用的是哪个模型版本，然后查看当前模型的谱系，例如在训练流水线中使用的数据集版本和代码版本。之后，Ravi 可能还需要复现模型进行本地调试。他需要比较当前模型和先前模型，以测试数据分布的影响（当前的新数据集与之前的数据集的对比）。

Ravi 是自然语言处理（NLP）专家，但他对于训练代码运行的深度学习系统几乎没有了解。为了继续调查，他不得不向 Jianguo 和 Julia 询问相关的模型、数据集和代码信息。由于每个人对于模型训练应用程序和底层深度学习系统／基础设施都没有整体性的知识，为了对每个模型进行性能故障排除，Ravi、Julia 和 Jianguo 不得不一起努力获得完整的上下文信息。这很耗时，而且效率低下。

当然，这是个过度简化了的故事。在实践中，深度学习项目开发涉及数据、算法、系统／运行时开发和硬件管理。不同的团队共同完成整个项目，并且很少有人了解团队的所有方面。在企业环境中，依靠跨团队合作来解决与模型相关的问题是不现实的。

图 8.2 缺少的关键因素是在一个集中的地方搜索和连接深度学习元数据的有效方法，以便 Julia、Ravi 和 Jianguo 轻松获取模型元数据。在图 8.3 中，我们添加了缺失的部分——元数据和工件存储（位于中间的灰色框）来提高调试能力。

将图 8.3 与图 8.2 进行比较，你会发现图 8.3 中引入了一个新组件（元数据和工件存储）。我们在 8.2.1 节中描述的所有深度学习元数据，无论是来自实验流水线还是生产流水线，都被收集并存储在这个元数据存储器中。

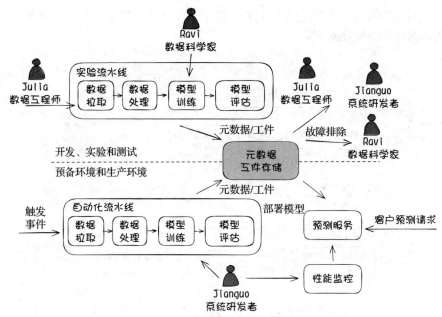

图 8.3   元数据管理下的模型故障排除

元数据存储器提供了深度学习系统中每个数据科学活动的全面视图。模型、流水线 /
训练运行和工件的元数据不仅被保存在这个存储器中，并且相互关联，因此人们可以轻松
获取相关信息。例如，因为模型文件和模型训练运行在存储器中是关联的，人们可以轻松
确定给定模型的模型谱系。

现在，数据科学家 Ravi 可以使用元数据存储器界面列出系统中的所有模型和训练运
行。然后，他可以深入元数据存储器，查找过去训练运行中使用的输入参数、数据集和训
练指标，这对于评估模型非常有帮助。更重要的是，Ravi 可以独立快速地检索元数据，而
不需要了解模型训练和模型提供服务的底层基础架构。

8.3   设计元数据和工件存储

在本节中，我们将首先讨论构建元数据和工件存储的设计原则，然后介绍遵循这些原
则的通用设计提案。即使你更喜欢使用开源技术来管理元数据，本节中的讨论对你也是有
益的——了解设计要求和解决方案能帮助你选择适合自身需求的工具。

注意   为了简单起见，在本章中我们将"元数据和工件存储"与"元数据存储"交替
使用。本章中提到的元数据存储也包括工件管理。

8.3.1   设计原则

元数据和工件存储的设计旨在方便模型性能故障排除和进行实验比较。它存储各种类
型的元数据，并将其聚合在模型和训练运行周围，因此数据科学家可以快速获取任意模型

的相关模型谱系和模型训练元数据。一个良好的元数据存储应该满足以下四项原则。

原则 1：显示模型谱系和版本控制

在接收到一个模型名称时，元数据存储应该能够确定该模型的版本以及每个模型版本的谱系，比如哪个训练运行产生了该模型以及使用了哪些输入参数和数据集。模型版本和谱系对于模型故障排除至关重要。当客户报告模型问题，比如模型性能下降时，我们首先要问的问题是：模型是什么时候生成的？训练数据集是否发生了变化？使用了哪个版本的训练代码，以及在哪里可以找到训练指标？我们可以在模型谱系数据中找到所有答案。

原则 2：实现模型可复现性

元数据存储应该跟踪所有用于复现模型所需的元数据，例如训练流水线 / 运行配置、输入数据集文件和算法代码版本。能够复现模型对于模型实验评估和故障排除至关重要。我们需要一个地方来保存配置、输入参数和工件信息，以启动一个模型训练运行以复现相同的模型。元数据存储是保留这些信息的理想场所。

原则 3：方便访问打包的模型

元数据存储应该让数据科学家轻松访问模型文件，而无须了解复杂的后端系统。存储应该提供手动和编程方法，因为数据科学家需要能够运行手动和自动化的模型性能测试。

例如，通过使用元数据存储，数据科学家可以快速识别当前在生产服务中使用的模型文件，并下载进行调试。数据科学家还可以编写代码从元数据存储中获取任意版本的模型，以自动化新旧模型版本之间的比较。

原则 4：可视化模型训练跟踪和比较

良好的可视化可以极大地提高模型故障排除过程的效率。数据科学家依赖于大量的指标来比较和分析模型实验，元数据存储需要配备可以处理所有（或任何类型的）元数据查询的可视化工具。例如，它需要能够显示一组模型训练运行的模型评估指标的差异和趋势行为。它还需要能够显示最新发布的 10 个模型的性能趋势。

8.3.2 通用元数据和工件存储设计方案

为了解决 8.3.1 节中的设计原则，深度学习元数据存储应该是一个度量存储系统，它需要存储各种类型的元数据及其之间的关系。这些元数据应该围绕模型和训练 / 实验执行进行聚合，因此我们可以在故障排除和性能分析期间快速找到所有与模型相关的元数据。因此，内部元数据存储的数据架构是元数据存储设计的关键。

虽然元数据存储是一个数据存储系统，但数据扩展通常不是一个问题，因为深度学习系统的元数据量不高。由于元数据大小取决于模型训练执行和模型的数量，我们预计每天不会有超过 1000 次模型训练运行，因此一个单一的数据库实例应该足够用于元数据存储系统。

为了用户的方便，元数据存储应该提供 Web 数据导入界面和日志 SDK，以便深度学习元数据可以以类似于应用程序日志和指标的方式进行插装。基于设计原则和对系统需求的分析，我们提供了一个样本元数据存储设计供你参考。图 8.4 显示了这个设计概览。

在图 8.4 中，样本元数据和工件存储系统由四个组件组成：客户端 SDK、Web 服务器、后端存储和 Web 用户界面。深度学习工作流中的每个组件和步骤都使用客户端 SDK 将元数据发送到元数据存储服务器。元数据存储提供一个 RESTful 接口，用于元数据摄取和查询。如 Web 用户界面可视化元数据存储服务器的 RESTful 接口，除了基本的元数据和工件组织和搜索外，它还可以可视化各种模型训练运行的模型性能指标和模型差异。

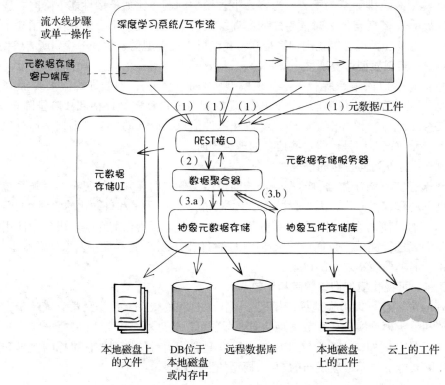

图 8.4　样本元数据和工件存储系统设计概览

元数据存储服务器位于此设计的中心。它有三层——RESTful Web 接口、数据聚合器和存储。数据聚合器组件知道元数据的组织方式和相互关联方式，因此它知道在哪里添加新的元数据以及如何处理不同类型的元数据搜索查询。在存储方面，我们建议构建一个抽象的元数据和工件存储层，这个抽象层作为一个适配器，封装了实际的元数据和文件存储逻辑。因此，元数据存储可以在不同类型的存储后端上运行，例如云对象存储、本地文件和本地或远程 SQL 服务器。

元数据存储模式

现在让我们来看一下元数据存储的数据模式。无论我们是将元数据保存在 SQL 数据库、NoSQL 数据库还是普通文件中，我们都需要定义一个数据模式来描述元数据的结构和序列化方式。图 8.5 显示了我们元数据存储的实体关系图。

在图 8.5 中，模型训练运行（Training_Runs 对象）位于实体关系图的中心阶段。这是因为模型性能故障排除始终从生成模型的过程（训练运行或工作流）开始，因此我们希望有一个专门的数据对象来跟踪生成模型文件的训练执行。

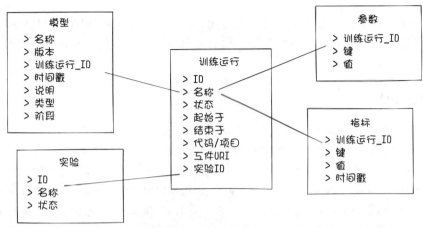

图 8.5　元数据存储数据模式的实体关系图

图 8.5 中详细的模型训练元数据保存在 Metrics 和 Parameters 对象中。Parameters 对象存储了训练运行的输入参数，例如，数据集 ID、数据集版本和训练超参数。Metrics 对象存储了训练期间生成的训练指标，例如，模型的 F2 分数。

Experiments 对象用于组织和分组模型训练运行。一个实验可以有多个训练运行。例如，我们可以将意图分类模型开发项目定义为一个训练实验，然后将所有意图分类模型的训练执行与该实验相关联。然后，在用户界面上，我们可以按不同实验分组训练执行。

Models 对象存储了模型文件的元数据，例如，模型版本、类型和阶段。"模型"可以有多个阶段，例如测试、预生产和生产，所有这些阶段也可以保留。

还要注意，图 8.5 中的每个实体都与生成它们的特定训练运行相关联（在图中用线表示），因此它们将共享一个常见的 training_run_id。通过利用这个数据链接，你可以从任何训练运行对象开始，找到它的输出模型、训练输入数据和模型训练指标。

之前我们说过我们可以简称为"元数据存储"，但它也存储了 artifacts。那么在这个设计中，artifact 在哪里？我们将 artifact 的 URL 存储在 Training_Runs 对象中作为训练运行的输出。如果我们查询模型或训练执行，我们将获得 artifact 的 URL。

模型关注与流程关注

在设计元数据系统方面有两种思路：模型关注和流程关注。模型关注方法是围绕模型文件相关的元数据进行关联，而流程关注方法是围绕流程 / 训练运行相关的元数据进行聚合，就像我们在图 8.4 中提出的那样。

模型关注和流程关注对于最终用户（数据科学家）同样有用，并且它们并不是相互排斥的。我们可以同时支持它们。

可以通过使用流程关注方法来实现元数据存储层，类似于我们在图 8.5 中的示例，然后在 Web 界面上构建搜索功能，以支持流程搜索和模型搜索两种功能。

8.4 开源解决方案

在本节中，我们将讨论两个广泛使用的元数据管理工具：MLMD 和 MLflow。这两个系统都是开源的，可以免费使用。首先，我们将概述这两个工具，然后进行比较，以确定在何时使用哪个工具。

8.4.1 MLMD

MLMD（https://github.com/google/ml-metadata）是一个轻量级的库，用于记录和检索与机器学习开发人员和数据科学家工作流相关的元数据。MLMD 是 TensorFlow Extended（TFX，https://www.tensorflow.org/tfx）的一个重要组成部分，但其设计使其可以独立使用。例如，Kubeflow（https://www.kubeflow.org/）使用 MLMD 来管理由其流水线和 notebook 服务生成的元数据。有关更多详细信息，请参阅 Kubeflow 的元数据文档（http://mng.bz/Blo1）。你可以将 MLMD 视为一种记录日志的库，并在你的机器学习流水线的每个步骤中使用它来记录元数据，从而可以了解和分析你的工作流 / 流水线中的所有相互关联的部分。

1. 系统概述

MLMD 库的元数据仪表化可以通过两种不同的后端进行设置：SQL 或 gRPC 服务器。请参见图 8.6 了解其概念。

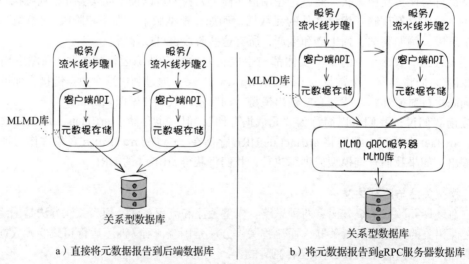

a）直接将元数据报告到后端数据库   b）将元数据报告到gRPC服务器数据库

图 8.6 使用 MLMD 进行元数据仪表化的两种不同设置

在图 8.6 中，我们看到机器学习流水线 / 工作流的每个步骤都使用 MLMD 库（MLMD 客户端 API）来仪表化元数据。在后端，MLMD 会将元数据保存在关系型数据库中，例如 MySQL 或 PostgreSQL。

你可以选择让每个 MLMD 库直接与 SQL 服务器通信（图 8.6a），或者使用 MLMD 库中的服务器设置代码来设置一个 gRPC 服务器，并让客户端库与该服务器通信（图 8.6b）。方法 A 比较简单，且不需要托管专用的日志服务器，但我们推荐使用方法 B，以免暴露后端数据库。

你可以查看以下两个文档，了解详细的元数据存储配置："Metadata Storage Backends and Store Connection Configuration"（http://mng.bz/dJMo）和"Use MLMD with a Remote gRPC Server"（http://mng.bz/rd8J）。

2. 日志记录 API

在 MLMD 中，元数据存储使用以下数据结构来将元数据记录在存储后端。执行（execution）代表工作流中的组件或步骤；工件（artifact）描述执行中的输入或输出对象；事件（event）是工件和执行之间关系的记录。上下文（context）是用于将工件和执行逻辑地组合在同一工作流中的逻辑组。

有了这个概念，让我们来看一些示例元数据仪表化代码：

```
# define a dataset metadata                                    ❶
data_artifact = metadata_store_pb2.Artifact()
data_artifact.uri = 'path/to/data'
data_artifact.properties["day"].int_value = 1
data_artifact.properties["split"].string_value = 'train'
data_artifact.type_id = data_type_id
[data_artifact_id] = store                                     ❷
    .put_artifacts([data_artifact])                            ❷


# define a training run metadata
trainer_run = metadata_store_pb2.Execution()                   ❸
trainer_run.type_id = trainer_type_id
trainer_run.properties["state"].string_value = "RUNNING"
[run_id] = store.put_executions([trainer_run])


# define a model metadata
model_artifact = metadata_store_pb2.Artifact()                 ❹
model_artifact.uri = 'path/to/model/file'
model_artifact.properties["version"].int_value = 1
model_artifact.properties["name"].string_value = 'MNIST-v1'
model_artifact.type_id = model_type_id
[model_artifact_id] = store.put_artifacts([model_artifact])


# define an experiment metadata
my_experiment = metadata_store_pb2.Context()                   ❺
my_experiment.type_id = experiment_type_id
# Give the experiment a name
my_experiment.name = "exp1"
my_experiment.properties["note"].string_value = \
    "My first experiment."
[experiment_id] = store.put_contexts([my_experiment])


# declare relationship between model, training run
# and experiment
```

```
attribution = metadata_store_pb2.Attribution()
attribution.artifact_id = model_artifact_id
attribution.context_id = experiment_id

association = metadata_store_pb2.Association()
association.execution_id = run_id
association.context_id = experiment_id

# Associate training run and model with the
# same experiment
store.put attributions and associations( \
    [attribution], [association])                              ❻
```

❶ 数据集被记录为工件
❷ 将元数据保存到存储中
❸ 模型训练运行被记录为执行
❹ 模型被记录为工件
❺ 定义模型训练元数据的逻辑组
❻ 保存元数据之间的关系

请查看 MLMD 的"Get Started"文档（http://mng.bz/VpWy）以获取详细的代码示例和本地设置说明。

3. 元数据搜索

MLMD 并没有提供用于显示其存储的元数据的用户界面。因此，要查询元数据，我们需要使用其客户端 API。请参考以下代码示例：

```
artifacts = store.get_artifacts()                             ❶

[stored_data_artifact] = store                                ❷
    .get_artifacts_by_id([data_artifact_id])

artifacts_with_uri = store                                    ❸
    .get_artifacts_by_uri(data_artifact.uri)

artifacts_with_conditions = store
    .get_artifacts(
        list_options=mlmd.ListOptions(                        ❹
            filter_query='uri LIKE "%/data"
            AND properties.day.int_value > 0'))
```

❶ 查询所有已注册的工件
❷ 通过 ID 查询工件
❸ 通过 uri 查询工件
❹ 使用过滤器查询工件

MLMD 的"Get Started"文档（http://mng.bz/VpWy）提供了许多用于获取工件、执行和上下文元数据的查询示例。如果你感兴趣，请查阅该文档。

了解 MLMD 数据模型的最佳方法是查看其数据库模式。你可以首先创建一个 SQLite 数据库，并将 MLMD 元数据存储配置为使用该数据库，然后运行 MLMD 的示例代码。最终，所有实体和表都将在本地 SQLite 数据库中创建。通过查看表的模式和内容，你将深入了解 MLMD 中的元数据组织方式，从而可以自行构建漂亮的用户界面。以下示例代码展示了如何配置 MLMD 元数据存储以使用本地 SQLite 数据库：

```
connection_config = metadata_store_pb2.ConnectionConfig()
connection_config.sqlite.filename_uri =
   '{your_workspace}/mlmd-demo/mlmd_run.db'                      ❶
                                                                 ❷
connection_config.sqlite.connection_mode = 3
store = metadata_store.MetadataStore(connection_config)
```

❶ SQLite 数据库的本地文件路径
❷ 允许读取、写入和创建

8.4.2 MLflow

MLflow（https://mlflow.org/docs/latest/tracking.html）是一个开源的 MLOps 平台。它旨在管理机器学习生命周期，包括实验、可复现性、部署和中央模型注册。

与 MLMD 相比，MLflow 是一个完整的系统，而不是一个库。它由四个主要组件组成：

- MLflow Tracking（一种元数据跟踪服务器）——用于记录和查询元数据。
- MLflow Projects——以可重复利用和可复现的方式打包代码。
- MLflow Models——用于打包可以用于不同模型服务工具的机器学习模型。
- MLflow Model Registry——用于通过用户界面管理 MLflow 模型的完整生命周期，包括模型谱系、版本控制、注释和生产推广。

在本节中，我们将重点介绍跟踪服务器，因为它与元数据管理最为相关。

1. 系统概述

MLflow 提供了六种不同的设置方法。例如，MLflow 运行（训练流程）的元数据可以记录到本地文件、SQL 数据库、远程服务器或具有代理存储后端访问的远程服务器中。有关这六种不同设置方法的详细信息，请查看 MLflow 文档 "How Runs and Artifacts Are Recorded"（https://mlflow.org/docs/latest/tracking.html#id27）。

在本节中，我们将重点介绍最常用的设置方法：具有代理工件存储访问的远程服务器。

根据图 8.7，我们可以看到深度学习流水线（工作流）的每个步骤 / 操作都使用 MLflow 客户端来仪表化元数据和工件，并将其传输到 MLflow 跟踪服务器。跟踪服务器将元数据（如指标、参数和标签）保存在指定的 SQL 数据库中，而工件（如模型、图像和文档）则保存在配置的对象存储中，例如 Amazon S3。

MLflow 提供两种上传工件的方式：直接从客户端上传；通过跟踪服务器进行代理上传。在图 8.7 中，我们描述了后者的方法：将跟踪服务器用作涉及工件的任何操作的代理服务器。其优点是，终端用户可以直接访问后端远程对象存储而无须提供访问凭证。

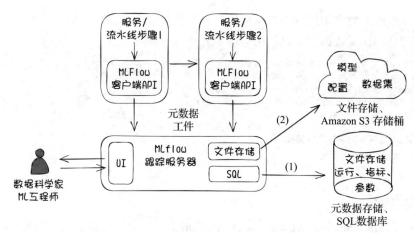

图 8.7   设置 MLflow 跟踪服务器进行元数据摄取和查询的过程

MLflow 的另一个优点是，它提供了一个漂亮的用户界面；数据科学家可以通过托管在跟踪服务器上的网站查看和搜索元数据。用户界面不仅允许用户从流水线执行的角度查看元数据，还可以直接搜索和操作模型。

2. 日志记录 API

将元数据发送到 MLflow 跟踪服务器非常简单。我们可以首先创建一个活动的运行（active run）作为上下文管理器，然后调用 log 函数来记录构件或单个键 - 值参数、指标和标签。以下是示例代码：

```
import mlflow
remote_server_uri = "..."                              ❶
mlflow.set_tracking_uri(remote_server_uri)

mlflow.set_experiment("/my-experiment")

with mlflow.start_run():
  mlflow.log_param("parameter_a", 1)                   ❷
  mlflow.log_metric("metric_b", 2)                     ❷
  mlflow.log_artifact("features.txt")                  ❷
```

❶ 定义 MLflow 服务器 URL

❷ 记录 MLflow Active Run 对象创建的 Python 上下文管理器中的元数据

自动日志记录

如果你对手动指定大量元数据感到厌倦，MLflow 支持自动日志记录。在你的训练代码之前调用 `mlflow.autolog()` 或特定于库的自动日志记录函数，例如 `mlflow.tensorflow.autolog()`、`mlflow.keras.autolog()` 或 `mlflow.pytorch.autolog()`，MLflow 将自动记录元数据，甚至包括构件，不需要显式的日志记录语句。如果你想了解更多关于 MLflow 日志记录的信息，请查看 MLflow 日志记录函数文档（http://mng.bz/xd1d）。

3. 搜索元数据

MLflow 跟踪服务器托管的跟踪用户界面允许你可视化、搜索和比较运行，以及下载运行的构件或元数据以便在其他工具中进行分析。该用户界面包含以下关键功能：基于实验的运行列表和比较，根据参数或指标值搜索运行，可视化运行指标以及下载运行结果。除了用户界面，你还可以通过编程方式实现跟踪用户界面提供的所有操作，示例代码如下：

```
from mlflow.tracking import MlflowClient

client = MlflowClient()                                    ❶
.. .. ..

# Fetch the run metadata from the backend store,
# which contains a list of  metadata
active_run = client.get_run(run_id)
print("run_id: {}; lifecycle_stage: {}"\                   ❷
  .format(run_id, active_run.info.lifecycle_stage))

# Retrieve an experiment by
# experiment_id from the backend store
experiment = client.get_experiment(exp_id)

# Get a specific version of a model
mv = client.get_model_version(model_name, mv_version)
```

❶ 初始化客户端
❷ 输出运行的执行阶段

编程方式访问元数据不仅在使用分析工具（例如 pandas）查询和比较不同训练运行的模型性能时非常有用，而且还可以将模型与模型服务系统集成，因为它允许你以编程方式从 MLflow 模型注册表中获取模型。有关完整的 `MLflowClient API` 用法，请查看 MLflow 跟踪 API 文档（http://mng.bz/GRzO）。

8.4.3 MLflow 与 MLMD

从前面的描述中，我们可以看出 MLMD 更像是一个轻量级的库，而 MLflow 则是一个 MLOps 平台。这两个工具都可以独立运行，提供元数据摄取和搜索功能，并跟踪基于模型训练运行的元数据。但是，MLflow 提供了更多的功能。

除了 MLMD 的功能外，MLflow 还支持自动元数据记录，并拥有一个设计良好的用户界面，用于可视化实验元数据（包括实验比较）、模型注册、构件管理、代码可复现性、模型打包等。

如果你需要引入一个完整的新的元数据和构件存储系统到你的系统中，MLflow 就是你的首选。它得到了一个活跃的开源社区的支持，并覆盖了大多数用户对 ML 元数据管理的需求。此外，MLflow 能对 MLOps 提供良好的支持，例如，MLflow 项目管理和模型部署。

如果你已经有了一个工件存储和指标可视化网站，并且想将元数据功能集成到现有系统中，那么 MLMD 是一个不错的选择。MLMD 是轻量级的，易于学习和使用。例如，

Kubeflow（https://www.kubeflow.org/）深度学习平台将 MLMD 作为元数据跟踪工具集成到其组件中，比如 Kubeflow 流水线（https://www.kubeflow.org/docs/components/pipelines/）。

总结

- 机器学习元数据可以分为四个类别：模型训练运行、通用工件、模型工件和流水线。
- 元数据和工件存储旨在支持模型性能比较、故障排除和复现。
- 一个良好的元数据管理系统可以帮助展示模型谱系，实现模型可复现性，并方便模型比较。
- MLMD 是一个轻量级的元数据管理工具，起源于 TensorFlow 流水线，但也可以独立使用。例如，Kubeflow 使用 MLMD 来管理其流水线组件中的 ML 元数据。
- MLMD 适用于将元数据管理集成到现有系统中。
- MLflow 是一个 MLOps 平台，旨在管理机器学习生命周期，包括实验、可复现性、部署和中央模型注册。
- 如果你想引入一个完全独立的元数据和工件管理系统，MLflow 是一个不错的选择。

CHAPTER 9

第 9 章

工作流编排

本章涵盖以下内容：
- 定义工作流和工作流编排
- 深度学习系统为何需要支持工作流
- 设计通用的工作流编排系统
- 介绍三个开源的工作流编排系统：Airflow、Argo Workflows 和 Metaflow

在本章中，我们将讨论深度学习系统中的最后一块关键组成部分：工作流编排——一种管理、执行和工作流监控自动化的服务。工作流是一个抽象和广泛的概念；它本质上是一系列属于某个更大任务的操作。如果你可以制定一套任务来完成一项工作，那么这个计划就是一个工作流。例如，我们可以定义一个用于训练机器学习（ML）模型的顺序工作流。该工作流可以由以下任务组成：获取原始数据、重建训练数据集、训练模型、评估模型和部署模型。

由于工作流是一个执行计划，它可以手动执行。例如，数据科学家可以手动完成我们刚刚描述的模型训练工作流的任务。例如，为了完成"获取原始数据"的任务，数据科学家可以通过创建网络请求并发送给数据集管理（DM）服务来获取数据集，而无须工程师的帮助。

然而，手动执行工作流并不是理想的情况。我们希望自动化工作流的执行。当有许多针对不同目的开发的工作流时，我们需要一个专用系统来处理工作流执行的复杂性。我们将这种系统称为工作流编排系统。

工作流编排系统旨在管理工作流生命周期，包括工作流创建、执行和故障排除。它不仅提供了让所有预定的代码保持运行的脉搏，还提供了一个供数据科学家管理深度学习系统中的所有自动化过程的控制平面。

在本章中，我们将讨论工作流编排系统的设计以及深度学习领域中最流行的开源编排系统。通过阅读本章，你不仅将对系统需求和设计选项有深刻的了解，还将学习如何选择适合自身情况的开源编排系统。

9.1   工作流编排介绍

在深入讨论设计工作流编排系统的细节之前，让我们简要探讨一下工作流编排的基本概念，并从深度学习 / 机器学习的角度特别讨论一下它对工作流造成的特殊挑战。

注意   由于在深度学习项目和机器学习项目中使用工作流编排的要求几乎相同，因此在本章中，我们会将深度学习和机器学习这两个词互换使用。

9.1.1   什么是工作流

通常情况下，工作流是一系列属于某个更大任务的操作序列。工作流可以被看作是多步的有向无环图（DAG）。

一个步骤是计算的最小可恢复单元，它描述一个动作；例如，这个任务可以是获取数据或触发一个服务。一个步骤要么成功，要么失败。在本章中，我们将任务和步骤这两个词互换使用。

DAG 指定了步骤之间的依赖关系和执行顺序。图 9.1 展示了一个用于训练自然语言处理（NLP）模型的样本工作流。

从图 9.1 中的样本 DAG 可以看出，这是一个由许多步骤组成的工作流。每个步骤依赖于另一个步骤，实线箭头表示步骤之间的依赖关系。这些箭头和步骤形成了一个无环的工作流 DAG。

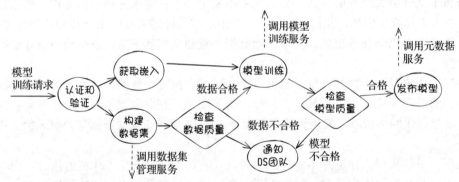

图 9.1   一个示例模型训练工作流的 DAG，包含多个步骤。椭圆和菱形都是步骤，但是它们是不同类型的。实线箭头表示步骤之间的依赖关系，虚线箭头表示从步骤发送的外部网络请求

如果按照 DAG 中的箭头（从左到右）完成任务，你可以训练并发布一个 NLP 模型到生产环境。例如，当有一个新的请求触发了工作流时，将首先执行授权（auth）步骤，然后同时执行数据集构建步骤和嵌入获取步骤。在这两个步骤完成后，DAG 中另一侧的步骤将会被执行。

工作流在 IT 行业中应用广泛。只要你可以将一个过程定义为一系列单一任务 / 步骤的 DAG，这个过程就可以被视为一个工作流。工作流对于深度学习模型开发非常关键。实际上，在生产环境中，大部分深度学习模型构建的活动都以工作流的形式呈现和执行。

注意　工作流不应该有循环。为了确保在任何条件下工作流都能够完成，其执行图必须是一个DAG，这样可以防止工作流的执行陷入死循环。

9.1.2　什么是工作流编排

一旦我们定义了一个工作流，下一步就是运行这个工作流。运行工作流意味着按照工作流 DAG 中定义的顺序执行工作流步骤。工作流编排是我们用来描述工作流的执行和监控的术语。

工作流编排的目标是自动化执行工作流中定义的任务。在实践中，工作流编排的概念通常扩展到整个工作流管理，即以自动化的方式创建、调度、执行和监控多个工作流。

为什么深度学习系统需要工作流编排？理想情况下，我们应该能够将整个深度学习项目编写为一个整体。这正是在项目的原型阶段所做的，将所有代码放在 Jupyter notebook 中。那么，为什么我们需要将原型代码转换为工作流并在工作流编排系统中运行呢？答案有两个方面：自动化和工作共享。为了理解这些原因，让我们来看一下图 9.2 中的三个示例训练工作流。

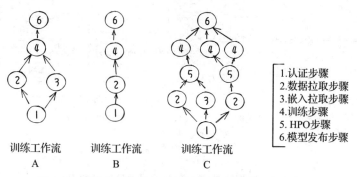

图 9.2　深度学习工作流由许多可重复使用的任务组成

使用工作流的一个重要优势是将大量代码转化为一组可共享和可重复使用的组件。在图 9.2 中，我们想象有三名数据科学家在进行三个模型训练项目（A、B 和 C）。由于每个项目的训练逻辑不同，数据科学家开发了三个不同的工作流（A、B 和 C）来自动化他们的模型训练过程。尽管每个工作流有不同的 DAG，但每个 DAG 中的步骤高度重叠。工作流的六个步骤都是可共享和可重复使用的。例如，认证步骤（步骤 1）是所有三个工作流的第一步。

可重复使用的步骤可以极大地提高数据科学家的生产力。例如，为了从 DM 服务中拉取数据（图 9.2 中的步骤 2），数据科学家需要了解 DM 网络 API 的工作原理。但是如果有人已经将 DM 数据拉取方法构建为一个步骤函数，科学家就可以在他们的工作流中重用这个步骤，而不需要学习如何与 DM 服务交互。如果每个人都以工作流的形式编写他们的项目，我们将会有很多可重复使用的步骤，这将在组织层面节省大量重复的工作！

另一个使工作流适用于深度学习开发的原因是它促进了协作。模型开发需要团队合作；一个专门的团队可能负责数据，而另一个团队负责训练算法。通过在工作流中定义复杂的模型构建过程，我们可以将一个大型复杂项目分成多个片段（或步骤）并将它们分配给不同的团队，同时保持项目有序并确保组件的正确顺序。工作流 DAG 清楚地显示了所有项目参与者都可以看到的任务依赖关系。

简而言之，一个优秀的工作流编排系统鼓励工作共享，促进团队协作，并自动化复杂的开发场景。所有这些优点使得工作流编排成为深度学习项目开发的一个关键组成部分。

9.1.3　在深度学习中使用工作流编排的挑战

在前面的部分中，我们看到工作流系统如何为深度学习项目开发提供了许多优势。但是有一个需要注意的问题——使用工作流来原型化深度学习算法的想法比较笨拙。

为了理解该想法为什么是笨拙的，让我们看一个深度学习开发流程图（图 9.3）。这个流程图可以为你理解工作流在深度学习环境中所面临的挑战提供基础性的认识。

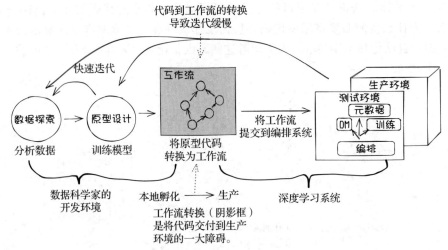

图 9.3　数据科学家对深度学习项目开发的视角

在图 9.3 中，我们从数据科学家的视角看到了一个典型的深度学习项目开发流程。该流程可以分为两个阶段：本地孵化阶段和生产阶段。

在本地孵化阶段，数据科学家在本地 / 开发环境中进行数据探索和模型训练原型开发。当原型开发完成并且项目看起来前景光明时，数据科学家开始进行生产上线，即将原型代码移植到生产系统。

在生产阶段，数据科学家将原型代码转换为工作流。他们将代码分解为多个步骤，并定义一个工作流 DAG，然后将工作流提交给工作流编排系统。之后，编排系统接管并根据其调度运行工作流。

1. 原型开发与生产之间的差距

如果你问一个从事工作流编排系统开发的工程师对图 9.3 中的开发过程有何感受，答案很可能是：很好！但在实践中，这个过程对于数据科学家来说是有问题的。

从数据科学家的角度来看，一旦算法在本地测试过，其原型代码应立即投入生产。但在图 9.3 中，我们看到原型阶段和生产阶段之间并没有很好地连接起来。将孵化代码投入生产并不是一件直接的事情；数据科学家必须额外做一些工作来构建一个工作流，在生产环境中运行他们的代码。原型代码和生产工作流之间的差距拖慢开发速度的原因有两个：

- 工作流的构建和调试并不直接。当数据科学家在编排系统中编写模型训练工作流时，通常会面临巨大的学习曲线。学习工作流 DAG 语法、工作流库、编码范例和故障排除对数据科学家来说是一个巨大的负担。工作流的故障排除是最令人痛苦的部分。大部分编排系统不支持本地执行，这意味着数据科学家必须在远程编排系统中测试他们的工作流。这很难，因为工作流环境和工作流执行日志都是远程的，所以当工作流执行出现问题时，数据科学家不能轻易找出根本原因。
- 工作流的构建不是一次性的，而是频繁的。通常的错误认识是，由于工作流的构建只发生一次，所以如果它是耗时和烦琐的，那也没关系。但事实是，工作流的构建是持续不断的，因为深度学习开发是一个迭代的过程。正如图 9.3 所示，数据科学家会不断进行原型化和生产实验，因此工作流需要经常更新，以便测试从本地到生产的新改进。因此，令人不愉快和耗时的工作流构建会不断发生，从而妨碍了开发速度。

2. 平滑原型化与生产之间的过渡

尽管存在差距，图 9.3 中的过程还是不错的。数据科学家从一个简单的脚本开始进行原型化，并继续改进。如果每次迭代后的结果看起来足够有希望，"简单的本地脚本"将转换为工作流并在生产中的编排系统中运行。

关键的改进是使从原型代码到生产工作流的过渡步骤无缝化。如果一个编排系统被设计用于深度学习用例，它应该提供帮助数据科学家用最少的努力从他们的代码构建工作流的工具。例如，Metaflow 是一个开源库，将在 9.3.3 节中讨论，它允许数据科学家通过编写带有 Python 注释的 Python 代码来授权工作流。数据科学家可以直接从原型代码获得工作流，无须进行任何更改。Metaflow 还提供了在本地和云生产环境之间模型执行的统一用户体验。这消除了工作流测试中的摩擦，因为 Metaflow 在本地和生产环境中以相同的方式运行工作流。

> **深度学习系统应该以人为本**
>
> 当我们向深度学习系统引入通用工具（如工作流编排）时，不要满足于只实现功能。尽量减少用户在系统中花费的时间。通过定制化的工作，我们始终可以帮助用户提高生产效率。
>
> Metaflow（9.3.3 节）是一个很好的例子，说明了工程师不满足于仅构建一个自动化深度学习工作流的编排系统。相反，他们进一步优化了工作流的构建和管理，以适应数据科学家的工作方式。

9.2　设计工作流编排系统

在本节中，我们将通过三个步骤来设计工作流编排系统。首先，我们将使用一个典型

的数据科学家用户场景来展示编排系统从用户角度的工作过程。其次，我们将学习通用的
编排系统设计。第三，我们将总结构建或评估编排系统的关键设计原则。通过阅读本节，
你将了解通常情况下编排系统的工作原理，因此可以自信地评估或参与任何编排系统的
工作。

9.2.1 用户场景

尽管不同场景的工作流差异很大，但数据科学家的用户场景是非常标准的。大多数工
作流使用可以分为两个阶段：开发阶段和执行阶段。请参见图 9.4，这是数据科学家（Vena）
的工作流用户体验。让我们一步一步地来看 Vena 的用户场景，如图 9.4 所示。

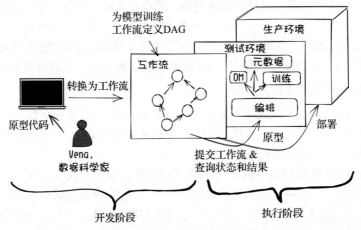

图 9.4　工作流编排系统中的通用深度学习用户场景

1. 开发阶段

在开发阶段，数据科学家将他们的训练代码转换成工作流。以下是 Vena 的示例：

1）数据科学家 Vena 在本地环境中使用 Jupyter notebook 或纯 Python 进行模型训练算
法的原型开发。在完成本地测试和评估后，Vena 认为现在是时候将代码部署到生产环境中，
用真实客户数据进行在线实验了。

2）由于在生产环境中所有的运行都是工作流，Vena 需要将她的原型代码转换为工作
流。因此，Vena 使用编排系统提供的语法将她的工作重构成一个任务的 DAG（有向无环图）
并将其保存在 YAML（一种文本配置）文件中。例如，数据解析→数据增强→数据集构建→
训练→[在线评估，离线评估]→模型发布。

3）接着，Vena 为 DAG 中的每个步骤设置输入 / 输出参数和操作。以训练步骤为
例，Vena 将步骤操作设置为一个 RESTful HTTP 请求。该步骤将向模型训练服务发送一个
RESTful 请求，以启动一个训练作业。这个请求的负载和参数来自该步骤的输入参数。

4）定义好工作流后，Vena 在 DAG YAML 文件中设置工作流的执行计划。例如，Vena
可以将工作流安排在每个月的第一天运行，并且还可以将工作流设置为由外部事件触发。

5）Vena 对工作流进行本地验证，并将工作流提交给编排服务。

以下代码展示了 Vena 的伪工作流，以便给你一个对实际工作流的初步理解（在 9.3 节中，我们将讨论真实的工作流系统）：

```
# define workflow DAG
with DAG(
  description='Vena's sample training workflow',
  schedule_interval=timedelta(months=1),
  start_date=datetime(2022, 1, 1),
) as dag:                                        ❶

  # define execution logic for each step
  data_parse_step = BashOperator( .. .. ..)
  data_augment_step = BashOperator( .. .. ..)    ❷
  dataset_building_step = BashOperator( .. .. ..)
  training_step = BashOperator( .. .. ..)

  # Declares step dependencies
  data_parse_step >> data_augment_step           ❸
  >> dataset_building_step >> training_step       ❸
```

❶ DAG 定义；定义工作流的主体，包括步骤和依赖项
❷ 执行 bash 命令以进行数据增强
❸ 顺序执行流

2. 执行阶段

在执行阶段，编排服务执行模型训练工作流，具体如 Vena 的示例所示：

1）一旦 Vena 的工作流被提交，编排服务将工作流 DAG 保存到数据库中。

2）编排服务的调度器组件检测到 Vena 的工作流，并将工作流的任务分派给后端执行节点。调度器将确保任务按照工作流 DAG 中定义的顺序执行。

3）Vena 使用编排服务的 Web 界面实时查看工作流的执行进度和结果。

4）如果工作流产生了一个好的模型，Vena 可以将其推广到暂存和生产环境，否则 Vena 会开始另一次原型迭代。

一个衡量编排系统是否适用于深度学习的关键指标是将原型代码转换为工作流的难易程度。在图 9.4 中我们可以看到，每次 Vena 尝试新的想法时，她都需要将训练代码转换为工作流。可以想象，如果我们减轻了将深度学习代码转换为工作流的难度，它将节省多少人工时间。

注意　工作流应该始终是轻量级的。工作流用于自动化一个过程，其目标是将一系列任务组合并连接起来，并按照定义的顺序执行它们。使用工作流的巨大好处在于人们可以共享和重用任务，从而更快地自动化其过程。因此，工作流本身不应进行任何重度计算，重要的工作应该由工作流的任务完成。

9.2.2　通用编排系统设计

现在，让我们转向一个通用的工作流编排系统。为了帮助你理解编排系统的工作原理，并学习研究开源编排系统，我们准备了一个高层次的系统设计。通过放大实现的细节，同

时只保留核心组件，这个设计就能适用于大多数编排系统，包括在 9.3 节中讨论的开源系统。请参阅图 9.5 了解设计方案。

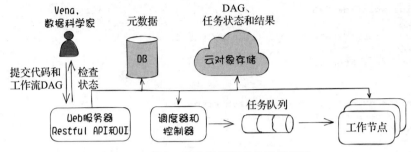

图 9.5　通用工作流编排服务的设计概述

工作流编排系统通常由以下五个组件组成：

- Web 服务器：Web 服务器提供一个 Web 用户界面和一组 Web API，供用户创建、检查、触发和调试工作流的行为。
- 调度器和控制器：调度器和控制器组件处理两件事。调度器监视系统中的每个活动工作流，并在适当的时候安排工作流运行。控制器将工作流任务分派给工作者。虽然调度器和控制器是两个不同的功能单元，但它们通常一起实现，因为它们都与工作流的执行有关。
- 元数据数据库：元数据数据库存储工作流的配置、DAG、编辑和执行历史，以及任务的执行状态。
- 工作节点组：工作节点组提供运行工作流任务的计算资源。工作节点抽象了基础架构，并且对运行的任务是无感知的。例如，我们可能有不同类型的工作节点，比如 Kubernetes 工作节点和 Amazon Elastic Compute Cloud（EC2）工作节点，但它们都可以执行相同的任务，只是在不同的基础架构上执行罢了。
- 对象存储：对象存储是为所有其他组件提供的共享文件存储；它通常构建在云对象存储之上，比如 Amazon Simple Storage Service（S3）。对象存储的一个用途是任务输出共享。当工作节点运行一个任务时，它从对象存储中读取前一任务的输出值作为输入；工作节点还将任务输出保存到对象存储中，以供后续任务使用。

对象存储和元数据数据库都可以由编排系统的所有组件访问，包括调度器、Web 服务器和工作节点组件。集中的数据存储使核心组件解耦，因此 Web 服务器、调度器和工作节点可以独立工作。

工作流的执行过程

第一，Vena 为工作流定义 DAG。在 DAG 内部，Vena 声明了一组任务，并定义了任务执行顺序的控制流程。对于每个任务，Vena 要么使用系统的默认算子，比如 Shell 命令算子或 Python 算子，要么构建自己的算子来执行任务。

第二，Vena 通过 Web 界面或命令行将工作流（包括相关代码）提交到 Web 服务器。该工作流被保存在元数据数据库中。

第三，调度器定期（每隔几秒或几分钟）扫描元数据数据库，并检测新的工作流；然后在预定的时间启动工作流。为了执行工作流，调度器调用控制器组件，根据 DAG 中定义的任务序列将工作流的任务分派到工作队列。

第四，工作器从共享的作业队列中提取一个任务；它从元数据数据库中读取任务定义，并通过运行任务的算子来执行任务。在执行过程中，工作器将任务的输出值保存到对象存储，并将任务的执行状态报告回元数据数据库。

最后，Vena 使用托管在 Web 服务器组件上的 Web 界面监控工作流的执行。由于调度器 / 控制器组件和工作器实时向元数据数据库报告状态，因此 Web 界面始终显示最新的工作流状态。

9.2.3 工作流编排设计原则

现在我们已经了解了工作流编排系统的内部和外部工作原理，现在是时候审视一下那些使编排系统在深度学习场景中表现出色的设计原则了。笔者希望你可以将这些原则用作改进系统或评估开源方法的指南。

注意 从工程工作量上来看，工作流编排系统是深度学习系统中最复杂的组件之一，所以在最初的几个版本中，不必在使你的系统与这些原则完全匹配上过于用功。

原则 1：关键性

工作流编排本质上是一个作业调度挑战，因此任何编排系统的底线是提供稳定的工作流执行体验。一个有效的工作流应该始终正确、可以重复执行，并按计划执行。

原则 2：易用性

在深度学习环境中，编排系统的可用性的衡量标准在于该系统是否优化了数据科学家的生产力。在编排系统中，大多数数据科学家的交互是工作流的创建、测试和监控。因此，用户友好型的编排系统应该能让用户轻松地创建、监控和排查工作流。

原则 3：可扩展性

为了适应各种各样的深度学习基础设施，人们应该能够轻松地定义自己的任务算子和执行器，而不用担心它们部署在哪里。编排系统应该提供适合你环境的抽象层次，无论你使用的是 Amazon EC2 还是 Kubernetes。

原则 4：隔离性

有两种关键的隔离类型：工作流创建隔离和工作流执行隔离。工作流创建隔离意味着在创建工作流时，各个用户之间不能互相干扰。例如，如果 Vena 提交了一个无效的工作流 DAG 或者发布了一个在其他工作流中引用的常用共享库的新版本，那么现有的工作流不应受到影响。工作流执行隔离意味着每个工作流都在一个独立的环境中运行。工作流之间不应该出现资源竞争，并且一个工作流的失败不会影响其他工作流的执行。

原则 5：可扩展性

一个好的编排系统应该解决以下两个扩展性问题：处理大量并发工作流和处理大规模复杂工作流。扩展并发工作流通常意味着，在给定足够的计算资源的情况下，比如将更多的工作器添加到工作器组时，编排系统可以满足无限并发的工作流执行数量。同时，系统应该始终保持每个工作流的服务级别协议（SLA）。例如，无论有多少其他工作流正在执行，一个工作流应该在其预定时间内执行，并且不晚于2s。

对于单个大型工作流的扩展性，系统应该鼓励用户不用担心性能，这样他们可以专注于易读、直观的代码和简单的操作。当工作流执行达到某个限制时，比如训练操作花费的时间过长，编排系统应该提供一些水平并行性操作，比如分布式训练操作，来解决单个工作流性能问题。

深度学习编排在扩展性上的主要思想是：我们应该在系统层面解决性能问题，避免要求用户编写具有可扩展性的代码。这可以提高代码的可读性，使系统更容易调试，并减少操作负担。

原则6：人性化支持原型和生产

将数据科学家的本地原型代码与生产工作流连接起来的能力是深度学习特有的要求。它也是我们评估一个编排系统是否适合深度学习系统的关键指标。

为深度学习特别设计的编排系统是尊重深度学习项目从原型到生产的迭代、持续性工作的体现。这样的系统也将致力于帮助数据科学家将本地原型代码无缝转换为生产工作流。

9.3 浏览开源工作流编排系统

在本节中，我们将介绍三个经过实战考验的工作流编排系统：Airflow、Argo Workflows和Metaflow。这三个开源系统在IT行业中被广泛采用，并得到了一些热门社区的支持。除了一般性的介绍，我们还将从深度学习项目开发的角度评估这些工作流系统。

为了进行公平比较，我们将在Airflow、Argo Workflows和Metaflow中实现相同工作流的伪代码。基本上，如果有新数据，我们会首先将数据进行转换并保存到数据库中的新表中，然后通知数据科学团队。此外，我们希望该工作流每天都会运行。

9.3.1 Airflow

Airflow（https://airflow.apache.org/docs/apache-airflow/stable/index.html）于2014年在Airbnb创建，现在是Apache Foundation的一部分。Airflow是一个用于以编程方式编写、调度和监控工作流的平台。Airflow最初并不是为深度学习用例而设计的；它最初是用于编排日益复杂的ETL（抽取、转换、加载）流水线（或数据流水线）。但由于Airflow具有良好的可扩展性、生产质量和图形用户界面支持，它被广泛应用于许多其他领域，包括深度学习。截至本书撰写时，Airflow是最广泛采用的编排系统。

1. 典型用例

在Airflow中构建工作流需要两个步骤。首先，定义工作流DAG和任务。其次，在DAG中声明任务之间的依赖关系。Airflow的DAG本质上是Python代码。请参阅代码清单9.1，以了解我们的示例工作流在Airflow中是如何实现的。

代码清单 9.1 Airflow 工作流定义示例

```
# declare the workflow DAG.
with DAG(dag_id="data_process_dag",
        schedule_interval="@daily",
        default_args=default_args,
        template_searchpath=[f"{os.environ['AIRFLOW_HOME']}"],
        catchup=False) as dag:

    # define tasks of the workflow, each code section below is a task

    is_new_data_available = FileSensor(              ❶
        task_id="is_new_data_available",
        fs_conn_id="data_path",
        filepath="data.csv",
        .. .. ..
    )

    # define data transformation task
    transform_data = PythonOperator(
        task_id="transform_data",
        python_callable=transform_data              ❷
    )

    # define table creation task
    create_table = PostgresOperator(               ❸
        task_id="create_table",
        sql='''CREATE TABLE IF NOT EXISTS invoices (
                .. .. ..
                );''',
        postgres_conn_id='postgres',
        database='customer_data'
    )

    save_into_db = PythonOperator(
        task_id='save_into_db',
        python_callable=store_in_db
    )

    notify_data_science_team = SlackWebhookOperator(
        task_id='notify_data_science_team',
        http_conn_id='slack_conn',
        webhook_token=slack_token,
        message="Data Science Notification \n"
        .. .. ..
    )


# Step two, declare task dependencies in the workflow
  is_new_data_available >> transform_data
  transform_data >> create_table >> save_into_db
  save_into_db >> notify_data_science_team
  save_into_db >> create_report

# The actual data transformation logic, which is referenced
# in the "transform_data" task.
```

```
def transform_data(*args, **kwargs):
    .. .. ..
```

❶ 检查是否有新文件到达
❷ 实际逻辑在"`transform_data`"函数中实现
❸ PostgresOperator 是一个预定义的 Airflow 算子，用于与 postgres 数据库交互

在代码清单 9.1 中，我们看到示例工作流 DAG 包含多个任务，例如 `create_table` 和 `save_into_db`。在 Airflow 中，任务被实现为算子（operator）。有许多预定义的和由社区管理的算子，例如 MySqlOperator、SimpleHttpOperator 和 DockerOperator。

Airflow 的预定义算子帮助用户在不编写代码的情况下实现任务。你还可以使用 PythonOperator 来运行自定义的 Python 函数。一旦工作流 DAG 被构建并且所有代码被部署到 Airflow 中，我们就可以使用 UI 或以下 CLI 命令来检查工作流执行状态。以下是一些示例 Shell 命令：

```
airflow dags list                              ❶

airflow tasks list data_process_dag            ❷

airflow tasks list data_process_dag --tree     ❸
```

❶ 输出所有活动的 DAG
❷ 输出"`data_process_dag`"DAG 中的任务列表
❸ 输出"`data_process_dag`"DAG 中的任务层次结构

如果你想深入了解 Airflow，可以查看其架构概述文档和教程（http://mng.bz/Blpw）。

2. 主要特性

Airflow 提供以下主要特性：

- DAG：Airflow 使用 DAG（有向无环图）来抽象复杂的工作流，工作流 DAG 通过 Python 库实现。
- 编程式工作流管理：Airflow 支持即时创建任务，并允许创建复杂的动态工作流。
- 帮助构建自动化的强大内置算子：Airflow 提供许多预定义的算子，帮助用户实现任务而无须编写代码。
- 可靠的任务依赖和执行管理：Airflow 为每个任务内置了自动重试策略，并提供不同类型的传感器来处理运行时依赖关系，比如检测任务完成、工作流运行状态变化和文件是否存在等。
- 可扩展性：Airflow 使其传感器、钩子和算子完全可扩展，这使得它可以受益于大量由社区贡献的算子。通过添加自定义算子，Airflow 还可以轻松地集成到不同的系统中。
- 监控和管理界面：Airflow 提供强大的用户界面，用户可以快速了解工作流/任务的执行状态和历史。用户还可以从界面触发和清除任务或工作流运行。
- 生产质量：Airflow 在生产环境中提供了许多有用的工具，例如任务日志搜索、扩展性、告警和 RESTful API。

3. 限制

虽然 Airflow 是一个出色的工作流编排系统，但在深度学习场景下仍存在一些缺点：

- 数据科学家初次接触时的高学习成本：对于不受内置算子支持的任务，Airflow 具有陡峭的学习曲线。此外，没有简单的方法进行工作流本地测试。
- 将深度学习原型代码转换为生产代码的困难：当我们将 Airflow 应用于深度学习时，数据科学家必须将本地模型训练代码转换为 Airflow DAG。这是额外的工作，并且对于数据科学家来说是一种不愉快的体验，特别是考虑到如果我们直接从模型训练代码构建工作流 DAG 的话，就可以避免这一点。
- 在 Kubernetes 上运行时的高复杂性：在 Kubernetes 上部署和运行 Airflow 并不直观。如果你打算采用一个在 Kubernetes 上运行的编排系统，Argo Workflows 是一个更好的选择。

9.3.2 Argo Work flows

Argo Workflows 是一个开源的、面向容器的工作流引擎，用于在 Kubernetes 上编排并行的工作流 / 任务。Argo Workflows 解决了与 Airflow 类似的问题，但采用了不同的方法，它采用了 Kubernetes 本地化的方式。Argo Workflows 与 Airflow 之间最大的区别在于，Argo Workflows 是在 Kubernetes 上原生构建的。更具体地说，Argo Workflows 中的工作流和任务是以 Kubernetes 自定义资源定义（CRD）对象的形式实现的，每个任务（步骤）作为一个 Kubernetes Pod 来执行。请参见图 9.6 了解系统的高级概述。

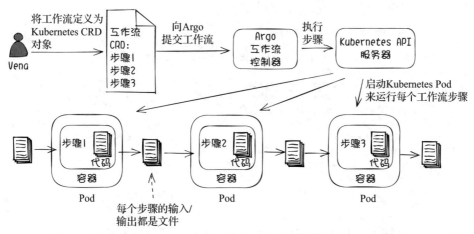

图 9.6 在 Argo Workflows 中，工作流及其步骤被执行为 Kubernetes pod

在图 9.6 中，数据科学家 Vena 首先将工作流及其步骤 / 任务定义为 Kubernetes CRD 对象，通常以 YAML 文件的形式呈现。然后，她将工作流提交给 Argo Workflows，其控制器在 Kubernetes 集群内创建 CRD 对象。接下来，Kubernetes Pod 动态启动以按照工作流序列运行工作流的步骤 / 任务。

同时，你可能也注意到每个步骤的执行都通过容器和 Pod 完全隔离；每个步骤使用文件来呈现其输入和输出值。Argo Workflows 会自动将依赖的文件挂载到步骤的容器中。

Kubernetes Pod 所创建的任务隔离是 Argo Workflows 的一大优势。简单性也是人们选择 Argo Workflows 的另一个原因。如果你了解 Kubernetes，Argo 的安装和故障排除都是直截了当的。我们可以使用 Argo Workflows 命令或标准的 Kubernetes CLI 命令来调试系统。

1. 典型用例

为了更好地理解，让我们看一个 Argo Workflows 的例子。我们将使用 Argo Workflows 来自动化与 9.3.1 节的典型用例相同的数据处理工作。该工作流包括首先检查新数据，然后对数据进行转换，将其保存到数据库中的新表中，最后通过 Slack 通知数据科学家团队。代码清单 9.2 是 Argo Workflows 的定义。

代码清单 9.2   Argo Workflows 的示例工作流，包含一系列步骤

```
apiVersion: argoproj.io/v1alpha1
kind: Workflow                                              ❶
metadata:
 generateName: data-processing-
spec:
 entrypoint: argo-steps-workflow-example
 templates:
   - name: argo-steps-workflow-example
     Steps:                                                 ❷
     - - name: check-new-data
         template: data-checker                             ❸
     - - name: transform-data
         template: data-converter
         arguments:
           artifacts:
             - name: data-paths                             ❹
               from: "{{steps.check-new-data.outputs.
                       artifacts.new-data-paths}}"          ❺
     - - name: save-into-db
         template: postgres-operator
     - - name: notify-data-science-team
         template: slack-messenger

   - name: data-checker                                     ❻
     container:
       image: docker/data-checker:latest
       command: [scan, /datastore/ds/]
     outputs:
       artifacts:
         - name: new-data-paths                             ❼
           path: /tmp/data_paths.txt

   - name: data-converter
     inputs:
       artifacts:
         - name: data_paths                                 ❽
           path: /tmp/raw_data/data_paths.txt
     container:
       image: docker/data-checker:latest
```

```
        command: [data_converter, /tmp/raw_data/data_paths.txt]

    - name: save-into-db
      .. .. ..
    - name: notify-data-science-team
      .. .. ..
```

❶ 声明 CRD 对象类型为工作流
❷ 声明工作流的步骤
❸ 步骤体被定义为另一个模板，类似于函数
❹ 声明数据路径工件来自 check-new-data 步骤生成的 new-data-paths 工件
❺ 这就是步骤传递参数的方式
❻ 实际的步骤定义，类似于函数实现
❼ 声明此步骤的输出工件（生成新数据路径）；该工件来自 /tmp/data_paths.txt，它也可以是一个目录
❽ 解压 data_paths 输入工件并将其放在 /tmp/raw_data/data_paths.txt 中

　　在 Argo Workflows 中最基本的概念是工作流（workflow）和模板（template）。一个工作流对象表示工作流的单个实例；它包含了工作流的定义和执行状态。我们应该将工作流视为一个"活动"的对象。模板可以被视为函数；它们定义要执行的指令。entrypoint 定义主函数，这意味着将首先执行的模板。

　　在代码清单 9.2 中，我们看到了一个由四个步骤组成的顺序工作流：check-new-data → transform_data → save-into-db → notify-data-science-team。每个步骤可以引用一个模板，并通过构件（文件）传递参数。例如，check-new-data 引用了 data-checker 模板，该模板定义了用于检查是否有新数据的 Docker 镜像。data-checker 模板还声明了单步输出——新到达的数据文件路径将保存到 /tmp/data_paths.txt 并作为其输出值。

　　接下来，transform_data 步骤将 check-new-data 的输出绑定到 data-converter 模板的输入。这是变量在步骤和模板之间传递的方式。一旦你提交了工作流，例如使用命令 argo submit -n argo sample_workflow.yaml，你可以使用 Argo Workflows UI 或以下命令来查看工作流运行的详细信息：

```
# list all the workflows
argo list -n argo

# get details of a workflow run
argo get -n argo {workflow_name}
```

　　除了使用 argo 命令，我们还可以使用 Kubernetes CLI 命令来检查工作流的执行，因为 Argo Workflows 在 Kubernetes 上本地运行；请参考以下示例：

```
# list all argo customer resource definitions
kubectl get crd -n argo

# list all workflows
kubectl get workflows -n argo

# check specific workflow
kubectl describe workflow/{workflow_name} -n argo
```

若想了解更多关于 Argo Workflows 的信息，你可以查阅 Argo Workflows 用户指南（http://mng.bz/WAG0）和 Argo Workflows 架构图（https://argoproj.github.io/argo-workflows/architecture）。

2. 代码 Docker 化：简化生产部署

Argo Workflows 本质上是一个 Kubernetes Pod（Docker 镜像）调度系统。虽然它要求人们将代码编写成一系列 Docker 镜像，但它在编排系统内部创建了很大的灵活性和隔离性。以 Docker 形式存在的代码可以在任何工作节点上执行，故而不需要考虑如何配置工作节点环境。

Argo Workflows 的另一个优势是它在生产部署中的低成本。在 Docker 中本地测试代码时，你可以在 Argo Workflows 中直接使用 Docker 镜像（原型代码）。与 Airflow 不同，Argo Workflows 几乎不需要将原型代码转换为生产工作流。

3. 主要特性

Argo Workflows 提供以下主要特性：

- 低成本的安装和维护：Argo Workflows 在 Kubernetes 上本地运行，因此你只需使用 Kubernetes 流程来排除任何问题，无须学习其他工具。而且它安装起来非常简单。通过几个 kubectl 命令，你就可以在 Kubernetes 环境中运行 Argo Workflows。
- 健壮的工作流执行：Kubernetes Pod 为 Argo Workflows 的任务执行提供了强大的隔离性。Argo Workflows 还支持 cron 工作流和任务重试。
- 模板化和可组合性：Argo Workflows 模板类似于函数。在构建工作流时，Argo Workflows 支持组合不同的模板（步骤函数）。这种可组合性鼓励团队之间共享常见工作，从而大大提高了生产力。
- 完整的 UI 功能：Argo Workflows 提供方便的用户界面来管理整个工作流的生命周期，例如提交 / 停止工作流、列出所有工作流以及查看工作流定义。
- 高度灵活可用：Argo Workflows 通过定义 REST API 来管理系统和添加新功能（插件），并且工作流任务被定义为 Docker 镜像。这些特性使得 Argo Workflows 高度可定制，并广泛应用于许多领域，如机器学习、ETL、批处理 / 数据处理和 CI/CD（持续集成、持续交付 / 持续部署）。
- 产品质量：Argo Workflows 旨在在严肃的生产环境中运行。Kubeflow pipeline 和 Argo CD 是 Argo Workflows 实现产品化的优秀示例。

4. 限制

在深度学习系统中使用 Argo Workflows 的缺点如下：

- 每个人都需要编写和维护 YAML 文件：Argo Workflows 要求用户将工作流定义为 Kubernetes CRD 的 YAML 文件。对于单个项目来说，管理短小的 YAML 文件并不困难，但是一旦工作流的数量增加并且工作流逻辑变得复杂，YAML 文件可能会变得庞大且令人困惑。Argo Workflows 提供了用以使保持工作流定义保持简单的模板，但除非你习惯于使用 Kubernetes YAML 配置，否则它仍然不是很直观。

- 必须是 Kubernetes 专家：如果你是一个 Kubernetes 专家，你会觉得 Argo Workflows 用起来得心应手。但是对于新手用户来说，他们可能需要花费相当多的时间学习 Kubernetes 的概念和实践后才能用好 Argo Workflows。
- 任务执行延迟：在 Argo Workflows 中，对于每个新任务，Argo 将启动一个新的 Kubernetes pod 来执行。Pod 的启动可能会导致每个单独任务的执行时间增加几秒或几分钟，这限制了 Argo 在支持时间敏感型工作流时的表现。例如，Argo Workflows 不适合实时模型预测工作流，该工作流以毫秒级的 SLA 运行模型预测请求。

9.3.3　Meta flow

Metaflow 是一个面向 MLOps 的 Python 库，非常易于使用。它最初由 Netflix 开发，并于 2019 年开源。Metaflow 的特点在于其以人为本的设计——它不仅用于自动化工作流，还旨在减少深度学习项目开发的人力时间（运营成本）。

在 9.1.3 节中，我们指出了从原型代码到生产工作流的转换在机器学习开发中会产生很大的障碍。数据科学家必须为每个模型开发迭代构建和测试一个新版本的工作流。为了弥合原型和生产之间的差距，Metaflow 进行了两项改进：简化工作流构建过程，以及统一本地和生产环境中的工作流执行体验（参见图 9.7）。

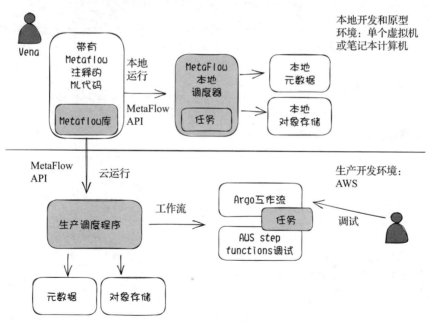

图 9.7　Metaflow 为原型和生产提供了统一的开发体验

在图 9.7 中，我们可以看到 Metaflow 将原型和生产环境都视为一流的执行环境。由于 Metaflow 库提供了一组统一的 API 来抽象实际的基础设施，无论工作流在哪个环境中运行，都可以以相同的方式执行。例如，一个工作流可以在本地调度器和生产调度器上运行，而无须进行任何更改。本地调度器在本地执行工作流，而生产调度器则可以集成到其他生产编排系统中，例如 AWS Step Functions 或 Argo Workflows。

Metaflow 允许用户使用 Python 注释来定义工作流，形成一个 DAG Python 类。然后，Metaflow 库会根据 Python 注释自动创建 / 打包工作流。借助 Metaflow 的 Python 注释，Vena 可以在不更改任何原型代码的情况下构建工作流。

除了无缝工作流创建和测试，Metaflow 还提供其他对模型可重复性至关重要的有用功能，例如工作流 / 步骤版本控制和步骤输入 / 输出保存。要了解更多关于 Metaflow 的信息，你可以查阅 Metaflow 的官方网站（https://docs.metaflow.org/）以及 Ville Tuulos 撰写的优秀的 Metaflow 书籍 *Effective Data Science Infrastructure*（Manning，2022，https://www.manning.com/books/effective-data-science-infrastructure）。

1. 典型用例

让我们使用 Metaflow 来自动化在 9.3.1 节和 9.3.2 节中看到的相同的数据处理工作。代码清单 9.3 是伪代码的示例。

代码清单 9.3　Metaflow 工作流示例

```python
# define workflow DAG in a python class
class DataProcessWorkflow(FlowSpec):

  # define "data source" as an input parameter for the workflow
  data_source = Parameter(
    "datasource_path", help="the data storage location for data process"
    , required=True
  )
  @step
  def start(self):
    # The parameter "self.data_source" are available in all steps.
    self.newdata_path = dataUtil.fetch_new_data(self.data_source)

    self.next(self.transform_data)

  @step
  def transform_data(self):
    self.new_data = dataUtil.convert(self.newdata_path)

    # fan out to two parallel branches after data transfer.
    self.next(self.save_to_db, self.notify_data_science_team)

  @step
  def save_to_db(self):
    dataUtil.store_data(self.new_data)
    self.next(self.join)

  @step
  def notify_data_science_team(self):
    slackUtil.send_notification(messageUtil.build_message(self.new_data))

    self.next(self.join)

  # join the two parallel branches steps:
  # notify_data_science_team and save_to_db
  @step
```

```
    def join(self, inputs):

      self.next(self.end)

    @step
    def end(self, inputs):
      # end the flow.
      pass


if __name__ == "__main__":
  DataProcessWorkflow()
```

在代码清单 9.3 中，我们看到 Metaflow 采用了一种新颖的方法，即通过使用代码注释来构建工作流。通过在函数上添加 @step 注释，并使用 self.next 函数连接步骤，我们可以轻松地从原型代码构建工作流 DAG（见图 9.8）。

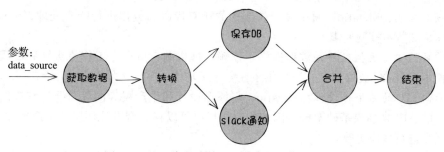

图 9.8　基于代码清单 9.3 构建的工作流 DAG

其中的一个美妙之处在于，我们无须在一个独立的系统中定义工作流 DAG，并将代码重新打包成不同的格式，例如 Docker 镜像。Metaflow 工作流完全融入了我们的代码。工作流开发和原型代码开发在同一个地方进行，并且可以从整个 ML 开发周期的开始到结束一起进行测试。

一旦代码准备就绪，我们就可以在本地验证和运行工作流。请参考以下示例命令：

```
# display workflow DAG
python data_process_workflow.py show

# run the workflow locally
python data_process_workflow.py run
```

在完成本地开发和测试后，就可以将工作流推送到生产环境中了。这可以通过以下两个命令实现：

```
# push the workflow from local to AWS step functions
python data_process_workflow.py --with retry step-functions create

# push the workflow from local to Argo workflows
python data_process_workflow.py --with retry argo-workflows create
```

这些命令会将我们在代码清单 9.3 中定义的数据处理工作流导出到 AWS Step Functions

和 Argo Workflows。你还可以在 AWS Step Functions UI 或 Argo Workflows UI 中通过名称搜索该工作流，进而查看导出的工作流。

注意 Metaflow 在本地和生产环境之间提供了统一的开发体验。得益于 Metaflow 提供的统一 API，我们在本地和生产环境中测试代码和工作流时都能获得无缝的体验。无论使用的后端工作流编排系统是 Metaflow 本地调度器、Argo Workflows 还是 AWS Step Functions，工作流开发的 Metaflow 用户体验始终保持一致！

2. 主要特性

Metaflow 提供以下主要特性：

- 作为工作流的结构化代码：Metaflow 允许用户通过对 Python 代码进行注释来创建工作流，从而大大简化了工作流的构建。
- 可重现性：Metaflow 保留了执行每个工作流步骤所需的数据、代码和外部依赖的不可变快照。Metaflow 还记录每个工作流执行的元数据。
- 版本控制：Metaflow 通过对工作流中的所有代码和数据进行哈希处理，解决了 ML 项目的版本控制要求。
- 健壮的工作流执行：元数据提供了依赖管理机制，可以在工作流级别和步骤级别上使用 @conda 装饰器。它还提供了任务重试功能。
- 面向 ML 的易用性设计：Metaflow 将原型设计和生产视为同等重要。它提供一组统一的 API 来抽象基础架构，因此相同的代码可以在原型设计环境和生产环境中运行，无须进行任何更改。
- 无缝扩展性：Metaflow 与 Kubernetes 和 AWS Batch 集成，允许用户轻松定义所需的计算资源，并可以在任意数量的实例上并行执行工作流步骤。例如，通过在步骤函数中应用 @batch(cpu=1, memory=500) 这样的注释，Metaflow 将与 AWS Batch 一起分配所需的资源来计算此步骤。

3. 限制

在深度学习系统中使用 Metaflow 的缺点如下：

- 不支持条件分支：Metaflow 的步骤注释不支持条件分支（仅在满足条件时执行步骤）。这不是一个致命问题，但这是一个很好的功能。
- 没有作业调度器：Metaflow 本身不带作业调度器，因此无法使用 cron 工作流。不过这并不是一个大问题，因为 Metaflow 可以与其他支持作业调度的编排系统集成，如 AWS Step Functions 和 Argo Workflows。
- 与 AWS 紧密耦合：Metaflow 最重要的特性是与 AWS 紧密耦合，例如 Amazon S3 和 AWS Batch。幸运的是，Metaflow 是一个开源项目，因此可以将其扩展为非 AWS 的替代方案。

9.3.4 何时使用

如果你正在寻找用于自动化非 ML 项目的工作流执行的编排系统，Airflow 和 Argo

Workflows 都是很好的选择。它们都有良好的社区支持，并在 IT 行业广泛使用。如果你的系统运行在 Kubernetes 上，并且你的团队习惯使用 Docker，那么 Argo Workflows 将是一个很好的选择；否则，Airflow 不会让你失望。

如果你正在寻找一种优化 ML 项目开发流程的系统，笔者强烈推荐使用 Metaflow。Metaflow 不仅是一个编排工具，还是一个专注于在 ML 开发周期中为数据科学家节省时间的 MLOps 工具。由于 Metaflow 将 ML 项目的后端基础架构部分抽象化，数据科学家就可以专注于模型开发，无须担心生产转换和部署。

总结

- 工作流是一系列组成某个更大任务的操作。工作流可以被视为一组步骤的有向无环图（DAG）。步骤是最小的可恢复计算单元，描述了要执行的任务。一次步骤要么成功完成，要么完全失败。DAG 指定了步骤之间的依赖关系和执行顺序。
- 工作流编排意味着根据工作流 DAG 中定义的顺序执行工作流步骤。
- 使用工作流鼓励工作共享、团队协作和自动化。
- 应用工作流到深度学习项目的主要挑战是如何降低工作流构建成本，并简化工作流测试和调试。
- 建议构建/评估工作流编排系统时采用的六个设计原则是关键性、易用性、可扩展性、任务隔离性、可伸缩性和以人为本。
- 如果要为非 ML 项目选择编排系统，Airflow 和 Argo Workflows 都是很好的选择。如果项目在 Kubernetes 和 Docker 上运行，Argo Workflows 则是更好的选择。
- 如果要为 ML 项目选择编排系统，到目前为止，Metaflow 是最佳选择。

第10章

生产部署路径

本章涵盖以下内容：
- 将深度学习模型投入生产之前的预备工作和任务
- 使用深度学习系统将深度学习模型投入生产
- 在生产环境中进行实验的模型部署策略

在前面几章中，我们详细讨论了深度学习系统中的每个服务。在本章中，我们将讨论这些服务是如何协作并共同支持我们在第 1 章中介绍的深度学习产品开发周期的。回顾深度学习开发周期（图 1.1），你会发现，该周期将研究和数据科学工作贯穿始终，直到将最终产品交付给客户使用。

本章的重点将放在该过程的最后阶段，即深度学习研究、原型设计和产品化。在这一章中，我们将忽略实验、测试、训练、探索等周期，转而探讨如何从研究阶段开始，将一个产品设计打造为最终产品，并准备好公开发布。

定义 生产化又可称为产品化，是生产一个有价值且可供用户使用的产品的过程。产品价值的常见定义是能够满足客户的需求，承受一定程度的请求负载，并优雅地处理诸如格式输入错误和请求超载等不良情况。

本章将重点关注从研究阶段到原型设计，再到产品化的生产周期。让我们从图 1.1 的典型开发周期中提取出这三个阶段（图 10.1），以便更详细地查看它们。不要被这张图的复杂性吓倒！在本章中，我们将为你逐步讲解图中的每个阶段和步骤。

让我们简要回顾一下这张图，图 10.1 也是本章内容的一个预览。图 10.1 中的前两个阶段是研究和原型设计。这两个阶段都需要对模型训练和实验进行快速迭代和反馈。在这些阶段（步骤 1～8）中，主要的交互点是一个 notebook 环境。使用 notebook，研究人员和数据科学家就可以调用数据集管理服务来跟踪训练数据集（在步骤 2 和步骤 6 期间），并且可以使用训练服务和超参数优化库 / 服务进行模型训练和实验（在步骤 4 和步骤 8 期间）。在 10.1 节中，我们将介绍这些阶段，并在训练数据形状和代码变得相对稳定且准备好进行产品化时结束。换句话说，这时团队已经大致给出了一个最终的版本，并准备好进行最后的步骤——将其发布给公众。

在 10.2 节中，我们将从 10.1 节的部分内容切入主题，详细介绍模型的产品化过程，最终使用该模型来响应生产推理请求。

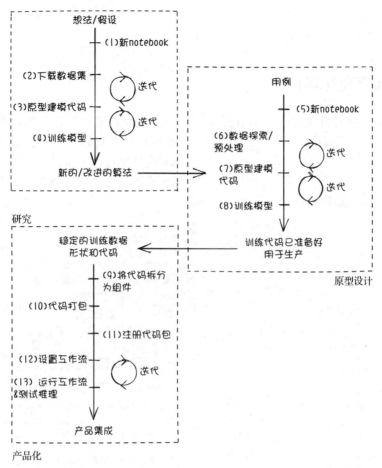

图 10.1　生产过程中的三个主要阶段示例路径。在进入产品化阶段之前，研究和原型设计
　　　会经历多次迭代

定义　推理请求是由用户或应用程序针对训练过的模型生成推理的输入。以视觉识别
为例，一个推理请求可以是一张猫的图片。使用训练过的视觉识别模型可以生成一个标签，
例如"cat"，作为推理的结果。

10.2 节对应的是图 10.1 中的第三阶段（也是最后阶段）。在产品化过程中，系统中的
每个服务几乎都会发挥作用。数据集管理服务管理训练数据；工作流管理服务启动和跟踪
训练工作流；训练服务执行和管理模型训练作业；元数据和工件存储包含并跟踪代码工件、
训练过的模型及其元数据；模型服务为训练过的模型提供推理请求服务。

然后，我们将从产品化阶段进入部署阶段。在 10.3 节中，我们将研究一些模型部署策
略，以支持将生产环境的模型更新到新版本。这些策略还支持在生产环境中进行实验。我
们的主要关注点将放在模型服务上，因为它负责处理所有推理请求。

通过完整地了解产品开发的全部过程，我们希望你能够理解我们在前几章中讨论的那
些基本原则是如何影响使用该系统交付深度学习功能的不同团队的工作的。通过理解本章

内容，你应该能够调整自己的设计来适应不同情况。我们将以图像识别产品的开发为例，来说明所有这些步骤的具体实施。

10.1　准备产品化阶段

在本节中，我们将探讨深度学习模型从诞生前到准备进行产品化的过程。在图 10.2 中，我们着重强调了深度学习开发周期（图 1.1 所示）中的深度学习研究和原型设计阶段。整个过程将从深度学习研究阶段开始，模型训练算法就是在这个阶段诞生的。并非所有组织都会进行深度学习研究，有些组织会选择使用现成的训练算法。因此，如果这一步不适用你的情况，请随意跳过这一步。

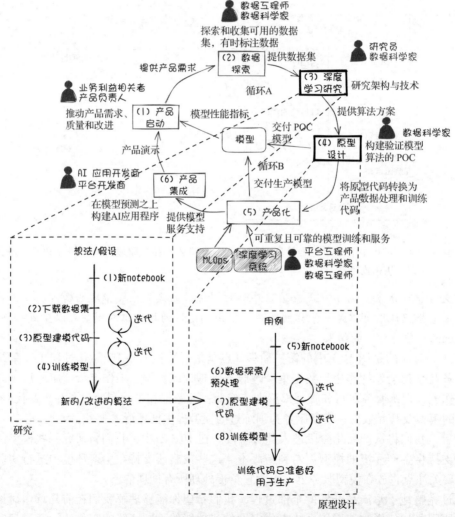

图 10.2　生产路径中深度学习研究和原型设计阶段的摘录部分

在完成深度学习研究之后，我们继续进行原型设计。在这个阶段，我们假设算法已经准备好用于训练模型。数据探索和实验性模型训练的快速迭代过程是这一阶段的核心部分。该阶段的目标是找到合适的训练数据形状并开发一个稳定的、用于模型训练的代码库。

10.1.1　研究阶段

通过研究，新的深度学习算法得以被发明出来，现有算法也会因为研究的进步而得到改进。由于基于同行评审的研究需要可复现的结果，因此模型训练数据需要能被公开访问。有许多公共数据集（例如 ImageNet）可供研究团队使用。

对于模型训练的原型制作，研究人员常常选择像 JupyterLab 这样的 notebook 环境，因为它具有交互性和灵活性。让我们来看一看研究人员在模型训练原型设计过程中可能采取的一些示例步骤：

1）Alice 是一位深度学习研究员，正在致力于改进视觉识别算法。在完成理论方面的工作之后，她准备开始原型设计。

2）Alice 在 JupyterLab 中创建了一个新的 notebook。

3）Alice 希望使用 ImageNet 数据集来进行训练，并评估她的算法。她可以：

- 编写代码将数据集下载到她的 notebook，并将其存储在数据集管理服务（第 2 章）中以便重用。
- 发现数据集已经存储在数据集管理服务中，并编写代码直接使用它。

4）Alice 开始对现有的视觉识别算法进行改进，直到能够在 notebook 中本地生成实验模型。

5）Alice 尝试更改一些超参数，训练和测试几个实验模型，并比较它们生成的指标。

6）Alice 可能进一步使用超参数优化技术（第 5 章）来自动运行更多实验，以确认她确实改进了现有的算法。

7）Alice 发布她的研究结果，并将训练代码改进打包成一个库供其他人使用。

通过使用有版本管理的数据集进行训练，Alice 确保了所有实验模型训练运行的输入训练数据是相同的。她还使用源代码管理系统（比如 Git）来跟踪她的代码，以便所有实验模型都可以追溯到她的代码的一个版本。

注意，这个阶段的模型训练通常在托管 notebook 环境的计算节点上进行，因此最好为这些节点分配足够的资源。如果训练数据存储在网络上，请确保读取速度不会成为模型训练的瓶颈。

10.1.2　原型设计

原型设计是将研究与真实世界的使用案例联系起来的阶段。这是一种寻找正确的训练数据、算法、超参数和推理支持的实践，以提供符合产品需求的正确的深度学习特性。

在这个阶段，很多情况下，notebook 环境仍然是数据科学家和工程师的首选，因为原型设计具有快速迭代的特性。这个阶段需要快速反馈。让我们来看一看原型设计的一个常规情景：

1）模型开发团队收到改进安全摄像头产品的运动检测功能的产品需求。

2）根据需求，团队发现 Alice 的新视觉识别训练算法可能有助于改进运动检测功能。

3）团队创建了一个新的 notebook，并开始探索与所选算法相关的用于模型训练的数据：

- 如果团队已经有适用于正在解决的问题的现有数据，则可以使用这些数据进行模型训练。
- 在某些情况下，团队可能需要收集新的数据用于训练。

4）在大多数情况下，在这个阶段应用迁移学习，并选择一个或多个现有模型作为源模型。

5）团队使用算法开发建模代码，并使用收集的数据和源模型训练实验模型。

6）评估实验模型以查看是否产生了满意的结果。重复步骤 3 到步骤 6，直到训练数据形状和代码变得稳定。

我们将步骤 3 到步骤 6 称为探索性循环。该循环对应于图 10.2 中放大的原型设计部分的迭代循环。在原型设计开始时，循环会快速迭代。这个阶段的重点是缩小训练数据形状和代码的范围。

一旦训练数据形状和代码变得稳定，就可以准备进行进一步的调整和优化了。这一阶段的目标是将数据形状和代码收敛到一个模型训练和推理代码可以打包并部署到生产环境的状态。

10.1.3　要点总结

我们已经讲述了图 1.1 中参考深度学习开发周期的研究和原型设计阶段。尽管它们有不同的目的，但我们看到它们与深度学习系统的交互方式有相当多的重叠：

- notebook 环境由于其高度的交互性和可扩展性，是研究和预生产原型设计的常见选择。
- （在合法和合规的限制下）尽可能广泛和灵活地访问训练数据有助于加速数据探索过程。
- 应该为模型训练分配足够的计算资源，以确保快速反馈。
- 至少应该使用数据集管理服务和源代码管理系统来跟踪实验模型的来源。此外，使用元数据存储库来存储度量指标，并将其与训练数据集和代码相关联，以实现完整的血统跟踪。

10.2　模型产品化

在深度学习模型可以集成到最终产品之前，它们需要经过产品化的过程。对于这个术语，存在很多解释，但基本上包括以下内容：

- 模型需要为生产推理请求提供服务，这些请求可能来自最终产品或最终用户。
- 模型服务应满足预定义的服务级别协议，例如，在 50ms 内响应或 99.999% 的时间可用。

● 与模型相关的生产问题应该很容易排查。

在本节中，我们将看一下深度学习模型是如何从一个相当动态的环境（如 notebook）过渡到一个生产环境中的，生产环境中模型将面对各种严苛条件。图 10.3 显示了相对于开发周期其他部分的产品化阶段。让我们回顾一下这个阶段的步骤。

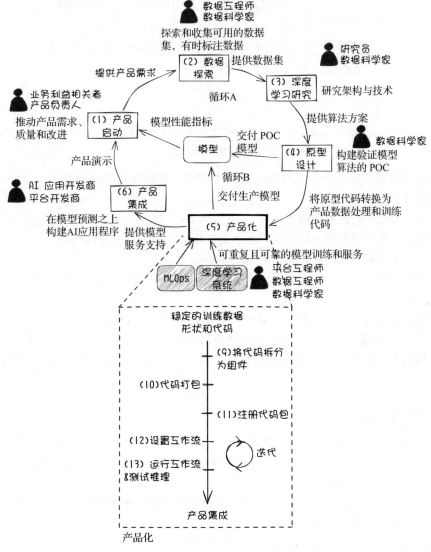

图 10.3　产品化阶段中生产路径的摘录部分

10.2.1　代码组件化

如前一节所述，在原型设计阶段，训练数据准备、模型训练和推理代码通常存在于同一个 notebook 中。为了将它们产品化为一个深度学习系统，我们需要将它们拆分为独立的组件。将组件拆分或进行代码组件化的一种方法如图 10.4 所示。

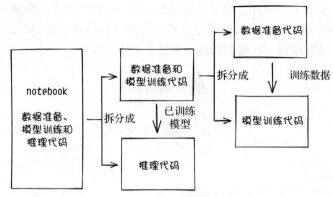

图 10.4　将代码从单个 notebook 组件化为可以单独打包的多个部分。第一个拆分是输出已
训练模型。可选的第二个拆分是输出训练数据

让我们实际操作一下图中的过程。代码中的第一次拆分是将模型输出。这将导致以下两种代码片段：

- 输出一个模型的模型训练代码。
- 将模型和推理请求作为输入以产生一个推理结果的模型推理代码。

此外，还可以选择将模型训练代码进一步拆分为以下两部分：

- 训练数据转换代码，它将原始数据作为输入，并输出可以供模型训练代码使用的训练数据。
- 模型训练代码，它接收训练数据并训练一个模型作为其输出。

如果你有其他的模型训练代码，可以从准备好的相同类型数据中受益，那么我们建议你进行这种拆分。如果你的数据准备步骤需要以不同于模型训练的频率执行，我们也建议进行拆分。

10.2.2　代码打包

一旦代码组件被清晰地分离，就可以准备将它们打包部署了。为了能够在训练服务（第 3 章）、模型服务（第 6 章）和工作流服务（第 9 章）上运行它们，我们首先需要确保它们遵循这些服务设定的约定。

应该修改模型训练代码，以便从训练服务设定的环境变量所指示的位置获取训练数据。在其他组件中也应该遵循类似的约定。

模型推理代码应遵循你选择的模型服务策略的约定：

- 如果使用直接模型嵌入，请与负责嵌入模型的团队一起确保你的推理代码可以正常工作。
- 如果计划使用模型服务，请确保你的推理代码能提供一个接口，以便模型服务可以与之通信。
- 如果使用模型服务器，那么只要模型服务器能够正确地提供模型，就可能不需要模型推理代码。

　　我们将这些代码组件打包成 Docker 容器，以便它们可以被它们各自的主机服务启动、访问和跟踪。有关如何进行这样的操作的示例可以在附录 A 中找到。如果需要特殊的数据转换，我们可以将数据转换代码集成到数据管理服务中。

10.2.3　代码注册

　　在训练代码和推理代码可以被系统使用之前，它们的包必须被注册并存储在元数据和工件服务中。这提供了训练代码和推理代码之间的必要关联。让我们看一下它们的关系（图 10.5）。

　　训练代码和推理代码一旦被打包成容器（图中的训练容器和推理容器），就可以使用一个通用的句柄（如图 10.5 中的 visual_recognition）将它们注册到元数据和资源库中。这样，当系统服务接收到提供相同句柄名称的请求时，它们可以找到并使用正确的代码容器。在接下来的几小节中，我们将继续解释图中的内容。

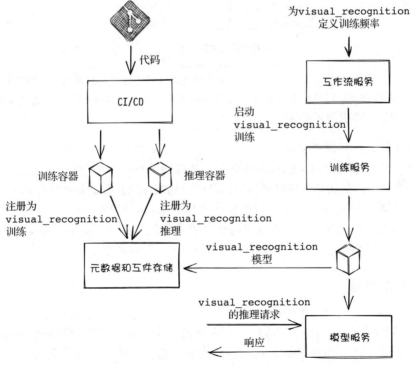

图 10.5　生产深度学习系统中简单的训练和推理执行工作流

10.2.4　训练工作流设置

　　即使你不经常训练模型，我们也建议你设置一个训练工作流。这样做的主要原因是为了在生产环境中提供相同的模型训练工作流的可复现性。当除你之外的其他人需要训练一个模型时，他们就可以使用你设置的工作流。在某些情况下，生产环境是隔离的，只有通过在生产环境中设置的工作流才能生成模型。在图 10.6 中，我们放大了前面图中的模型训练部分，以便你可以看到详细信息。

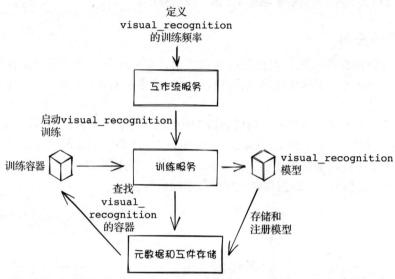

图 10.6　典型的生产模型训练设置。工作流服务管理训练工作流运行的内容、时间和方式。
　　　　训练服务运行模型训练作业。元数据和工件存储提供训练代码、存储训练好的模
　　　　型，并将其与元数据相关联

　　参考图 10.6，一旦设置了 visual_recognition 的训练工作流，就可以将训练触发到训练服务。训练服务使用句柄从元数据和工件存储中查找要执行的训练代码容器。一旦训练出了一个模型，它就会把该模型与句柄名称一起保存到元数据和工件存储中。

　　在这个阶段，我们通常会使用超参数优化技术来找到模型训练过程中的最佳超参数。如果使用了超参数优化服务，工作流将与超参数优化服务通信，而不是直接与训练服务通信。如果你需要超参数优化服务工作原理的相关提示，请参阅第 5 章。

10.2.5　模型推理

　　一旦模型在生产环境中训练并注册完成，下一步就是确保它能够处理系统中按一定速度进入的推理请求，并在一定延迟内生成推理响应。我们可以通过向模型服务发送推理请求来验证这一点。当模型服务接收到请求时，它会在请求中找到句柄名称 visual_recognition，并在元数据和工件存储中查询匹配的模型推理容器和模型文件。然后，模型服务可以使用这些工件来生成推理响应。你可以在图 10.7 中看到这个过程，这是图 10.5 中模型服务部分的放大版本。

　　如果你使用的是模型服务器，则可能需要在其前面添加一个薄层，以便它知道从哪里获取模型文件。一些模型服务器实现支持自定义模型管理器实现，这也可以用于查询元数

据和工件存储，以加载正确的模型。

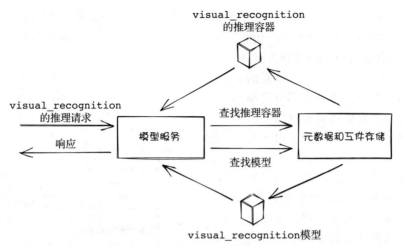

图 10.7　典型的生产模型服务设置。当推理请求到达模型服务时，服务通过元数据和工件存储查找推理容器和模型，以生成推理响应

10.2.6　产品集成

一旦从模型服务获得合理的推理响应，就可以将模型服务客户端集成到即将使用这些推理的产品中。这是产品化的最后一步，在将其发布给最终客户之前，我们应该确保检查一些事项。因为我们正在改进安全摄像头产品的运动检测功能，所以我们必须在安全摄像头视频处理后端集成一个模型服务客户端，该客户端将从新改进的模型请求推理：

- 确保推理响应可以被使用它的产品充分运用。
- 通过以接近生产流量的速率发送推理请求来进行推理压力测试。
- 使用不合法的推理请求进行推理测试，以确保它们不会破坏模型推理代码或模型服务。

这只是一个非常基本的检查事项列表。你的组织可能会定义更多的生产就绪标准，你需要在集成前满足这些标准。除了通过系统指标判断模型能否正确提供推理请求服务之外，我们还应该设置业务指标，以表明模型是否对业务用例有帮助。

10.3　模型部署策略

在前一节中，我们介绍了从原型设计到生产的示例路径。该过程假设模型是第一次部署，没有现有版本的模型可以替换。一旦模型被在生产环境中使用，除非有维护窗口的允许，否则我们通常需要使用模型部署策略来确保生产推理请求流量不会中断。实际上，这些模型部署策略还可以通过使用我们在前一节中设置的业务指标来在生产环境中进行实验。我们将介绍三种策略：金丝雀部署、蓝绿部署和多臂老虎机。

10.3.1　金丝雀部署

金丝雀部署类似于 A/B 测试，能在保留旧模型为大多数请求提供服务的同时部署新模型，从而为一小部分生产推理请求提供服务，如图 10.8 所示。这要求模型服务支持将一小部分推理请求流量分段并路由到新模型。

采用这种策略，部署新模型的潜在不良影响将仅限于一小部分终端用户。通过将所有推理请求流量重新路由回旧模型，回滚过程会变得相当简单。

这种方法的一个缺点是，你只能了解到一小部分终端用户的模型性能。将新模型发布并为所有推理请求提供服务，其效果可能与仅为一小部分流量提供服务时观察到的效果有所不同。

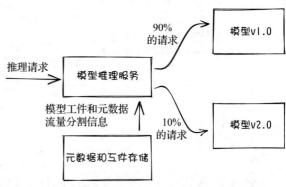

图 10.8　金丝雀部署将一小部分流量重定向到模型的新版本

10.3.2　蓝绿部署

在我们的上下文中，蓝绿部署意味着部署新模型，将所有推理请求流量导向新模型，并保持旧模型在线，直到我们认为新模型的性能可以满足预期。从实现的角度来看，蓝绿部署是三种策略中最简单的，因为它根本不需要进行流量分割。服务只需要在内部指向新模型来为所有推理请求提供服务。蓝绿部署如图 10.9 所示。

这种策略不仅简单，而且能够全面了解在为所有终端用户提供服务时模型的性能。其回滚也很简单，只需将模型服务重新指向旧模型即可。

这种方法的明显缺点是，如果新模型出现问题，就会影响到所有的终端用户。在基于新模型开发新产品功

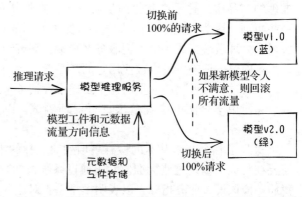

图 10.9　蓝绿部署显示所有流量的方向，要么指向旧模型（蓝色），要么指向新模型（绿色）

能时，这种策略可能是合理的。随着时间的推移，你在不断地训练出更好的模型后可能会希望摆脱这种策略，因为终端用户会期望拥有更稳定的体验。

10.3.3　多臂老虎机部署

多臂老虎机（Multi-Armed Bandit，MAB）是这三种部署策略中最复杂的。MAB 指的是一种技术，它持续监控多个模型的性能，并随着时间的推移将越来越多的推理请求流量

重定向到获胜模型。MAB 需要最复杂的模型服务实现，因为它要求服务了解模型性能，而你的模型性能指标定义方式可能会使其变得十分复杂。MAB 部署如图 10.10 所示。

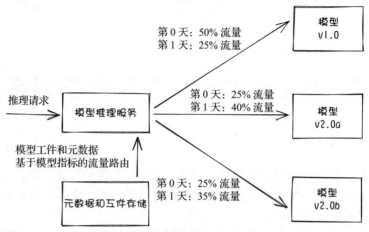

图 10.10　多臂老虎机部署，显示第 0 天和第 1 天的流量模式。请注意，第 1 天时，模型 v2.0a 在模型性能方面处于领先地位，因为它接收到的流量最多

然而，这种策略也有优势，因为它最大限度地利用了在一定时间范围内表现最佳的模型的优势，而在金丝雀部署中，如果新模型优于旧模型，你可能只会获得最小的收益。请注意，应确保模型服务报告随时间变化的流量分配情况，这有助于与模型的性能进行关联。

总结

- 深度学习研究团队负责发明和改进用于训练模型的深度学习算法。
- 模型开发团队负责利用现有算法和可用数据训练模型，以解决深度学习应用场景问题。
- 研究和原型开发需要与代码开发、数据探索和可视化进行高度交互。notebook 环境是这些团队的常用选择。
- 数据集管理服务可用于在研究和原型开发阶段跟踪用于训练实验模型的训练数据。
- 在确保训练数据和代码足够稳定后，产品化的第一步是打包模型训练代码、模型推理代码和任何源模型。
- 打包好的代码和源模型可以被深度学习系统的所有服务用于训练、跟踪和服务模型。
- 一旦模型训练流程运行起来并获得了满意的推理响应，就可以与最终用户产品进行集成。
- 如果不能中断为推理请求提供服务，则需要采取模型部署策略。
- 存在多种模型部署策略，它们还可以在生产中进行实验。

一个 "Hello World" 深度学习系统

本书的主旨是教授设计适应你自身情况的深度学习系统的各类原则。此外你可能还想知道深度学习系统究竟是什么样子，或者在实践中人们如何、为什么以及何时使用这样的系统。现阶段这些都是很好的问题。

我们认为学习新思想、技能和方法的最佳方法是实践和运用——亲手操作一些示例，看看你能做些什么。为了帮助你，我们构建了一个迷你深度学习系统和一个代码实验室供你玩耍。在这个 "Hello World" 深度学习系统中玩耍有助于你构建知识库，并理解本书介绍的概念和原则。为了使这个示例系统易于理解，我们集中强调深度学习系统的关键组成部分，如数据集管理（DM）和模型训练与服务。你可以通过一个 bash 脚本轻松地在本地系统上设置这个迷你系统，其组件在后面的章节中有详细讨论。

在这个附录中，我们首先会概览一遍示例系统，然后进行实验室练习，并体验深度学习系统中最常见的用户活动，包括数据集导入、模型训练和模型服务。虽然我们的示例系统非常简单，但它涵盖了深度学习系统的所有基础知识。通过阅读本附录，你不仅将了解基本深度学习系统的实际组织和运作方式，还将对本书其余部分讨论的示例服务形成一个整体的视角。

A.1 介绍 "Hello World" 深度学习系统

了解一个软件系统最快的方法是从用户的角度进行审视。因此，在本介绍部分中，我们将首先关注深度学习系统的用户角色和责任。然后，我们将深入探讨系统设计、主要组件和用户工作流。

A.1.1 用户角色

为了将复杂性降到最低，我们的迷你深度学习系统示例中仅有四个用户角色：数据工程师、数据科学家/研究员、系统开发人员和深度学习应用开发人员。我们选择这四个角色，是因为它们维持深度学习系统运行所需的最少人员。下面是 "Hello World" 系统中每个角色的定义和工作描述。

注意 本附录中描述的角色责任是过度简化的，因为我们要着重强调深度学习系统最基本的工作流。有关深度学习系统中涉及的用户角色的更详细定义，请参阅 1.1 节。

A.1.2 数据工程师

数据工程师负责收集、处理和存储深度学习训练的原始数据。在这个迷你系统中，我们有一个数据集管理（DM）服务来存储模型训练所需的数据集。数据工程师将使用这个服务来上传原始训练数据。在我们的实验室练习中，我们为你准备了一些意图分类数据集，让你体验这个过程。

A.1.3 数据科学家 / 研究员

数据科学家或研究员负责开发训练算法并生成满足业务需求的模型。他们是深度学习系统中模型训练基础设施的客户。

我们的示例系统包含一个训练服务来运行模型训练代码。在实验室中，我们预先构建了一个意图分类训练代码，让你体验模型训练的执行过程。

A.1.4 系统开发人员

系统开发人员负责构建整个深度学习系统并维护它，确保所有的机器学习活动正常运行，这些活动包括数据集上传、模型训练和模型服务。

A.1.5 深度学习应用开发人员

深度学习应用开发人员负责利用深度学习模型构建商业产品，比如聊天机器人、自动驾驶软件和人脸识别移动应用程序。这些应用程序往往是深度学习系统最重要的客户，因为它们为系统生成的模型创造业务影响力（收入）。在我们的实验室中，你将有机会扮演一个聊天机器人的客户，通过运行脚本来向预测服务发送请求，并对你的消息进行分类。

A.1.6 示例系统概述

我们的迷你深度学习系统由四个服务和一个存储系统组成：
- *数据集管理服务*：用于存储和获取数据集
- *模型训练服务*：用于运行模型训练代码
- *元数据存储服务*：用于存储模型元数据，如模型名称、版本和算法
- *预测服务*：用于执行模型以处理客户的预测请求
- *MinIO 存储*：在本地计算机上运行的对象存储，类似于 Amazon S3

几乎所有这些服务在本书中都有各自的章节，因此我们能够更详细地学习它们。目前，我们只想为你提供一些高级概述，以便理解后续的用户场景和实验室练习。图 A.1 展示了示例系统的主要组件（四个服务和存储系统），以及它们之间的相互依赖关系。

除了四个服务和存储（矩形框）之外，你会注意到这些框之间有很多有向箭头。这些箭

头显示了示例系统内部服务之间的相互依赖关系。以下是这些依赖关系的解释：

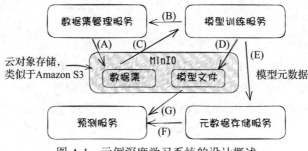

图 A.1   示例深度学习系统的设计概述

- DM 服务将数据集保存到 MinIO 存储中。
- 模型训练服务查询 DM 服务以准备训练数据集并获取训练数据。
- 模型训练服务从 MinIO 下载训练数据。
- 模型训练服务将模型文件保存到 MinIO 中。
- 模型训练服务将模型元数据保存到元数据存储服务中。
- 预测服务查询元数据存储服务以确定要使用哪个模型。
- 预测服务从 MinIO 下载模型文件来执行预测请求。

A.1.7   用户工作流

现在我们已经介绍了用户角色和主要服务，让我们来看一下用户的工作流。图 A.2 展示了每个用户角色的工作流。

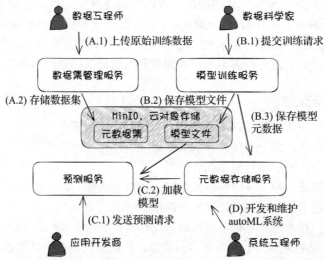

图 A.2   系统为 DM、训练、服务和系统维护启用了四种不同的工作流

图 A.2 展示了每个用户角色如何通过利用图 A.1 中介绍的服务使用迷你深度学习系统，以执行各自的任务。让我们回顾一下工作流：

- 场景 A：数据工程师调用 DM 服务上传原始数据；DM 服务将数据导入并从训练数据集格式将其保存在 MinIO 存储中。
- 场景 B：数据科学家编写训练代码，然后向训练服务提交训练请求。训练服务执行训练代码并生成模型。然后，它将模型元数据保存到元数据存储，并将模型文件保存到 MinIO 存储。
- 场景 C：应用开发人员构建应用程序，通过调用预测服务来使用在场景 B 中训练的模型。
- 场景 D：系统开发人员构建和维护此系统。

A.2　实验室演示

现在是时候通过实际操作开始学习了。在这个实验室练习中，你将在本地计算机上参与 A.1.3 节中提到的用户场景。为了使这个练习更生动，我们引入了一些角色，这样你不仅会知道如何使用深度学习系统，还会了解到各个角色都负责什么样的工作。虚构的角色包括 Ivan（数据科学家）、Feng（数据工程师）、Tang（系统开发人员）和 Johanna（应用开发人员）。

A.2.1　演示步骤

在这个演示场景中，Tang、Feng、Ivan 和 Johanna 将一起训练一个意图分类模型，并使用该模型对任意文本消息进行分类。这个场景模拟了典型模型开发工作流的四个基本步骤：系统设置、数据集构建、模型训练和模型服务。

为了使实验室易于运行，我们将所有微服务都进行了 Docker 化，并构建了 Shell 脚本来自动化实验室的设置和演示场景。按照 README 文件（https://github.com/orca3/MiniAutoML#lab）中的说明，在我们的 GitHub 存储库（https://github.com/orca3/MiniAutoML）上，通过运行四个 Shell 脚本来完成实验室练习。

注意　你可以在我们的 GitHub 存储库（https://github.com/orca3/MiniAutoML）的 scripts 文件夹（https://github.com/orca3/MiniAutoML/tree/main/scripts）中找到实验室演示脚本。scripts 文件夹包含整本书的演示脚本。以 lab- 开头的文件用于此演示。例如，lab-001-start-all.sh 可在你的本地系统上设置。对于未来的更新和成功执行实验室脚本，请始终参考 GitHub 存储库中的说明。

第 1 步是系统设置。运行 scripts/lab-001-start-all.sh。

Tang（系统开发人员）通过运行 scripts/lab-001-start-all.sh 脚本启动了迷你深度学习系统。该脚本将下载演示服务的预构建 Docker 镜像并执行它们。

脚本运行完成后，迷你深度学习系统已经启动并运行。你可以使用以下命令列出所有正在运行的本地 Docker 容器，以验证所有服务是否正在运行：

```
$ docker ps --format="table {{.Names}}\t{{.Image}}"
```

运行实验所需的 Docker 容器在代码清单 A.1 中提供。

代码清单 A.1   验证所有系统组件是否正在运行

NAMES	IMAGE
training-service	orca3/services:latest
prediction-service	orca3/services:latest
intent-classification-torch-predictor	pytorch/torchserve:0.5.2-cpu
intent-classification-predictor	orca3/intent-classification-predictor
metadata-store	orca3/services:latest
data-management	orca3/services:latest
minio	minio/minio

一旦 Tang 确认所有微服务都在运行，系统就可以使用了。Tang 通知 Ivan 和 Feng 开始各自的工作。

注意   如果你查阅 lab-001-start-all.sh，会发现系统中的大多数服务（如数据管理和模型训练，但不包括预测器）都打包在一个 Docker 镜像中（orca3/services）。尽管这不是生产用例的推荐模式，但它适合我们这里的演示需求，因为它使用的磁盘空间较少且执行简单。

第 2 步是构建训练数据集。运行脚本 scripts/lab-002-upload-data.sh (http://mng.bz/0yqJ)。

Feng（数据工程师）首先从互联网下载原始数据，并对其进行一些训练的修改（请参阅 scripts/prepare_data.py，链接为 http://mng.bz/KlKX）。

Feng 然后将处理后的数据上传到 DM 服务。数据集上传完成后，DM 将返回一个唯一的数据集 ID 供以后参考。

我们在 scripts/lab-002-upload-data.sh 脚本中自动化了 Feng 的工作。执行该脚本后，将创建一个数据集。你可以在终端中看到 DM 服务打印出一个 JSON 对象。该 JSON 对象呈现了数据集的元数据，见代码清单 A.2 中的示例。

代码清单 A.2   DM 服务中的数据集元数据示例

```
# DM returns dataset metadata for a newly created dataset
{
  "dataset_id": "1",                                    ❶
  "name": "tweet_emotion",                              ❷
  "dataset_type": "TEXT_INTENT",                        ❸
  "last_updated_at": "2022-03-25T01:32:37.493612Z",
  "commits": [                                          ❹
    {                                                   ❹
      "dataset_id": "1",                                ❹
      "commit_id": "1",                                 ❹
      "created_at": "2022-03-25T01:32:38.919357Z",      ❹
      "commit_message": "Initial commit",               ❹
      "path": "dataset/1/commit/1",                     ❹
      "statistics": {                                   ❹
        "numExamples": "2963",                          ❹
        "numLabels": "3"                                ❹
      }                                                 ❹
    }                                                   ❹
  ]                                                     ❹
}
```

❶ 数据集标识符
❷ 数据集名称
❸ 数据集类型
❹ 数据集审核历史

数据集的元数据在第 2 章中有详细讨论。现在，我们可以忽略元数据 JSON 对象的大多数属性，只关注 dataset_id 属性。数据集 ID 是数据集的唯一标识符；你需要将此 ID 传递给第 3 步的模型训练服务。一旦数据集准备好，Feng 就会通知 Ivan 使用 dataset_id="1" 开始模型训练。

第 3 步是模型训练。运行脚本 scripts/lab-003-first-training.sh (http://mng.bz/vnra)。

Ivan（数据科学家）首先构建了意图分类的训练代码（training-code/text-classification，链接为 http://mng.bz.jmKa），并将其打包为一个 Docker 镜像（链接为 http://mng.bz/WA5g）。接下来，Ivan 向模型训练服务提交一个训练请求，以创建一个模型训练作业。在训练请求中，他指定了要在训练中使用的数据集（数据集 ID）和训练算法（Docker 镜像名称）。

注意　在这个实验中，我们使用了硬编码的数据集 ID "1"。要测试其他数据集，请随意将任何其他数据集 ID 设置为训练请求中的数据集 ID。

一旦训练服务收到训练请求，它将启动一个 Docker 容器，运行 Ivan 提供的意图分类训练代码。在我们的演示中，Docker 镜像为 orca3/intent-classification（链接为 http://mng.bz/WA5g）。参考代码清单 A.3 查看一个 gRPC 训练请求的示例。请运行实验脚本（scripts/lab-003-first-training.sh，链接为 http://mng.bz/916j）启动模型训练作业，该作业将设置依赖项和参数。

代码清单 A.3　向训练服务提交训练作业

```
# send gRPC request to kick off a model training in training service.
function start_training() {
 grpcurl -plaintext \
   -d "{
   \"metadata\": {
     \"algorithm\":\"intent-classification\",      ❶
     \"dataset_id\":\"1\",                           ❷
     \"name\":\"test1\",
     \"train_data_version_hash\":$2,                 ❸
     \"output_model_name\":\"twitter-model\",        ❹
     \"parameters\": {                               ❹
       \"LR\":\"4\",                                 ❹
       \"EPOCHS\":\"15\",                            ❹
       \"BATCH_SIZE\":\"64\",                        ❹
       \"FC_SIZE\":\"128\"                           ❹
     }                                               ❹
   }
 }" \
   localhost:"6003" training.TrainingService/Train
}
```

❶ 训练 Docker 镜像名称
❷ 训练数据集的 ID
❸ 数据集版本
❹ 训练超参数

一旦训练作业开始，训练服务就将持续监视训练执行状态，并返回一个作业 ID 用于跟踪目的。有了作业 ID，Ivan 可以通过查询训练服务的 GetTrainingStatus API 和元数据存储服务的 GetRunStatus API 来获取最新的训练作业状态和训练元数据。代码清单 A.4 是示例查询请求。

代码清单 A.4　查询模型训练作业状态和模型元数据

```
# query training job status from training service
grpcurl -plaintext \
 -d "{\"job_id\": \"1\"}" \                                      ❶
 localhost:"6003" training.TrainingService/GetTrainingStatus

# query model training metrics from metadata store.
grpcurl -plaintext \
 -d "{\"run_id\": \"1\"}" \                                      ❶
 localhost:"6002" metadata_store.MetadataStoreService/GetRunStatus
```

❶ 模型 ID，也是训练作业 ID

训练服务可实时返回训练执行状态，请参阅以下响应示例：

```
job 1 is currently in "launch" status, check back in 5 seconds
job 1 is currently in "running" status, check back in 5 seconds
job 1 is currently in "succeed" status                          ❶
```

❶ 训练完成

由于训练 Docker 容器在训练执行期间向元数据存储报告实时指标，例如训练准确度，因此元数据存储服务可以返回实时训练指标。以下是来自元数据存储服务的示例模型训练指标：

```
{
  "run_info": {
    "start_time": "2022-03-25T14:25:44.395619",
    "end_time": "2022-03-25T14:25:48.261595",
    "success": true,                                             ❶
    "message": "test accuracy 0.520",                            ❷
    "run_id": "1",                                               ❸
    "run_name": "training job 1",
    "tracing": {
      "dataset_id": "1",                                         ❹
      "version_hash": "hashAg==",                                ❹
      "code_version": "231c0d2"
    },
    "epochs": {                                                  ❺
      "0-10": {                                                  ❺
        "start_time": "2022-03-25T14:25:46.880859",              ❺
        "end_time": "2022-03-25T14:25:47.054872",                ❺
```

```
      "run_id": "1",                                    ❺
      "epoch_id": "0-10",                               ❺
      "metrics": {                                      ❺
        "accuracy": "0.4925373134328358"                ❺
      }                                                 ❺
    },                                                  ❺
    .. .. ..
  }
}
```

❶ 训练状态
❷ 来自训练容器的最后一条消息
❸ 训练作业 ID，以及模型 ID
❹ 数据集标识符
❺ 每个 epoch 的训练指标

在训练完成后，Ivan 通知 Johanna 模型已经可以使用。在我们的实验中，他将模型 I（作业 ID = "1"）传递给 Johanna，使她知道要使用哪个模型。

注意 代码清单 A.3 和 A.4 中描述的所有 API 请求在 scripts/lab-003-first-training.sh 中都是自动化的；你可以一次性执行它们。在第 3 章和第 4 章中，我们详细讨论了训练服务的工作原理。

第 4 步是模型服务。运行脚本 scripts/lab-004-model-serving.sh (http://mng.bz/815K)。

Johanna（应用程序开发人员）正在构建一个聊天机器人，因此她希望使用新训练的意图分类模型对客户的问题进行分类。当 Ivan 告诉 Johanna 模型已经可以使用时，Johanna 就会向预测服务发送预测请求，测试新训练的模型。

在预测请求中，Johanna 指定了模型 ID（runId）和文档，其中文档是正在进行分类的文本消息。示例预测服务将自动加载预测请求中请求的模型。代码清单 A.5 是一个示例 gRPC 预测请求。

代码清单 A.5 模型预测 gRPC 请求示例

```
grpcurl -plaintext \
  -d "{
    \"runId\": \"1\",                                   ❶
    \"document\": \"You can have a certain arrogance,
      and I think that's fine, but what you should never
      lose is the respect for the others.\"             ❷
  }" \
  localhost:6001 prediction.PredictionService/Predict
```

❶ 模型 ID，以及训练作业 ID
❷ 请求正文（文本）

在终端执行查询（代码清单 A.5）或 scripts/lab-004-model-serving.sh 后，你将会看到来自模型服务的输出，即给定文本的意图分类模型预测的类别（标签），输出如下：

```
{
  "response": "{\"result\": \"joy\"}"   ❶
}
```

❶ 预测类别是 "joy"

注意 如果在完成实验时遇到任何问题，请在我们 GitHub 仓库的 README 文件的实验部分（https://github.com/orca3/MiniAutoML#lab）中查阅最新的指导说明。我们会在示例系统被修改时及时更新这些说明。

A.2.2 一个自行完成的练习

现在我们已经为你介绍了一个完成的模型开发周期，现在是做作业的时候了。想象一下，在成功发布聊天机器人后，Johanna 的聊天机器人服务需要支持一个新的类别，即"乐观"。这个新要求意味着当前的意图分类模型需要重新训练以识别乐观类型的文本消息。

Feng 和 Ivan 需要共同合作构建一个新的意图分类模型。Feng 需要收集更多带有"乐观"标签的训练数据，并将其添加到当前数据集中。尽管 Ivan 不需要改变训练代码，但他需要使用更新后的数据集在训练服务中触发一个训练作业，以构建一个新模型。

通过按照 A.2.1 节中的示例查询和脚本，你应该能够完成 Feng 和 Ivan 的任务。如果你想要检查你的结果或者在完成这些任务时需要帮助，你可以在 scripts/lab-005-second-training.sh 文件中找到我们的解决方案。我们鼓励你在查看我们的解决方案之前自行尝试解决一下这个问题。

现有解决方案调查

深度学习系统从零开始实现是一项庞大的工程。在某些情况下，特殊的需求可能需要投入额外的努力来从头构建一个深度学习系统。而在其他情况下，考虑到有限的资源和时间，使用现有的组件甚至整个系统，并根据自己的需求进行调整可能更合理。

本附录的目的是研究一些由不同云供应商和开源社区实现的深度学习系统。这些操作范围从无服务器部署到定制服务容器部署。通过将它们与我们的参考架构进行比较，并强调它们的相似之处和差异，你将对如何利用这些操作来设计自己的项目有一个感觉。

如果你想要查看我们将要涵盖的每个解决方案的快速比较总结，请随时跳转到 B.5 节。另外，为了方便起见，1.2.1 节介绍的参考架构被重新发布在图 B.1 中。

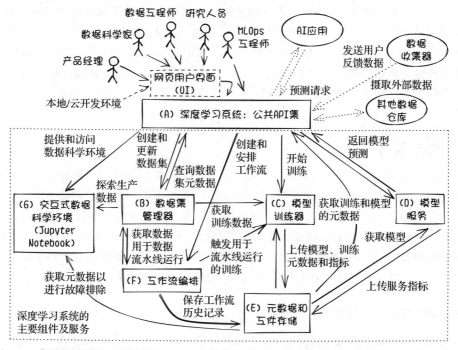

图 B.1　典型深度学习系统概览，包含支持深度学习开发周期的基本组件。可以将这个参考架构作为一个起点，并进一步调整改进

B.1 Amazon SageMaker

Amazon SageMaker 是亚马逊提供的一系列人工智能产品的统称，这些产品可以共同组成一个完整的深度学习系统。在本节中，我们将回顾这套产品，并将它们与我们的关键组件进行比较。正如本节开头所提到的，我们进行这些比较是为了让你了解哪种产品能最好地帮助你构建自己的系统。

B.1.1 数据集管理

Amazon SageMaker 并没有提供一个数据集管理组件，该组件能够提供统一的接口，帮助管理数据准备与深度学习系统的不同类型用户之间的复杂交互。然而，亚马逊提供了一系列数据存储、转换和查询解决方案，可以用于构建数据管理组件。

可以构建一个数据管理组件，用于收集 Amazon S3 的原始数据，这是一个对象存储产品。元数据标注可以由 AWS Glue Data Catalog 支持，AWS Glue ETL 可以进一步处理成用于训练的数据集。阅读第 2 章后，你将了解如何使用这些亚马逊产品来构建自己的数据管理组件。

B.1.2 模型训练

Amazon SageMaker 支持内置算法和外部提供的自定义代码用于训练深度学习模型。它还支持用于训练运行的容器。它提供了一个 API，可以在需要时调用来启动训练作业。这在很大程度上类似于支持深度学习系统训练组件的计算后端，该部分在本书中有所涉及。为了实现训练组件的资源管理部分，你可以使用亚马逊提供的现有工具，例如为不同的 AWS 身份和访问管理（IAM）用户或角色分配资源限制和策略。如果你的组织需要额外的控制或复杂性，或者已经有了身份提供者实现，你可能需要花更多时间来构建自定义解决方案。阅读第 3 章和第 4 章后，你应该能够弄清楚如何使用现有的亚马逊工具构建自己的训练组件。

B.1.3 模型服务

Amazon SageMaker 在其最基本的形式下，支持将训练好的模型部署为通过互联网访问的 Web 服务。为了扩展到托管多个模型，而无须将它们部署到单独的端点，SageMaker 提供了一个多模型端点，还附带可配置的模型缓存行为。如果这些工具符合你的需求，它们会非常有用。截至目前，SageMaker 支持多容器端点和串行推理流水线，这与本书中描述的服务架构和 DAG 支持类似。第 6 章和第 7 章介绍了模型服务的原则，让你了解可以使用哪些现有工具，以及在使用现有工具受到限制时该如何构建自己的工具。

B.1.4 元数据和工件存储

作为以训练模型为中心的组件，云供应商提供了相应的产品。SageMaker 模型注册表提供了与深度学习系统的元数据和工件存储的许多关键概念相对应的功能。例如，可以使用模型注册表跟踪模型的训练指标和模型版本等元数据。然而，它并没有在同一组件中提供工件的存储解决方案。你可以很轻松地在模型注册表和其他亚马逊存储产品之上构建一个接口，以提供该组件在工件存储方面的功能。

另一种在工件之间进行跟踪的重要元数据类型是它们的谱系信息。SageMaker 提供了 ML Lineage Tracking 作为一个可以自动跟踪这些信息的独立功能。

在第 8 章中，我们将讨论构建元数据和工件存储的关键问题。读完这一章后，你将了解这个组件背后的设计原则以及现有产品如何帮助你快速构建自己的解决方案。

B.1.5 工作流编排

在 Amazon SageMaker 上，你可以使用 Model Building Pipelines 产品来管理你的工作流或流水线（这是 SageMaker 的术语）。使用这个产品，你可以以任意方式按照预定义的顺序执行一组操作，例如数据准备步骤、训练步骤和模型验证步骤。为了允许多种类型的用户在同一个问题上工作，SageMaker 还提供了一个 Project 产品，以帮助组织工作流、代码版本、谱系信息和每种用户类型的不同访问权限之间的关系。

在第 9 章中，我们将介绍如何使用工作流管理器来实现不同的训练模式。读完这一章后，你将了解深度学习系统中的工作流管理器的设计原理和实用性，以及它在企业环境中的作用。

B.1.6 实验

Amazon SageMaker 提供了一个称为 Experiments 的功能，用于为实验运行打上相关的跟踪信息和指标。实际上，这种类型的跟踪信息也是一种元数据，对于深度学习系统的用户来说，它非常重要，因为他们需要评估不同的数据输入、训练算法和超参数组合的性能。

B.2 谷歌 Vertex AI

谷歌 Vertex AI 是谷歌的人工智能平台和 AutoML 产品的组合，能提供一系列可以用作深度学习系统的工具和服务。在本节中，我们将回顾其产品，并将其与本书介绍的关键组件进行比较。

B.2.1 数据集管理

谷歌 Vertex AI 提供了一个简单的 API 来管理数据集，尽管你必须首先将对象数据上传到谷歌云存储，然后通过 Vertex AI API 上传元数据和引用谷歌云存储中对象数据的注释文件。数据集 API 在不同类型的数据集（图像、文本、视频等）之间是相似的，为开发人员提供了统一的体验。然而，该 API 不提供版本信息和其他谱系跟踪信息。在第 2 章中，我们探讨了核心数据管理原则。读完这一章后，你将能够比较现有解决方案，并根据自己的需求进行扩展或从头开始构建数据集。

B.2.2　模型训练

谷歌 Vertex AI 支持使用 Docker 容器进行训练。对于那些不需要进一步定制的用户，它提供了预构建的训练容器；对于那些需要比预构建版本提供更多功能的用户，它也支持自定义构建的训练容器。其训练服务提供了一个接口，允许在单个节点或多个节点上启动分布式训练的训练运行。在运行分布式训练时，Vertex AI 提供了降维支持，以加速训练。在第 3 章和第 4 章，我们探讨了这些功能及其背后的原理。阅读完这些章节后，你将能够确定哪些现有产品可以使用，如何扩展它们（如果你需要更多功能），以及如何根据更具体的需求从头开始构建自己的解决方案。

B.2.3　模型服务

谷歌 Vertex AI 支持将训练好的模型用于在线推理请求，而且可以使用预构建的推理容器或自定义推理容器。训练好的模型与容器是解耦的，必须部署在计算资源上形成一个端点，用于提供在线推理请求。Vertex AI 支持将一个模型部署到多个端点，也支持将多个模型部署到单个端点。与其他支持各种模型类型的解决方案不同，谷歌 Vertex AI 将多个模型部署到单个端点主要用于使用分割流量模式进行试用新的模型版本。在谷歌 Vertex AI 中，如果训练了一个 Vertex AI 视频模型，则不能用于提供在线推理请求。

在第 6 章和第 7 章，我们学习了模型服务背后的基本原则。阅读完这些章节后，你将对模型服务有一个很好的理解，并能够决定现有解决方案是否足够满足你的需求。你还将能够构建自己的解决方案，并了解如何高效地和规模化地操作模型服务器。

B.2.4　元数据和工件存储

Vertex ML Metadata 是谷歌提供的元数据存储解决方案，可用于深度学习系统。它使用图来描述数据集、训练运行和训练模型之间的关系。图中的每个节点和边都可以标注一系列用于描述任何元数据的键值对。当只要使用得当，Vertex ML Metadata 就可以为深度学习系统中的所有内容提供全面的谱系信息。工件不直接存储在 Vertex ML Metadata 中，而是存储在谷歌云存储中。Vertex ML Metadata 使用 URI 引用来指向这些工件。

在第 8 章中，我们将探讨构建元数据和工件存储的类似方法，其中两者可以通过单一统一的接口进行管理。阅读完这一章后，你将能够了解如何利用和扩展现有解决方案来满足你的需求。

B.2.5　工作流编排

在谷歌中，你可以使用 Vertex Pipelines 来管理和操作深度学习工作流。你可以将数据准备和训练操作表示为流水线中的步骤。Vertex Pipelines 以有向无环图中的节点形式组织各个步骤。每个步骤都由一个容器实现。流水线的运行实际上是对容器执行的编排。

在第 9 章中，我们回顾了如何使用工作流管理器来实现不同的训练模式。读完这一章后，你将了解深度学习系统中工作流管理器的设计原理和实用性，以及它在企业环境中的作用。

B.2.6 实验

谷歌 Vertex AI Experiments 提供了一个统一的用户界面，用于创建、跟踪和管理实验。Vertex AI SDK 提供了模型训练代码的自动日志记录支持，用于记录超参数、指标和数据谱系。当与 Vertex ML Metadata 配合使用时，你可以获得关于所有模型训练实验运行的完整概览。

B.3 微软 Azure Machine Learning

与微软的经典 ML Studio 产品侧重于图形界面方法的机器学习不同，Azure Machine Learning 是一个新的工具和服务套件，也支持使用代码和已建立的开源框架进行广泛的定制。在本节中，我们将比较它们的产品与本书中描述的关键组件。读完本节后，你将了解可以直接使用哪些内容，可以扩展哪些内容，以及需要从头开始构建哪些内容，从而满足你的需求。

B.3.1 数据集管理

在 Azure Machine Learning 中，数据集是一流的对象，是数据处理和训练任务的输入和输出。数据集被定义为与数据集的原始数据相关联的元数据的集合。数据集通过 URI 引用底层数据存储来引用其原始数据。数据集一旦创建，就会变为不可变。然而底层数据并没有这样的功能，你需要自行管理其不可变性。

一旦数据集被定义，数据处理和训练代码就可以通过统一的客户端 API 访问数据集。这些数据可以下载用于本地访问，也可以作为网络存储挂载以直接进行访问。阅读第 2 章后，你将能够识别这种范式与本书中描述的范式之间的相似之处。你将学习如何直接使用这个现有的产品以及如何根据自己的需求进行扩展。

B.3.2 模型训练

Azure Machine Learning 提供了带有 Python 发行版的预构建容器，并允许用户定义符合特定要求的自定义基础镜像。截至目前，只支持使用 Python 来定义自定义训练代码。要启动一个训练运行，你需要指定一个运行时容器和一个符合特定约定的训练代码的引用。如果你需要其他设置，你将需要构建自己的训练服务。第 3 章和第 4 章将向你展示训练服务的关键原则，并提供一个示例，供你作为构建自己训练服务的起点。

B.3.3 模型服务

在 Azure Machine Learning v2 上，可以创建一个端点来提供在线推理请求。端点可以配置为加载特定模型并使用 Python 脚本生成推理，或配置为使用完全自定义的容器映像（例如 TensorFlow Serving）来生成推理。Azure Machine Learning 还集成了 NVIDIA Triton Inference Server，当使用 GPU 来生成推理时，可以获得额外的性能提升。

如果你需要将多个模型部署到单个端点或在边缘设备上管理模型和推理生成，你将需要构建自己的解决方案。在第 6 章和第 7 章，我们深入讨论了模型服务。在阅读这些章节后，如果现有的解决方案仍然不支持你需要的额外功能，你便可以构建自己的模型服务器。

B.3.4　元数据和工件存储

在 Azure Machine Learning 中，可以将元数据作为标签附加到许多对象上，例如模型、训练运行等。模型注册功能虽然不是一个独立的产品，但它在注册模型时支持附加额外的元数据。界面在注册期间同时接收元数据和模型文件（工件），与其他需要先将模型注册到云存储中的解决方案相比，该接口在注册过程中同时接收元数据和模型文件（工件），减少了一个步骤。

截至目前，一个名为"注册表"的预览功能可以用于将 ML 相关的元数据集中到一个地方。如果你想要跟踪不同工件之间的谱系关系，那么你可能需要构建自己的解决方案。在读过第 8 章后，你将深入了解元数据和工件存储。你将学习其基本原理，并了解如何快速构建自己的解决方案。

B.3.5　工作流编排

Azure Machine Learning 提供了一个名为 ML Pipelines 的功能，该功能允许你将数据、训练和其他任务定义为步骤。这些步骤可以以编程方式组合并形成一个流水线，可以根据计划或触发器定期执行，也可以手动启动一次。在定义流水线时，可以以编程方式配置计算资源、执行环境和访问权限。

在第 9 章中，我们回顾了如何使用工作流管理器来实现不同的训练模式。读完这一章后，你将了解为什么要在深度学习系统中设计和使用工作流管理器，以及工作流管理器在企业环境中的作用。

B.3.6　实验

Azure Machine Learning 提供了一个用于定义和跟踪实验的功能。在实验中进行模型训练时，可以从训练代码记录指标，并通过 Web 界面将其可视化。它还支持任意标记和实验运行之间的父子关系，用于分层组织和查找。

B.4　Kubeflow

Kubeflow 是一个开源工具套件，提供了许多构建深度学习系统的有用组件，且不受特定云供应商的限制。在本节中，我们将逐一介绍本书中介绍的关键组件，并将它们与

Kubeflow 提供的类似组件进行比较。

B.4.1　数据集管理

Kubeflow 的主旨是不重新发明任何现有工具，因此它不带有数据管理组件，因为有其他开源解决方案可供选择。在第 2 章，我们回顾了一些开源数据管理解决方案，并探讨了如何进一步扩展它们以实现该章中描述的关键原则。

B.4.2　模型训练

Kubeflow 作为一个基于 Kubernetes 的工具套件，具有先进的资源调度器。与提供预构建模型训练容器的云供应商不同，你必须构建自己的容器并管理其启动。在第 3 章和第 4 章中，我们讨论了训练服务的原则，以及它如何帮助抽象资源分配和调度中的复杂性。我们介绍了一个参考训练服务，从而让你了解如何根据自己的需求构建训练服务。

B.4.3　模型服务

截至目前，Kubeflow 提供了一个称为 KServe 的组件，可用于将训练好的模型部署为推理服务。该服务通过网络提供推理请求。它是一个位于现有的服务框架之上的接口，如 TensorFlow Serving、PyTorch TorchServe 和 NVIDIA Triton Inference Server。使用 KServe 的主要好处是额外抽象操作复杂性，如自动缩放、健康检查和自动恢复。由于它是一个开源解决方案，可以在同一个端点上托管一个模型或多个模型。在第 6 章和第 7 章中，我们介绍了模型服务的原则，使你能够理解流行的服务接口设计背后的原因，并了解如何自定义它们以适应你自己的需求。

B.4.4　元数据和工件存储

从 Kubeflow 版本 1.3 开始，元数据和工件成为 Kubeflow Pipelines 的一个组成部分。Kubeflow Pipelines 由一个流水线组件图组成。在每个组件之间，可以传递参数和工件。与本书中描述的类似，工件封装了深度学习系统的任何副作用数据，例如模型本身、训练指标和数据分布指标。元数据是描述流水线组件和工件的任何数据。有了这些构造，你可以推理输入训练数据集、训练模型、实验结果和提供的推理之间的谱系关系。

在第 8 章，我们讨论了构建元数据和工件存储的关键问题。在读完这一章后，你将了解该组件背后的设计原理，以及现有产品如何帮助你快速构建自己的解决方案。

B.4.5　工作流编排

同样在前面的部分中描述，Kubeflow Pipelines 可以用于帮助管理深度学习数据准备和训练工作流。元数据和版本控制内置于流水线中，可以使用 Kubernetes 的本地用户和访问权限来限制访问。

在第 9 章，我们回顾了工作流管理器如何实现不同的训练模式。阅读完这一章后，你将了解深度学习系统中工作流管理器的设计原理和实用性。

B.4.6　实验

Kubeflow Pipelines 提供了实验构造，可以将其中多个训练运行组织成一个逻辑组。它还提供了更多的可视化工具，用于比较每个实验运行之间的差异。这很适合离线实验。如果你需要进行在线实验，则需要自行制定解决方案。

B.5　并排比较

笔者认为设计一个总结性的概述表格，在其中将每个解决方案按照我们之前介绍的组件进行分组，将会非常方便。我们希望表 B.1 能够帮助你选择正确的解决方案。

表 B.1　并排比较

比较项	亚马逊 SageMaker	谷歌 Vertex AI	微软 Azure 机器学习	Kubeflow
比较数据集管理解决方案	AWS 组件（例如 S3、Glue 数据目录和 Glue ETL）可用于构建数据集管理组件	用于管理数据集的 API 可供使用 数据内容上传和元数据标注是单独的操作	数据集是第一类对象，一旦创建就不可变。需要为训练作业提供统一的客户端 API 以访问训练数据集	不提供数据集管理解决方案 其他开源替代品也很容易获得
比较模型训练解决方案	支持内置算法、外部提供的自定义代码以及用于训练的自定义容器。公开用于按需启动训练作业的 API	提供预构建的训练容器，可以直接使用。支持自定义训练容器。提供一个支持在多个节点上启动训练容器的 API	提供使用 Python 构建的预先构建的训练容器，可供定制。训练容器必须符合特定的约定	具有对 Kubernetes 调度能力的本地访问。不提供预构建的训练容器
比较模型服务解决方案	模型可以部署为 Web 端点。可以将多个模型部署到相同的端点以提高利用率，但在使用 GPU 时会有一些限制。可配置的模型缓存行为	模型和推理容器是解耦的。它们必须一起部署以形成一个用于提供服务的 Web 端点。支持自定义推理容器。主要用于在端点上进行新版本模型的金丝雀部署时使用多个模型。不支持视频模型	可以部署端点以通过 Web 提供模型服务。端点配置为使用特定模型，并使用自定义的 Python 脚本生成推理。支持与 NVIDIA Triton Inference Server 集成	KServe 是 Kubeflow 的组件，用于提供模型服务。它在流行的服务框架（如 TensorFlow Serving、PyTorch TorchServe 和 NVIDIA Triton Inference Server）之上提供了无服务器推理抽象
比较元数据和工件存储解决方案	SageMaker Model Registry 提供了一个集中的元数据存储解决方案。工件被分别存储在亚马逊的对象存储中	Vertex ML Metadata 提供了一个集中的元数据存储解决方案。元数据以图的形式存储，可以描述复杂的关系。工件被存储在 Google 的对象存储中	一个名为"registry"的预览功能可用于集中管理机器学习元数据。元数据以不同对象（训练运行、模型等）的标签的形式存在，而这些对象可以是工件。通过使用这些对象标签，可以推导出谱系信息	不具备中央的元数据或工件存储库。元数据和工件是 Kubeflow Pipelines 的组成部分。流水线中的每个阶段都可以带有元数据注释并生成可追踪的工件。可以从此信息中推导出谱系信息，并且可以通过 Pipelines API 检索这些信息

（续）

比较项	亚马逊 SageMaker	谷歌 Vertex AI	微软 Azure 机器学习	Kubeflow
比较工作流编排解决方案	模型构建流水线可用于构建和管理深度学习工作流	Vertex ML Metadata 提供了一个集中的元数据存储解决方案。元数据以图的形式存储，可以描述复杂的关系。工件被存储在 Google 的对象存储中	一个名为"registry"的预览功能可用于集中管理机器学习元数据。元数据以不同对象（训练运行、模型等）的标签形式存在，而这些对象可以是工件。通过使用这些对象标签，可以推导出血统信息	（同上）
比较实验解决方案	实验功能提供对训练运行的分组和跟踪	提供 Vertex AI Experiments 用于跟踪和可视化实验设置以及运行结果	提供定义和跟踪实验的功能。实验可以关联父子关系。Web 界面支持可视化	提供一个实验构造，用于逻辑分组属于同一实验组的 Kubeflow Pipelines。提供可视化工具以突出显示同一实验中每个流水线运行之间的差异

附录 C

使用 Kubeflow Katib 创建 HPO 服务

笔者将向你介绍一个开源的超参数优化（HPO）服务——Kubeflow Katib，它几乎涵盖了我们在第 5 章中讨论的所有 HPO 需求。笔者强烈建议你在构建自己的 HPO 服务之前考虑采用 Katib。除了展示如何使用 Katib，我们还将介绍其系统设计和代码库，以使你熟悉这个开源服务。

作为 Kubeflow 家族的一员，Katib 是一个面向云原生的、可扩展的、适用于生产环境的超参数优化系统。此外，Katib 对于机器学习框架或编程语言是不加限制的。Katib 采用 Go 语言编写，采用 Kubernetes 本地化方法，在 Kubernetes 集群中独立运行。除了支持具有提前停止功能的超参数优化，Katib 还支持神经架构搜索（NAS）。

Katib 具有许多优势，包括支持多租户和分布式训练、云原生性以及可扩展性，这些都使它与其他系统区别开来。无论你是在云中还是在本地服务器上使用 Kubernetes 管理服务器集群，Katib 都是最佳选择。在本章中，我们将按照以下五个步骤介绍 Katib：Katib 概述、如何使用 Katib、Katib 系统设计和代码阅读、加速 HPO 执行，以及向 Katib 添加定制的 HPO 算法。

C.1 Katib 概述

Katib 以黑盒的方式管理 HPO 实验和计算资源，因此 Katib 用户只需提供训练代码并定义 HPO 执行计划，然后 Katib 将处理其余事项。图 C.1 显示了 Katib 的系统概述。

在图 C.1 中，我们可以看到 Katib 为用户提供了三种类型的用户界面，以便用户运行 HPO：Web 界面、Python SDK 和一组 API。用户可以通过 Web 页面、Jupyter notebook、Kubernetes 命令和 HTTP 请求来运行 HPO。

从用户的角度来看，Katib 是一个远程系统。要运行 HPO，用户需要向 Katib 提交一个实验请求，然后 Katib 会为他们执行 HPO 实验。为了构建实验请求，用户需要做两件事：首先将训练代码 Docker 化，并将要优化的超参数作为外部变量暴露出来；然后创建一个实验对象，定义 HPO 实验的规范，例如 HPO 算法、试验预算或超参数及其值搜索空间。一旦实验对象在 Katib 内部创建完成，Katib 将分配计算资源来启动 HPO 执行。

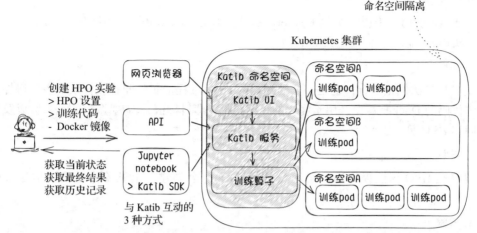

图 C.1 Katib 系统概述。Katib 组件作为 Kubernetes 本地服务运行，并支持三种类型的用户界面：UI、API 和 SDK

Katib 运行在 Kubernetes 集群内部。Katib 服务本身并不占用很多内存或磁盘空间；它通过启动 Kubernetes Pod 来运行模型训练作业（HPO 试验），以测试不同的超参数建议。Katib 可以在不同的命名空间中运行训练作业，为不同的用户创建资源隔离。

C.2 开始使用 Katib

在本节中，我们将了解如何操作 Katib。我们先在本地安装 Katib，解释一些术语，最后展示一个完整的 Katib 使用案例。

> **为什么要在设计书中谈论 Katib 的操作和安装**
>
> 理想情况下，我们不希望在设计类书籍中讲述软件安装和用户指南相关的内容，因为这些信息可能在书籍发布后迅速过时，而且我们可以在其官方网站上找到最新的文档。以下是我们打破规则的两个原因。
>
> 首先，因为笔者建议你使用 Katib 而不是构建自己的服务，笔者就有责任从 Katib 用户（数据科学家）和 Katib 操作员（工程师）的角度展示完整的用户体验。其次，为了理解 Katib 的设计并学习如何阅读其代码库，最好先解释其术语和典型的用户工作流。一旦你理解了 Katib 的工作原理，其代码阅读起来将会更加容易。

C.2.1 第一步：安装

如果你安装了 Kubeflow 系统（https://mng.bz/WAp4），那么 Katib 将会包含在内。

但是，如果你只对 HPO 感兴趣，可以独立安装 Katib。Katib 正在积极发展并得到良好的维护，因此请查阅其官方安装文档"Getting Started with Katib: Installing Katib"（http://mng.bz/81YZ）获取最新的安装提示。

C.2.2　第二步：理解 Katib 术语

对于 Katib 用户来说，实验（experiment）、建议（suggestion）和试验（trial）是三个最重要的实体/概念。它们的定义如下：

1. 实验

实验是单次优化运行，也是一个端到端的 HPO 过程。实验配置包含以下主要组件：用于训练代码的 Docker 镜像，用于优化的目标指标（即目标值），需要调整的超参数以及值搜索空间和 HPO 算法。

2. 建议

建议是 HPO 算法提出的一组超参数值。Katib 会创建一个试验作业来评估建议的一组值。

3. 试验

试验是实验的一个迭代。试验接受一个建议，执行训练过程（试验作业）来生成一个模型，并评估模型的性能。

每个实验运行一个试验循环。实验会持续调度新的试验，直到达到目标或达到配置的最大试验次数。你可以在 Katib 的官方文档"Introduction to Katib"（http://mng.bz/ElBo）中找到更多关于 Katib 概念的解释。

C.2.3　第三步：将训练代码打包为 Docker 镜像

与 HPO 库方法（5.4 节）相比，最大的区别在于 HPO 服务方法要求我们将模型训练代码打包为 Docker 镜像。这是因为 HPO 服务需要在远程集群中运行 HPO 训练实验，而 Docker 镜像是远程运行模型训练代码的理想方法。

在准备 Docker 镜像时，有两件事情需要注意：将超参数定义为训练代码的命令行参数以及向 Katib 报告训练指标。让我们来看一个示例。

首先，在训练代码中将需要优化的超参数定义为命令行参数。因为 Katib 需要针对不同的超参数值执行训练代码作为 Docker 容器运行，所以训练代码需要从命令行参数中获取超参数值。在接下来的代码示例中，我们定义了两个需要调整的超参数：学习率（lr）和批大小（batch size）。在 HPO 过程中，Katib 将在训练容器启动时传递这些值；请参阅以下代码：

```
def main():
  parser = argparse.ArgumentParser( \
    description="PyTorch MNIST Example")
  parser.add_argument("--batch-size", \          ❶
    type=int, default=64, metavar="N", \
    help="input batch size for training (default: 64)")
  parser.add_argument("--lr", \                   ❶
    type=float, default=0.01, metavar="LR", \
    help="learning rate (default: 0.01)")
```

❶ 从命令行参数解析超参数值

其次，我们让训练代码给 Katib 报告训练指标（特别是目标指标），这样它就可以跟踪每个试验执行的进度和结果。Katib 可以从以下三个位置收集指标：标准输出（stdout，操作系统的标准输出位置），任意文件和 TensorFlow 事件。如果你对指标收集或存储有特殊要求，也可以编写自己的指标收集容器。

最简单的选择是将训练代码的评估（目标）指标打印到 stdout，并使用 Katib 的标准指标收集器进行收集。例如，如果我们将目标指标定义为"验证准确率"（Validation-accuracy），希望 HPO 过程找到最小化该值的最优超参数，我们可以将以下日志写入 stdout。Katib 的标准指标收集器将在 stdout 中检测到"Validation-accuracy=0.924463"并解析该值。以下是示例 stdout 输出：

```
2022-01-23T05:19:53Z INFO   Epoch[5] Train-accuracy=0.932769
2022-01-23T05:19:53Z INFO   Epoch[5] Time cost=31.698
2022-01-23T05:19:54Z INFO   Epoch[5] Validation-accuracy=0.924463
2022-01-23T05:19:58Z INFO   Epoch[6] Batch [0-100] Speed: 1749.16 ..
```

Katib 默认使用以下正则表达式格式来从日志中解析目标指标：([\w|-]+)\s*=\s*([+-]?\d*(\.\d+)?([Ee][+-]?\d+)?)。你可以在实验配置文件 .source.filter.metricsFormat 中定义自己的正则表达式格式。请查阅 Katib 文档"Running an Experiment"的"Metrics Collector"部分了解更多详细信息（http://mng.bz/NmvN）。

为了帮助你入门，Katib 提供了一系列示例训练代码和示例 Docker 镜像文件，以展示如何打包你的训练代码。这些示例适用于不同的训练框架，如 TensorFlow、PyTorch、MXNet 等。你可以在 Katib 的 GitHub 仓库（http://mng.bz/DZln）中找到这些示例。

C.2.4　第四步：配置实验

在准备好训练代码后，我们可以开始在 Katib 中准备一个 HPO 实验。我们需要在 Katib 中创建一个实验 CRD（自定义资源定义）对象。

通过使用 Kubernetes API 或 kubectl 命令，我们可以通过指定 YAML 配置来创建实验 CRD。以下是一个示例配置，为了方便阅读，我们将示例配置分成三个部分。让我们逐个进行说明。

第一部分：目标

第一部分是定义 HPO 实验的目标并确定如何衡量每个试验（训练执行）的性能。Katib 使用 objectiveMetric 和 additionalMetric 的值作为目标值来监视建议的超参数与模型的配合情况。如果试验中的目标值达到目标，Katib 现将建议的超参数标记为最佳值并停止进一步的试验。

对于以下配置，目标指标设置为验证准确率（Validation-accuracy），目标值设置为 0.99：

```
apiVersion: kubeflow.org/v1beta1
kind: Experiment
metadata:
 namespace: kubeflow
```

```
  name: bayesian-optimization
spec:
  Objective:
    type: maximize
    goal: 0.99
    objectiveMetricName: Validation-accuracy          ❶
    additionalMetricNames:
      - Train-accuracy
```

❶ 定义客观指标

第二部分：HPO 算法和超参数

在设置 HPO 目标后，我们可以配置 HPO 算法并声明它们的搜索空间以及需要调整的超参数。让我们分别查看这些配置。

算法配置指定了我们希望 Katib 在实验中使用的 HPO 算法。在当前示例中，我们选择了贝叶斯优化算法（http://mng.bz/lJw6）。Katib 支持许多前沿的 HPO 算法；你可以在 Katib 的官方文档"Running an Experiment"中的"Search Algorithm in Detail"部分（http://mng.bz/BlV0）中了解它们。你还可以将自己的 HPO 算法添加到 Katib 中，这将在 C.5 节中讨论。

ParallelTrialCount、maxTrialCount 和 maxFailedTrialCount：从名称上就可以理解它们，它们定义了试验的调度方式。在这个示例中，我们同时运行三个试验，总共运行 12 个试验。如果有三个失败的试验，实验将停止。

参数配置定义了要调整的超参数及其值搜索空间。根据你指定的超参数调整算法，Katib 会在搜索空间中选择超参数值。请参阅以下代码示例：

```
algorithm:
  algorithmName: bayesianoptimization            ❶
  algorithmSettings:
    - name: "random_state"
      value: "10"
parallelTrialCount: 3
maxTrialCount: 12
maxFailedTrialCount: 3
Parameters:                                       ❷
  - name: lr
    parameterType: double
    feasibleSpace:
      min: "0.01"
      max: "0.03"
  - name: num-layers
    parameterType: int
    feasibleSpace:
      min: "2"
      max: "5"
  - name: optimizer
    parameterType: categorical
    feasibleSpace:
      list:
        - sgd
        - adam
        - ftrl
```

❶ 使用 Katib 提供的贝叶斯优化算法
❷ 定义要优化的超参数及其值搜索空间

第三部分：试验配置

在这个试验模板配置中，我们定义了要执行的训练代码（Docker 镜像）以及要传递给训练代码的超参数。Katib 为几乎每个模型训练框架都内置了作业类型，例如 TensorFlow、PyTorch、MXNet 等，它们负责在 Kubernetes 中进行实际的训练执行。

例如，如果我们想在一个 PyTorch 训练代码的 HPO 试验中运行分布式训练，需要设置一个分布式组，我们可以将试验定义为一个 PyTorch 作业类型。Katib 将为你运行分布式训练。

在以下示例中，我们将试验定义为默认的 Kubernetes Job 类型。在实验过程中，Katib 将以 Kubernetes pod 的形式运行试验作业，不使用任何特殊的自定义配置来执行训练代码。代码如下：

```
trialTemplate:
  primaryContainerName: training-container
  trialParameters:                              ❶
    - name: learningRate
      description: Learning rate for the training model
      reference: lr
    - name: numberLayers
      description: Number of training model layers
      reference: num-layers
    - name: optimizer
      description: Training model optimizer (sdg, adam or ftrl)
      reference: optimizer
  trialSpec:                                    ❷
    apiVersion: batch/v1
    kind: Job
    spec:
      template:
        spec:
          containers:
            - name: training-container
              image: docker.io/kubeflowkatib/mxnet-mnist:latest
              command:                          ❸
                - "python3"
                - "/opt/mxnet-mnist/mnist.py"
                - "--batch-size=64"
                - "--lr=${trialParameters.learningRate}"
                - "--num-layers=${trialParameters.numberLayers}"
                - "--optimizer=${trialParameters.optimizer}"
          restartPolicy: Never
```

❶ 声明训练代码的超参数
❷ 配置训练容器
❸ 配置如何执行训练代码

Katib 为其支持的每个 HPO 算法提供了示例实验配置文件，你可以在 Katib 的 GitHub

仓库中找到它们：katib/examples/v1beta1/hp-tuning/（http://mng.bz/dJVN）。

C.2.5　第五步：开始实验

一旦我们定义了实验配置并将其保存在一个 YAML 文件中，我们可以运行以下命令来启动实验：

```
% kubectl apply -f bayesian-optimization.yaml
experiment.kubeflow.org/bayesian-optimization created

% kubectl get experiment -n kubeflow
NAME                    TYPE       STATUS    AGE
bayesian-optimization   Created    True      46s
```

从 `kubectl get experiment -n kubeflow` 的返回消息中，我们可以看到名为 `bayesian-optimization` 的实验已经被创建为一个实验 CRD 资源。从现在开始，Katib 将完全拥有 HPO 实验，直到获得结果。

注意　Katib 完全依赖 Kubernetes CRD 对象来管理 HPO 实验和试验。它还使用 CRD 对象来存储其 HPO 活动的指标和状态，因此可以说 Katib 是一个 Kubernetes 原生应用程序。

除了之前的 `kubectl` 命令，我们还可以使用 Katib SDK、Web 界面或发送 HTTP 请求来启动实验。

C.2.6　第六步：查询进度和结果

可以使用以下命令检查实验的运行状态：

```
% kubectl describe experiment bayesian-optimization -n kubeflow
```

`kubectl describe` 命令将返回有关实验的所有信息，例如其配置、元数据和状态。从进度跟踪的角度来看，我们主要关注状态部分。请参考以下示例：

```
Status:
   Completion Time:   2022-01-23T05:27:19Z
   Conditions:                                      ❶
   .. .. ..
     Message:            Experiment is created
     Type:               Created
   .. .. ..
     Message:            Experiment is running
     Reason:             ExperimentRunning
     Status:             False
     Type:               Running
   .. .. ..
     Message:            Experiment has succeeded because max trial count
      has reached
     Reason:             ExperimentMaxTrialsReached
     Status:             True
     Type:               Succeeded
   Current Optimal Trial:                           ❷
     Best Trial Name:  bayesian-optimization-9h25bvq9
```

```
    Observation:
      Metrics:                               ❸
        Latest:    0.979001
        Max:       0.979001
        Min:       0.955713
        Name:      Validation-accuracy
        Latest:    0.992621
        Max:       0.992621
        Min:       0.906333
        Name:      Train-accuracy
    Parameter Assignments:                   ❹
      Name:      lr
      Value:     0.014183662191100063

      Name:      num-layers
      Value:     3
      Name:      optimizer
      Value:     sgd
    Start Time:  2022-01-23T05:13:00Z
  Succeeded Trial List:                      ❺
    .. .. ..
    bayesian-optimization-5s59vfwc
    bayesian-optimization-r8lnnv48
    bayesian-optimization-9h25bvq9
    .. .. ..
  Trials:            12
  Trials Succeeded:  12
```

❶ 实验历史
❷ 当前最佳试验的元数据
❸ 当前最佳试验的客观指标
❹ 当前最佳试验中使用的超参数值
❺ 已完成试验清单

以下是对前面示例响应的几点解释：

- 状态／条件——显示当前和先前的状态。在前面的示例中，我们看到实验经历了三种状态：已创建、已运行和已成功。从消息中，我们知道实验完成是因为它用尽了训练预算——最大试验次数。

- 当前最佳试验——显示当前的"最佳"试验以及试验使用的超参数值。它还显示了目标指标的统计信息。随着实验的进行，这些值将不断更新，直到实验中的所有试验都完成，然后我们将以 status.currentOptimalTrial.parameterAssignment（超参数值分配）作为最终结果。

- 成功试验列表／失败试验列表／试验列表——通过列出实验执行的所有试验，展示了实验的进展情况。

C.2.7　第七步：故障排除

如果存在失败的试验，我们可以运行以下命令来检查失败试验作业的错误消息。参见以下失败的 HPO 示例：

```
-> % k describe trial bayesian-optimization-mnist-pytorch-88c9rdjx \
    -n kubeflow
Name:          bayesian-optimization-mnist-pytorch-88c9rdjx
.. .. ..
Kind:          Trial
Spec:
  .. .. ..
  Parameter Assignments:
    Name:                   lr
    Value:                  0.010547476197421666
    Name:                   num-layers

    Value:                  3
    Name:                   optimizer
    Value:                  ftrl

Status:
  Completion Time:  2022-01-23T06:23:50Z
  Conditions:
    .. .. ..
    Message:  Trial has failed. Job message: Job has reached the specified
    backoff limit
    Reason:   TrialFailed. Job reason: BackoffLimitExceeded        ❶
    .. .. ..
```

❶ 失败信息

从返回的数据中，我们可以看到试验中使用的超参数值以及相关的错误消息。

此外，除了使用 describe 命令获取的错误消息外，我们还可以通过检查训练容器的日志找到根本原因。如果选择使用 Katib 标准度量收集器，Katib 将在同一个 Pod 中与你的训练代码容器一起运行一个 metrics-logger-and-collector 容器。该度量收集器会捕获训练容器中的所有 stdout 日志；你可以使用以下命令检查这些日志：kubectl logs ${trial_pod} -c metrics-logger-and-collector -n kubeflow。请参考以下示例命令：

```
% kubectl logs bayesian-optimization-mkqgq6nm--1-qnbtt -c \
    metrics-logger-and-collector -n kubeflow
```

logs 命令输出大量有价值的信息，例如训练过程的初始参数、数据集下载结果和模型训练指标。在下面的示例日志输出中，我们可以看到 Validation-accuracy 和 Train-accuracy。由于在实验配置中将它们定义为目标指标，Katib 度量收集器会解析这些值出来：

```
Trial Name: bayesian-optimization-mkqgq6nm                       ❶
2022-01-23T05:17:17Z INFO  start with arguments Namespace(        ❷
add_stn=False, batch_size=64, disp_batches=100,
 dtype='float32', gc_threshold=0.5, gc_type='none', gpus=None,
image_shape='1, 28, 28', … warmup_epochs=5,
warmup_strategy='linear', wd=0.0001)
I0123 05:17:20.159784    16 main.go:136] 2022-01-23T05:17:20Z INFO
```

```
        downloaded http://data.mxnet.io/data/mnist/t10k-labels-idx1-ubyte.gz
➡ into t10k-labels-idx1-ubyte.gz successfully                          ❸
.. .. ..
I0123 05:17:26.711552      16 main.go:136] 2022-01-23T05:17:26Z INFO
    Epoch[0] Train-accuracy=0.904084                                   ❹
.. .. ..
I0123 05:17:26.995733      16 main.go:136] 2022-01-23T05:17:26Z INFO
    Epoch[0] Validation-accuracy=0.920482                              ❺
I0123 05:17:27.576586      16 main.go:136] 2022-01-23T05:17:27Z INFO
    Epoch[1] Batch [0-100]  Speed: 20932.09 samples/sec  accuracy=0.926825
I0123 05:17:27.871579      16 main.go:136] 2022-01-23T05:17:27Z INFO
    Epoch[1] Batch [100-200]  Speed: 21657.24 samples/sec  accuracy=0.930937
```

❶ 试验名称
❷ 训练试验的初始参数
❸ 数据集下载
❹ 附加度量值
❺ 客观指标值

C.3 加速 HPO

超参数优化（HPO）是一个耗时且昂贵的操作。Katib 提供了三种方法来加速这个过程：并行试验、分布式训练和提前停止。

C.3.1 并行试验

通过在实验配置中指定 `parallelTrialCount`，你可以并行运行试验。需要注意的是，有些 HPO 算法不支持并行试验执行。因为这类算法对试验执行顺序有线性要求，下一个试验需要等待当前试验完成。

C.3.2 分布式试验（训练）作业

为了更快地完成试验作业，Katib 允许我们启用分布式训练来运行训练代码。正如我们在 C.2.4 中解释的那样，Katib 为不同的训练框架（例如 PyTorch、TensorFlow 和 MXNet）在 `trialTemplate` 中定义了不同类型的作业。

以下是在 Katib 实验中为 PyTorch 训练代码启用分布式训练（一个主节点，两个工作节点）的示例：

```
trialTemplate:
  primaryContainerName: pytorch
  trialParameters:                      ❶
    - name: learningRate
      description: Learning rate for the training model
      reference: lr
    - name: momentum
```

```
    description: Momentum for the training model
    reference: momentum
trialSpec:
    apiVersion: kubeflow.org/v1
    kind: PyTorchJob                                    ❷
    spec:
      pytorchReplicaSpecs:
        Master:                                         ❸
          replicas: 1                                   ❸
          restartPolicy: OnFailure
          template:
            spec:
              containers:
                - name: pytorch
                  image: docker.io/kubeflowkatib/pytorch-mnist:latest
                  command:
                    - "python3"
                    - "/opt/pytorch-mnist/mnist.py"
                    - "--epochs=1"
                    - "--lr=${trialParameters.learningRate}"
                    - "--momentum=${trialParameters.momentum}"
        Worker:
          replicas: 2                                   ❹
          restartPolicy: OnFailure
          template:
            spec:
              containers:
                - name: pytorch
                  image: docker.io/kubeflowkatib/pytorch-mnist:latest
                  command:
                    - "python3"
                    - "/opt/pytorch-mnist/mnist.py"
                    - "--epochs=1"
                    - "--lr=${trialParameters.learningRate}"
                    - "--momentum=${trialParameters.momentum}"
```

❶ 将学习率和动量声明为超参数
❷ 将试用作业类型设置为 PyTorch
❸ 配置主训练器
❹ 配置工作节点训练器

在前面的示例中,与 C.2.4 节中的非分布式实验配置相比,唯一的区别在于
trialSpec 部分。作业类型现在变为 PyTorchJob,并且它有不同的设置,例如主训练
器和工作训练器的副本数量。你可以在以下两个 GitHub 存储库中找到 Katib 训练算子及其
配置示例的详细信息:Kubeflow 训练算子(https://github.com/kubeflow/training-operator)
和 Katib 算子配置示例(http://mng.bz/rdgB)。

C.3.3　提前停止

Katib 提供的另一个有用的技巧是提前停止。提前停止在试验的目标指标不再改善时结

束试验。通过截断不太有希望的试验，它可以节省计算资源并减少执行时间。

在 Katib 中使用提前停止的优势在于，我们只需要更新实验配置文件，而无须修改我们的训练代码。只需在 .spec.algorithm 部分中定义 .earlyStopping.algorithmName 和 .earlyStopping.algorithmSettings 即可。

目前，Katib 支持的提前停止算法是中位数停止规则，该算法会在试验的最佳目标值比所有其他已完成试验的目标值的运行平均数中位数更差时停止试验。请在 Katib 官方文档"Using Early Stopping"中阅读更多详细信息。

C.4 Katib 系统设计

最后，我们来谈一个受欢迎话题——系统设计。通过阅读 C.2 和 C.3 节，你应该对 Katib 如何从用户角度解决 HPO 问题有清晰的了解。这为理解 Katib 的系统设计打下了良好的基础。

正如我们所见，Katib 不仅解决了 HPO 问题，而且还能用来解决生产质量问题。通常而言，这样强大的系统会有庞大而复杂的代码库，但是 Katib 是一个例外。因为 Katib 的核心组件采用了 Kubernetes 控制器 / 算子模式的实现，所以只要你理解了一个组件，你几乎就理解了整个系统。阅读本节的内容后，你将能轻松阅读 Katib 的源代码。

C.4.1 Kubernetes 控制器 / 算子模式

我们在 3.4.2 节中讨论了控制器设计模式。然而，为了帮助你记忆，我们在这里重新展示图 3.11，即图 C.2。如果你不太熟悉图 C.2，可以返回 3.4.2 节查看。

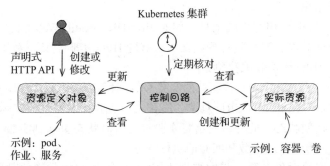

图 C.2 Kubernetes 控制器 / 算子模式运行一个无限控制循环，监视特定 Kubernetes 资源的实际状态（右侧）和期望状态（左侧），并尝试将实际状态移动到期望状态

C.4.2 Katib 系统设计和工作流

图 C.3 说明了 Katib 的内部组件及其相互作用。该系统有三个核心组件：实验控制器（标记为 A）、建议控制器（标记为 B）和试验控制器（标记为 C）。

实验控制器负责管理 HPO 实验的整个生命周期，例如为实验安排 HPO 试验并更新其状态。建议控制器负责运行 HPO 算法，为给定的超参数提供建议值。试验控制器则针对给定的一组超参数运行实际的模型训练。从这些核心组件的名称中，你可以知道它们的实现都遵循 Kubernetes 控制器模式。除了控制器，Katib 还定义了一组 CRD（自定义资源定义）对象（spec）来与这三个控制器配合工作。例如，实验规范是一种 CRD 类型，它定义了 HPO 实验的期望状态，并作为输入请求传递给实验控制器。

如图 C.3 所示，数据科学家 Alex 在与 Katib 交互时可能会遵循典型的工作流。主要步骤列在以下各节中。

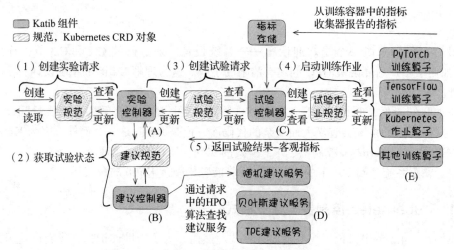

图 C.3　一个 Katib 系统设计图及其用户工作流

步骤 1：创建实验请求

在第 1 步中，Alex 使用客户端工具，如 Katib SDK、Katib Web UI 或 kubectl 命令，创建一个实验 CRD 对象。该实验对象包含了所有的 HPO 实验定义，例如训练算法、超参数及其搜索空间、HPO 算法和试验预算。

实验控制器（组件 A）定期扫描所有的实验 CRD 对象。对于每个实验 CRD 对象，它创建声明的建议 CRD 对象和试验 CRD 对象。简言之，实验控制器生成实际资源，以达到实验 CRD 中定义的期望状态。此外，它会将实验的运行时状态更新到实验 CRD 对象中，因此 Alex 可以实时查看试验超参数和实验的执行状态。

一旦 Alex 的实验对象在第一步中被创建，Katib 会为 Alex 的实验部署一个 HPO 算法建议服务（组件 D），以便运行所需的 HPO 算法。在该建议服务中，加载并通过 gRPC 接口公开了实验 CRD 对象中定义的 HPO 搜索算法（库），允许建议控制器与其通信并请求建议的超参数。

步骤 2：获取下一个试验的超参数

在第 2 步中，当实验控制器在实验 CRD 对象中找到 Alex 的实验时，它创建一个建议 CRD 对象作为建议控制器（组件 B）的输入请求。在这个建议 CRD 对象中指定了超参数及其值,以及搜索算法和建议的数量。

随后,建议控制器调用在第一步中创建的建议算法服务来计算建议的超参数值。此外,建议控制器在建议 CRD 对象中维护了建议超参数值的历史记录。

步骤 3:创建试验请求

作为第 3 步的一部分,在建议控制器提供一组试验超参数值后,实验控制器(组件 A)创建一个试验 CRD 对象,以启动模型训练试验。该试验使用建议服务(组件 D)计算得到的一组超参数值来训练模型。

步骤 4:启动训练作业

在第 4 步中,试验控制器(组件 C)读取新创建的试验 CRD 对象(在第 3 步中创建),并创建一个 TrialJob CRD 对象。TrialJob CRD 对象有几种类型,包括 Kubernetes 作业、PyTorch 作业、TF 作业和 MXNet 作业。对于每种作业类型,Kubeflow(https://www.kubeflow.org/docs/components/training/)提供了专用的训练算子来执行,例如 PyTorch 训练算子或 TensorFlow 训练算子(组件 E)。

在检测到新创建的 TrialJob CRD 对象及其类型后,训练算子(组件 E)根据试验作业中定义的超参数创建 Kubernetes pods 来执行训练图像。Alex 的 HPO 实验的训练试验将由 PyTorch 训练算子运行,因为他的训练代码是用 PyTorch 编写的。

步骤 5:返回试验结果

当模型试验训练开始时,度量收集器 sidecar(一个在 Kubernetes 训练 Pod 中的 Docker 容器)在第 5 步收集训练度量,并将其报告给 Katib 度量存储(一个 MySQL 数据库)。通过使用这些度量,试验控制器(组件 C)可以将试验的执行状态更新到试验 CRD 对象上。当实验控制器注意到试验 CRD 对象上的最新更改时,会读取该更改并更新实验 CRD 对象,以包含最新的试验执行信息,从而使实验对象具有最新的状态。以这种方式将最新的状态聚合到实验对象中。

HPO 工作流本质上是一个试验循环。为了处理 Alex 在 Katib 中的 HPO 请求,该工作流中的第 2、3、4、5 步将不断重复,直到满足退出条件。Alex 可以在整个 HPO 执行过程中查看实验 CRD 对象,以获取 HPO 的即时执行状态,其中包括完成或失败的试验数量、模型训练指标和当前最佳超参数值。

注意 使用 CRD 对象存储 HPO 执行数据有两个主要优势。首先,可以轻松访问实验的最新状态信息。例如,可以使用 Kubernetes 命令,如 `kubectl describe experiment|trial|suggestion`,在几秒钟内获取实验、试验和建议的中间数据和最新状态。其次,CRD 对象有助于提高 HPO 实验的可靠性。当 Katib 服务出现故障或训练算子失败时,我们可以从失败的地方恢复 HPO 执行,因为这些 CRD 对象保留了 HPO 执行历史记录。

C.4.3 用于分布式训练的 Kubeflow 训练算子集成

Katib 的默认训练算子——Kubernetes 作业算子——仅支持单个 Pod 模型训练;它为实验中的每个试验启动一个 Kubernetes Pod。为了支持分布式训练,Katib 与 Kubeflow 训练算子（https://www.kubeflow.org/docs/components/training/）合作。你可以在图 C.4 中看到它是如何工作的。

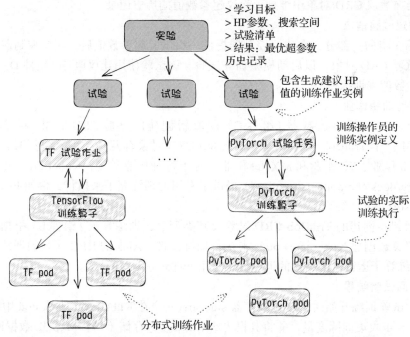

图 C.4　Katib 创建不同的试验作业来触发训练算子，以便为不同的训练框架运行分布式训练

一个 HPO 实验由多个试验组成。Katib 为每个试验创建一个试验 CRD 对象和一个 TrialJob CRD 对象。试验 CRD 包含 HPO 试验的元数据，例如建议的超参数值、工作器数量和退出条件。在 TrialJob CRD 中，试验元数据被重新格式化，以便 Kubeflow 训练算子理解。

PyTorchJob 和 TFJob 是最常用的 TrialJob 的 CRD 类型。它们可以由 TensorFlow 训练算子和 PyTorch 训练算子处理，每个算子都支持分布式训练。当 Alex 在实验 CRD 对象中设置工作器数量为 3 时，Katib 会创建一个 PyTorchJob 试验 CRD 对象，PyTorch 训练器可以在这个实验上进行分布式训练。

这个例子也说明了 Kubernetes 控制器模式的灵活性和可扩展性。如果 Katib 和 Kubeflow 训练算子两个应用程序都实现为控制器，它们可以很容易地集成。

注意　我们在 3.4.3 节中讨论了 Kubeflow 训练算子的设计。如果你想了解更多，请回顾该节。

C.4.4　代码阅读

虽然 Katib 有一个庞大的代码库（https://github.com/kubeflow/katib），但阅读和调试其中的代码并不困难。

1. 代码阅读的起点

所有 Katib 核心组件都采用控制器模式编写：`experiment_controller`、`trial_controller` 和 `suggestion_controller`。控制器的工作是确保 Kubernetes 世界中的实际状态与对象中的期望状态匹配。我们称这个过程为调和（reconciling）。例如，在 `experiment_controller` 的 reconcile 函数中，读取实验对象的集群状态并根据读取的状态进行更改（建议、试验）。通过遵循这个思路，可以从每个控制器类的 reconcile 函数开始，了解其核心逻辑。

你可以在 `pkg/controller.v1beta1/experiment/experiment_controller.go` 中找到实验控制器，`pkg/controller.v1beta1/suggestion/suggestion_controller.go` 中找到建议控制器，以及 `pkg/controller.v1beta1/trial/trial_controller.go` 中找到试验控制器。记得从这些文件的 reconcile 函数开始。

2. 调试

Katib 的核心应用程序（katib-controller）作为控制台应用程序运行。在这个控制台应用程序中没有 UI 或 Web 代码，只有纯粹的逻辑代码，因此它的本地调试设置非常简单。要调试 Katib，首先设置你的本地 Kubernetes 集群，并在断点处本地运行 katib-controller，然后你可以通过创建一个测试实验请求来启动 HPO 进程，例如使用 `kubectl apply -f {test_experiment.yaml}`。会触发 reconcile 函数中的断点，然后你可以开始调试和探索代码。

为了搭建本地开发环境，请按照 Katib 的开发者指南进行操作（http://mng.bz/VpzP）。katib-controller 的入口点位于 `cmd/katib-controller/v1beta1/main.go`。

注意 Katib 是一个高质量的超参数优化工具，具有高可靠性和稳定性。但为了方便日常操作，我们需要阅读其源代码，以了解其行为，以便在超参数优化执行超出预期时能够进行正确的干预。通过遵循图 C.2 中的工作流，并阅读每个控制器的 reconcile 函数，你可以在几小时内对 Katib 有深入的了解。

C.5 添加新的算法

从图 C.2 中我们了解到，Katib 作为独立的建议 / 算法服务运行不同的超参数优化算法。一旦创建了一个实验，Katib 就会为所选的超参数优化算法创建一个建议服务。这个机制使得向 Katib 添加新算法变得很容易，并且可以保证新添加的算法与现有算法保持一致。要将新算法添加到 Katib 中，需要执行以下三个步骤。

C.5.1 第一步：使用新算法实现 Katib 建议 API

首先，需要实现 Katib 建议接口。这个接口在 gRPC 中定义，因此你可以使用任何你喜欢的编程语言来实现它。关于这个接口的详细定义可以在 http://mng.bz/xdzW 找到，请参考下面的代码：

```
service Suggestion {
  rpc GetSuggestions(GetSuggestionsRequest)
    returns (GetSuggestionsReply);
  rpc ValidateAlgorithmSettings(ValidateAlgorithmSettingsRequest)
    returns (ValidateAlgorithmSettingsReply);
}
```

以下代码片段是实现 Suggestion 接口的一个示例。超参数及其取值空间在 request 变量中定义。过去的试验和其指标也可以在 request 变量中找到，因此你可以在 GetSuggestions 方法中使用这些输入数据运行你的算法，以计算下一个建议。请参考下面的代码：

```
class NewAlgorithmService(                                          ❶
  api_pb2_grpc.SuggestionServicer,                                 ❶
  HealthServicer):                                                 ❶
  def ValidateAlgorithmSettings(self, request, context):
    # Optional, it is used to validate
    # algorithm settings defined by users.
    Pass

  def GetSuggestions(self, request, context):                      ❷
    search_space = HyperParameterSearchSpace.convert(request.experiment)

    trials = Trial.convert(request.trials)                         ❸

    # Implement the logic to use your algorithm
    # to generate new assignments
    # for the given current request number.
    list_of_assignments = your_logic(search_space,                 ❹
      trials, request.current_request_number)                      ❹

    return api_pb2.GetSuggestionsReply(
      trials=Assignment.generate(list_of_assignments))
```

❶ 定义新的算法服务并实现 GetSuggestions 接口
❷ Suggestion 函数为每个试验提供超参数
❸ 获取过去的试验
❹ 实现实际的 HPO 算法以提供候选值

C.5.2　第二步：将算法代码制作成一个 gRPC 服务的 Docker 镜像

在实现了 Suggestion 接口后，我们需要构建一个 gRPC 服务器来将这个 API 暴露给 Katib，并将其 Docker 化，以便 Katib 可以通过发送 gRPC 调用来启动算法服务并获取超参数建议。代码如下所示：

```
server = grpc.server(futures.ThreadPoolExecutor(max_workers=10))
service = YourNewAlgorithmService()
api_pb2_grpc.add_SuggestionServicer_to_server(service, server)
health_pb2_grpc.add_HealthServicer_to_server(service, server)
server.add_insecure_port(DEFAULT_PORT)
print("Listening...")
server.start()
```

C.5.3　第三步：向 Katib 注册算法

最后一步是将新算法注册到 Katib 的启动配置中。在 Katib 服务配置的建议（suggestion）部分添加一个新的条目，示例如下：

```
suggestion: |-
  {
    "tpe": {
      "image": "docker.io/kubeflowkatib/suggestion-hyperopt"
    },
    "random": {
      "image": "docker.io/kubeflowkatib/suggestion-hyperopt"
    },
+   "<new-algorithm-name>": {
+     "image": "new algorithm image path"
+   }
+ }
```

C.5.4　示例和文档

大部分先前的内容来自 Katib GitHub 存储库（https://github.com/kubeflow/katib）的自述文件，标题为"如何在 Katib 中添加新算法的文档"（http://mng.bz/Alrz）。这是一份非常详细的文档，笔者强烈建议你阅读。

由于 Katib 的所有预定义 HPO 算法都遵循相同的 HPO 算法注册模式，你可以将它们用作示例。这些示例代码可以在 katib/cmd/suggestion（http://mng.bz/ZojP）中找到。

C.6　更多阅读

尽管我们已经涵盖了 Katib 的很大部分内容，但由于页面限制，仍有一些重要的内容未能讨论。如果你想进一步探索，我们列出了一些有用的阅读材料供你参考。

- 要了解 Katib 设计背后的思想过程，请阅读"可扩展的云原生超参数调整系统"（https://arxiv.org/pdf/2006.02085.pdf）。
- 要查看功能更新、教程和代码示例，请访问 Katib 官方网站（https://www.kubeflow.org/docs/components/katib/）和 Katib GitHub 存储库（https://github.com/kubeflow/katib）。
- 要使用 Python SDK 直接从 Jupyter notebook 运行 HPO，请阅读 SDK API 文档（http://mng.bz/RlpK）和 Jupyter notebook 示例（http://mng.bz/2aY0）。

C.7　使用场景

从本讨论中我们可以看出，Katib 满足了所有 HPO 服务的设计原则。它与训练框架和训练代码无关；可以进行扩展以包含不同的 HPO 算法和不同的度量收集器；并且由于

Kubernetes 的支持，它具有可移植性和可扩展性。如果你正在寻求生产级别的 HPO 服务，Katib 是最佳选择。

唯一需要注意的是，Katib 的初始成本较高。你需要构建一个 Kubernetes 集群，安装 Katib，并将训练代码 Docker 化以开始使用。你需要了解 Kubernetes 命令以解决故障。操作和维护系统需要专门的工程师，因为这些都是非常重要的任务。

对于生产场景来说，这些挑战并不是主要问题，因为通常模型训练系统是按照与 Katib 相同的方式在 Kubernetes 中设置的。只要工程师有操作模型训练系统的经验，他们就可以轻松管理 Katib。对于小团队或原型项目而言，如果你喜欢更简单的方法，建议考虑 Ray Tune 等 HPO 库方法。

推荐阅读

Python机器学习：基于PyTorch和Scikit–Learn

作者：(美) 塞巴斯蒂安·拉施卡 (Sebastian Raschka)　(美) 刘玉溪（海登）(Yuxi (Hayden) Liu)
(美) 瓦希德·米尔贾利利 (Vahid Mirjalili)　译者：李波 张帅 赵炀
ISBN: 978-7-111-72681-4　定价: 159.00元

　　Python深度学习"四大名著"之一全新PyTorch版；PyTorch深度学习入门首选。

　　基础知识+经典算法+代码实现+动手实践+避坑技巧，完美平衡概念、理论与实践，带你快速上手实操。

　　本书是一本在PyTorch环境下学习机器学习和深度学习的综合指南，既可以作为初学者的入门教程，也可以作为读者开发机器学习项目时的参考书。

　　本书添加了基于PyTorch的深度学习内容，介绍了新版Scikit-Learn。本书涵盖了多种用于文本和图像分类的机器学习与深度学习方法，介绍了用于生成新数据的生成对抗网络（GAN）和用于训练智能体的强化学习。最后，本书还介绍了深度学习的新动态，包括图神经网络和用于自然语言处理（NLP）的大型Transformer。

　　本书几乎为每一个算法都提供了示例，并通过可下载的Jupyter notebook给出了代码和数据。值得一提的是，本书还提供了下载、安装和使用PyTorch、Google Colab等GPU计算软件包的说明。

推荐阅读

机器学习实战：模型构建与应用

作者：Laurence Moroney 书号：978-7-111-70563-5 定价：129.00元

本书是一本面向程序员的基础教程，涉及目前人工智能领域的几个热门方向，包括计算机视觉、自然语言处理和序列数据建模。本书充分展示了如何利用TensorFlow在不同的场景下部署模型，包括网页端、移动端（iOS和Android）和云端。书中提供的很多用于部署模型的代码范例稍加修改就可以用于不同的场景。本书遵循最新的TensorFlow 2.0编程规范，易于阅读和理解，不需要你有大量的机器学习背景。

MLOps实战：机器学习模型的开发、部署与应用

作者：Mark Treveil,the Dataiku Team 书号：978-7-111-71009-7 定价：79.00元

本书介绍了MLOps的关键概念，以帮助数据科学家和应用工程师操作ML模型来驱动真正的业务变革，并随着时间的推移维护和改进这些模型。以全球众多MLOps应用课程为基础，9位机器学习专家深入探讨了模型生命周期的五个阶段——开发、预生产、部署、监控和治理，揭示了如何将强大的MLOps流程贯穿始终。